三元复合驱最优控制

李树荣 葛玉磊 著

科学出版社
北京

内 容 简 介

本书利用分布参数最优控制原理,将三元复合驱的注入方案优化设计问题,转换成如下的一类具有不等式约束的分布参数系统的最优控制问题:以累积利润的净现值作为目标泛函,以三元复合驱动态过程的渗流机理方程作为控制方程,以注入量(注入速度、注入浓度)为优化决策变量. 通过研究该类问题的数值求解,从而设计出三元复合驱的动态最佳注入方案.

本书可供从事三元复合驱领域的科研人员、高校教师和研究生使用,也可供相关工程技术人员研究参考.

图书在版编目(CIP)数据

三元复合驱最优控制/李树荣,葛玉磊著. —北京:科学出版社,2019.11
ISBN 978-7-03-063245-6

Ⅰ. ①三… Ⅱ. ①李… ②葛… Ⅲ. ①复合驱-最佳控制 Ⅳ. ①TE357.46

中国版本图书馆 CIP 数据核字(2019) 第 249553 号

责任编辑:胡庆家 李 萍/责任校对:邹慧卿
责任印制:吴兆东/封面设计:陈 敬

科学出版社 出版
北京东黄城根北街 16 号
邮政编码:100717
http://www.sciencep.com

北京虎彩文化传播有限公司 印刷
科学出版社发行 各地新华书店经销

*

2019 年 11 月第 一 版 开本:720×1000 B5
2019 年 11 月第一次印刷 印张:13 1/4 插页:4
字数:280 000
定价:118.00 元
(如有印装质量问题,我社负责调换)

前　　言

　　石油开发中, 依靠油藏的天然能量将原油举升到地面, 称为一次采油, 在一次采油后, 通过向地下油藏注活性水, 提高油层压力将原油驱至地面, 称为二次采油. 但是注水开采后, 仍有 65%~70% 以上的原油没有被采出. 此时通过向油藏中注入化学物质、蒸汽等改变原油化学物理性质并提高油藏压力, 进一步提高原油采收率, 这一阶段被称为三次采油 (Tertiary Recovery) 或者是增强采油 (Enhanced Oil Recovery, EOR).

　　在三次采油中, 化学驱技术是一种非常重要的提高原油采收率的方法, 也是当前的研究热点. 化学驱主要包括聚合物驱、表面活性剂驱和碱驱等. 化学驱是指在水中加入化学驱替剂, 用来改变水相黏度, 实现较好的流度控制, 产生较低界面张力, 从而扩大波及体积, 实现从油层中驱替出更多原油, 提高油藏采收率.

　　单一的化学驱在油藏开发中存在某些弊端限制了它的广泛应用. 例如, 碱驱对原油酸碱度及活性要求较高, 开采中容易出现结垢、碱耗等; 表面活性剂驱开发成本高, 容易大量滞留在地层中, 且容易和地层中的离子发生化学反应失效, 造成表面活性剂的大量消耗; 聚合物驱稳定性较差同时易受地层水矿化度影响, 导致聚合物用量增加, 驱油效果减弱.

　　具有不同特点的单一化学驱技术决定了它们只适用于特定地质条件的油藏. 因此有人考虑通过结合上述三种驱替剂, 最大程度发挥各自的优势, 使之对油藏具有更好的适应性, 从而提升驱油效率提高原油采收率, 因此开发出三元 (碱/表面活性剂/聚合物) 复合驱技术. 三元复合驱 (Alkali-Surfactant-Polymer, ASP) 通过聚合物扩大波及系数, 提高原油驱替效率; 碱与原油中的酸性物质反应后生成的具有表面活性的物质能够产生超低表面张力; 表面活性剂具有很强的岩石吸附特性, 能够改变岩石的亲油特性到亲水特性; 此外, 碱能够降低原油酸碱度, 从而减小表面活性剂的损失, 降低成本等. ASP 驱油技术自 20 世纪 80 年代产生以来, 已经进行了大量的实验分析与验证, 积累了可靠的开发技术经验. 例如, 我国大庆、胜利和美国 West Kihel 等油田都进行了相关试验, 均显著提高了原油采收率, 验证了三元复合驱巨大的应用价值.

　　三元复合驱项目涉及油藏地质条件复杂、经济投入大、时间长、风险大. 为了实现项目的最大化收益, 需要对三元复合驱的注采方案进行理论研究, 设计出最佳的油藏开发方案. 虽然三元复合驱技术进行了大量的矿场试验, 但是其开发方案单一简单, 缺乏理论研究. 当前油田最常用的开发方法为指标对比法, 即根据事先规划设计出多个开发方案, 然后依次对每个方案使用模拟软件进行仿真验证, 最后根据不同需求 (例如, 最大化产油量、最大化净现值收益、最小投入成本等) 分析各个因素对最终结果的影响, 再根据经验调整相关参数, 制订出最终的开发方案. 该方法缺少科学依据, 通常依靠油藏工程师的经验进行调整, 需要投入大量时间精力, 同时存在较多人为因素造成的不确定性, 所以最终所得方案也未必是最优的.

本书利用分布参数最优控制原理, 将三元复合驱的注入方案优化设计问题, 转换成如下的一类具有不等式约束的分布参数系统的最优控制问题: 以累积利润的净现值作为目标泛函, 以三元复合驱动态过程的渗流机理方程作为控制方程, 以注入量 (注入速度、注入浓度) 作为优化决策变量. 通过研究该类问题的数值求解, 设计出三元复合驱的动态最佳注入方案.

本书涉及控制科学与工程、应用数学、计算数学及石油工程等学科的交叉, 尽可能将最优控制与动态规划的相关知识介绍给大家, 使读者容易理解本书的内容.

第 1 章为绪论; 第 2 章为预备知识; 第 3 章为三元复合驱最优控制模型及必要条件; 第 4 章为基于正交函数近似的控制变量不连续最优控制求解; 第 5 章为基于动态规划的最优控制求解; 第 6 章为基于螺旋优化的模糊多目标最优控制求解; 第 7 章为三元复合驱时空建模及迭代动态规划求解; 第 8 章为基于色谱分离的三元复合驱机会约束规划求解; 第 9 章为本书的内容总结.

本书的研究工作得到了国家自然科学基金 (No.61573378) 与中国石油化工集团有限公司胜利油田分公司的大力支持. 在此, 特别感谢中国石油化工集团有限公司胜利油田分公司的郭兰磊高级工程师与单联涛高级工程师在提供相关资料方面的帮助. 本书的写作过程得到了中国石油大学 (华东) 的副教授张晓东、研究生卢松林、常鹏、韩露等, 北京邮电大学的研究生刘哲、涂思奇等的帮助, 在此深表感谢!

由于作者水平有限, 不妥之处在所难免, 敬请读者批评指正.

作 者
2019 年 10 月

目 录

前言
第1章 绪论······1
1.1 研究背景及意义······1
1.2 国内外研究现状······2
1.3 本书主要内容······5
第2章 预备知识······8
2.1 最优控制理论······8
2.1.1 最优控制问题表述······8
2.1.2 最优性必要条件······9
2.1.3 数值最优控制方法······11
2.2 动态规划······22
2.2.1 动态规划理论······22
2.2.2 迭代动态规划理论······26
2.2.3 近似动态规划理论······29
第3章 三元复合驱最优控制模型及必要条件······31
3.1 三元复合驱数学模型······31
3.1.1 支配方程······31
3.1.2 物化代数方程······34
3.1.3 简化的三元复合驱二维模型······37
3.1.4 简化的三元复合驱一维岩心模型······38
3.2 三元复合驱数学模型的有限差分求解······38
3.2.1 全隐式有限差分离散化······38
3.2.2 数学模型方程组求解······43
3.3 三元复合驱最优控制模型······44
3.3.1 性能指标······45
3.3.2 支配方程······45
3.3.3 优化变量······45
3.3.4 约束条件······46

3.4 三元复合驱最优控制问题的必要条件·····························46
　　3.4.1 离散三元复合驱最优控制的一般形式·····················47
　　3.4.2 离散三元复合驱最优控制的必要条件·····················47
3.5 本章小结···50

第 4 章 基于正交函数近似的控制变量不连续最优控制求解···············51
4.1 问题描述···51
4.2 基于自适应正交函数近似的最优控制求解方法·····················53
　　4.2.1 基于约束凝聚的约束处理·································53
　　4.2.2 多阶段问题转化···55
　　4.2.3 正交函数近似···56
　　4.2.4 自适应策略···60
　　4.2.5 具有最优性验证的控制结构检测方法·····················61
4.3 基于序列二次规划的优化求解·································63
　　4.3.1 算法步骤···63
　　4.3.2 算法测试···64
4.4 基于自适应正交函数近似的三元复合驱最优控制求解···············66
　　4.4.1 基于高斯伪谱法的一维三元复合驱最优控制求解···········66
　　4.4.2 基于有理 Haar 函数的三维三元复合驱最优控制求解·······70
4.5 本章小结···82

第 5 章 基于动态规划的最优控制求解·······························83
5.1 基于迭代动态规划的混合整数最优控制求解·······················83
　　5.1.1 动态尺度混合整数迭代动态规划算法·····················83
　　5.1.2 三元复合驱最优控制问题求解···························90
5.2 基于近似动态规划的最优控制求解·······························97
　　5.2.1 最优控制问题描述·······································97
　　5.2.2 基于执行–评价框架的近似动态规划算法·················99
　　5.2.3 算法测试··106
　　5.2.4 三元复合驱最优控制问题求解··························107
5.3 本章小结··112

第 6 章 基于螺旋优化的模糊多目标最优控制求解······················113
6.1 改进的螺旋优化算法··113
　　6.1.1 经典螺旋优化算法······································113
　　6.1.2 自适应柯西变异··116

6.1.3 拉丁超立方采样 ·················· 118
6.1.4 混合螺旋优化算法 ·················· 119
6.1.5 算法测试 ·················· 121
6.2 基于混合螺旋优化的模糊多目标最优控制问题求解 ·················· 123
6.2.1 模糊多目标最优控制描述 ·················· 123
6.2.2 确定性模型转化 ·················· 124
6.2.3 基于对称模型和水平截集的模糊多目标处理方法 ·················· 126
6.2.4 混合螺旋优化求解 ·················· 127
6.3 三元复合驱模糊多目标最优控制求解 ·················· 128
6.4 本章小结 ·················· 132

第 7 章 三元复合驱时空建模及迭代动态规划求解 ·················· 134
7.1 基于动态记忆小波神经网络的建模方法 ·················· 134
7.1.1 基本原理 ·················· 134
7.1.2 K-L 分解 ·················· 135
7.1.3 动态记忆小波神经网络 ·················· 138
7.1.4 基于动态记忆小波网络的三元复合驱近似建模 ·················· 144
7.2 双正交时空 Wiener 建模方法 ·················· 148
7.2.1 基本原理 ·················· 149
7.2.2 时空 Wiener 系统 ·················· 149
7.2.3 基函数构造 ·················· 150
7.2.4 双正交时空 Wiener 系统建模 ·················· 155
7.2.5 仿真测试 ·················· 160
7.3 基于双正交时空 Wiener 建模的迭代动态规划算法 ·················· 164
7.4 基于双正交时空建模的三元复合驱最优控制求解 ·················· 165
7.4.1 油藏描述 ·················· 165
7.4.2 三元复合驱建模和模型验证 ·················· 166
7.4.3 迭代动态规划求解 ·················· 169
7.5 本章小结 ·················· 172

第 8 章 基于色谱分离的三元复合驱机会约束规划求解 ·················· 173
8.1 色谱分离参数计算及软件设计 ·················· 173
8.1.1 色谱分离参数计算模式 ·················· 173
8.1.2 色谱分离参数计算软件设计 ·················· 175
8.2 三元复合驱机会约束规划 ·················· 177

8.2.1　三元复合驱优化模型 ························ 177
　　　8.2.2　优化模型实例求解 ························ 179
　8.3　本章小结 ························ 182
第 9 章　结论 ························ 183
参考文献 ························ 185
附录　模糊优化基础 ························ 196
彩图

第 1 章 绪 论

1.1 研究背景及意义

石油作为一种重要的战略资源,与国家经济发展、工业生产和国民生活息息相关. 随着原油开采的进行, 油层含水逐年增加, 开采难度也随之变大. 目前, 我国老油田已经进入开采中后期阶段, 油田含水率高, 可采储量少, 采收率急剧下降. 传统的依靠天然能量开采的一次采油和通过人工注水 (或注汽) 保持油层压力开采的二次采油采收率低, 已经不能满足国家发展的需求. 因此, 发展三次采油技术, 进一步提高采收率是当今石油工业发展的重中之重.

三次采油技术是指通过向油藏的驱替流体中加入化学剂、混相溶剂、热量等介质, 改变油藏流体和岩层的物理和化学性质, 使得采出的原油增多的技术, 能在二次采油的基础上进一步提高采收率. 三次采油技术包括微生物采油、热力采油、化学驱、混相驱等, 工程中常见的碱驱、表面活性剂驱、聚合物驱、复合驱等都属于化学驱. 传统的三次采油一般利用化学驱、混相驱、热力采油等方式, 但是随着油藏开采的进行, 可采储量下降, 油田地质条件发生改变, 采油难度逐年增加, 开采效果也越来越不理想, 急需一种高效的方法提高采收率, 于是三元复合驱技术开始迅速发展.

三元复合驱主要在流体中加入了碱、表面活性剂和聚合物三种驱替剂, 是一种重要的多元复合驱技术. 在我国一兴起便备受关注, 这一方面是因为三元复合驱通过三种驱替剂的协同作用, 改善了单一化学驱的不足, 能够全面改善岩层和流体的物理、化学性质; 另一方面则是由于我国的油田开发技术的发展, 以及特殊的地质和油藏特性为三元复合驱的实施提供了良好条件. 20 世纪 80 年代, 三元复合驱在我国首次应用于胜利油田, 矿场试验结果显示, 三元复合驱可比水驱提高采收率 20% 以上, 具有非常好的发展潜力.

三元复合驱在采油过程中, 由于一系列不确定因素的存在, 可能面临非常高的风险. 一方面是地质因素影响, 三元驱替剂的加入使得驱替剂之间、驱替剂和油水之间、流体和岩层之间的物理和化学性质都发生一系列复杂的变化, 具体表现在碱耗、吸附作用、渗透率下降、表面张力和毛细管力的变化、黏度改变、残余油饱和度变化等. 油藏中高价阳离子如 Ca^{2+}, Mg^{2+} 等对碱耗也具有重要影响. 另外, 油藏呈弱酸性, 流体中的碱会与油藏中的有机酸反应, 生成表面活性物质, 更增加了驱油机理的复杂度, 因此需要建立更为全面的三元复合驱数学模型.

另一方面是外界环境因素,如政治因素、国际形势的影响,以及驱替剂和原油价格的变化.纵观近十几年国际原油价格波动 (驱替剂的价格相对波动较小), 2008年,国际原油价格较高,胜利油田的三元复合驱采油区块获取的经济效益非常大, 2009 年国际油价暴跌,虽然通过三元复合驱采油在一定程度上增加了原油产量,但是获得的利润却大幅下跌.到 2014 年底,原油价格持续下跌,国内各油田都出现负利润,甚至很多油田被迫裁员和关井.因此,在原油开采时,必须将利润作为考量指标,不能一味地提高采收率.

此外,随着采油技术的发展,人们对复合驱驱油机理的认识不断加深,对三元复合驱采油过程提出了更多的问题和要求.一方面现有的数值模拟软件无法全面清楚地描述三元复合驱的物理化学现象,对于三元复合驱的偏微分方程模型通常都采用有限差分方法求解,缺乏科学的证明,且该问题涉及多个复杂高阶偏微分方程,难于求解和应用,且累积误差较大,缺乏既准确又简单实用的三元复合驱模型.另一方面,油藏开采周期长,受外界干扰影响大,开采过程中驱替剂消耗量大、价格昂贵.三元复合驱是一项高投入、高风险的三次采油技术,在做生产规划时必须进行合理优化以实现利益最大化.因此针对不同地质及油藏条件,综合考虑多个生产指标,科学合理地制订三元复合驱开发方案,尽可能降低成本,增加效益,就显得尤为重要.

目前,在工程中三元复合驱项目方案的优化设计主要采用指标对比法,通过对模型输入有限个开发方案,基于数值模拟软件对输出结果进行评价,比较各方案的采油量、含水率、利润和驱替剂用量等指标,对开发方案进行调整,再进行数值模拟、对比指标,直到得到满意的开发方案.但是,这种方法过多地依赖样本的选取及操作者的经验,只能得到相对最优方案,当需要优化的参数过多时,工作量呈指数增长,大大增加了开采方案制订的难度.另外,三元复合驱是一个随时间变化的过程 (通常在五年以上),科学的开发方案也应当随时间变化而动态调整.

最优控制方法是解决上述问题的一种有效的方法,该方法充分考虑了系统的动态特性和油藏的物化代数方程限制,能够在综合考虑多个指标的情况下实现所有变量的同时优化,得到最佳注采方案.该方法经过严格的数学推导证明,获得的解为全局最优方案.2017 年上半年,中国石油化工集团有限公司确立了将"有机碱三元复合驱提高采收率技术研究"作为科技攻关项目,展开全面研究.本课题的研究能够为我国油田复合驱机理的研究和工程中制订科学的矿场规模的开发方案提供决策支持,具有重要的理论与实际意义.

1.2 国内外研究现状

油藏开发规划通常是以经济效益最大为指标,结合油藏或者生产条件的固有限

1.2 国内外研究现状

制, 实现油藏的开发决策或者生产规划. 早期的研究多针对油藏开发中不同的问题采用线性规划、非线性规划、随机规划、模糊规划、多目标规划等方法[1-5]. 20 世纪 80 年代, Ramirez 等[6,7] 最早采用最优控制理论实现表面活性剂驱的开发决策优化. 作者以利润最大为性能指标, 以油水两相渗流方程和对流扩散吸附方程为支配方程, 以表面活性剂的注入浓度为决策变量, 综合考虑表面活性剂的用量约束和浓度约束, 推导了最优控制存在的必要条件, 并基于梯度法进行求解, 得到最优的注入浓度. Ramirez 首次给出了油藏提高原油采收率最优控制问题的基本框架, 为后续学者的研究奠定了基础. 后来, Ramirez[8] 又将该方法用于氮气驱、二氧化碳驱、二元复合驱等的最优控制求解中, 得到了最优注采策略, 极大地提高了采收率.

目前, 对于油藏开发规划的最优控制研究主要集中在水驱优化和化学驱优化两个方面. 在水驱的研究方面, Brouwer[9] 针对智能井水驱的动态优化问题采用最优控制方法进行求解, 建立以净现值最大为指标, 以井流量为优化变量的最优控制问题, 采用有限差分法对模型进行半隐式离散, 基于极大值原理给出了伴随方程和必要条件, 采用梯度法进行求解. 同样针对该问题, Sarma 等[10] 基于伴随方程进行求解, 采用全隐式有限差分法对支配方程离散化后, 通过 Newton-Raphson 法进行求解. 另外, 考虑到水驱动态优化问题中的路径约束, Sarma 等[11] 提出了一种近似可行方向法, 通过约束凝聚将全部路径约束处理为一个终端约束, 进而基于极大值原理给出伴随方程和梯度, 利用序列二次规划进行求解. 针对有限差分法的近似精度和收敛性问题, Alhuthali 等[12] 引入流线法取代有限差分法, 求解水驱动态优化问题, 明显提高了计算精度和效率. Chaudhri 等[13] 针对传统的集合优化技术进行改进, 采用共轭梯度法进行优化求解, 显著地提高了收敛速度和求解精度, 并用于求解水驱的生产调度优化问题. Liu 和 Reynolds[14] 考虑了水驱的多目标优化问题, 以最大累积油产量、最小净现值方差、最大净现值期望为目标, 给出了必要条件、伴随方程的推导和基于梯度法的求解过程. Effati 等[15] 采用迭代动态规划求解了水驱的最优控制问题, 将原问题离散化为多阶段优化问题, 对系统状态和控制进行离散, 通过迭代获取最优策略, 避免了 HJB 方程和梯度的求解, 避免了维数灾问题, 提高了计算效率. Wen 等[16] 采用近似动态规划对水驱油藏提高原油采收率的最优控制问题进行求解, 以注入井的注入速度为优化变量, 提出了一种基于系统特征的基函数构造方法, 建立线性基函数突现控制策略和值函数的近似, 通过打靶法求解最优决策. 赵辉等[17] 考虑到油藏优化设计中的不确定性, 建立了鲁棒优化控制模型, 采用随机扰动近似法计算梯度, 并将梯度经过对数变换后投影到可行方向上迭代求解, 该方法考虑了油藏开发设计中的风险因素, 降低了生产决策的风险性. 通常的水驱优化变量只考虑注入速率和井流量, 段塞设置是固定的, 2010 年, Bernardo 等[18] 提出了一种水驱的段塞优化方法, 将段塞的切换时间作为优化变量, 通过克里金插值获取注入速度和段塞长度与性能指标的模型, 进而基于序列二次规划进行求解,使得制订的方案更为合理.

在化学驱的优化研究方面,对于最优控制模型的建立,国内外已经有很多关于聚合物驱以及聚合物二元驱、复合驱的数学模型研究. 其中, 李宜强等[19]以相似原理为基础,分别针对泡沫复合驱和三元复合驱建立了相应的相似准则,并利用数值模拟和物理模拟方法对准则进行检验和敏感性分析; Thomas 等[20]通过研究表面活性剂驱驱油机理,建立了油水两相渗流模型; 袁士义等[21]系统地分析了多种碱驱替的作用机理,给出了碱复合驱的渗流方程; 侯健等[22]基于数值模拟软件,对聚合物驱的模型和驱油机理进行模拟分析. 杨承志等[23]指出,三元复合驱提高采收率是在碱、表面活性剂和聚合物相关的单一化学驱和复合驱基础上发展起来的. 多元体系中碱的作用在于: 同原油中有机酸反应生成表面活性物质并同加入的表面活性物质发生协同效应,增加活性;拓宽表面活性剂的活性范围;改善岩石表面电性,降低吸附量[24]. 表面活性剂的作用是: 降低油-水界面张力;在离子强度和二价离子浓度较高的情况下起补偿作用,拓宽体系的活性范围和自发乳化的 pH 值范围[25]. 聚合物的作用是: 增加体系黏度,降低油水流度比,增加面积波及效率;调整纵向吸水剖面的波及效率,增加油层吸水厚度[26]. 综上研究成果,化学驱的数学模型主要包括油水渗流方程、化学驱替剂的吸附扩散方程、油藏及各组分的物化代数方程及各种约束条件,然而还没有对三元复合驱数学模型展开深入的研究. 在求解数学模型时,包括各种数值模拟软件 (如 VIP, CMG 等),普遍采用有限差分法[27],对偏微分方程进行离散化,转化为代数方程的非线性规划问题进行优化求解,由于问题规模庞大,求解时累积误差严重,极大地影响了结果的准确性.

2005 年, Zerpa 等[28]针对三元复合驱在优化过程中基于数值模拟软件仿真, 无法合理设置参数的问题,提出了一种基于多代理的全局优化算法,采用克里金插值和多项式回归基于数值模拟软件数据对油藏系统建模,引入自适应权重法建立多代理权重平均模型,最后,采用得克萨斯州大学奥斯汀分校 UTCHEM 软件进行优化求解. 2012 年, Mohammadi[29] 在其论文中详细论述了碱-聚合物驱、泡沫-表面活性剂驱、高盐表面活性剂-聚合物驱等化学驱驱油机制,建立了碱耗、吸附作用、聚合物增黏等机理对驱油效果的影响,建立了利润最大情况下的最优控制模型,并基于 UTCHEM 软件进行优化求解. 2014 年, Douarche 等[30]采用灵敏度分析的方法探究了表面活性剂-聚合物驱过程中注入浓度、段塞尺寸、初始时间、残余油饱和度等因素对采收率的影响,通过高斯过程近似整个驱油过程,对数值模拟软件的数据进行 K-L 分解后,对仿真数据采用响应曲面建模近似原油产量,基于指标评价法给出最优注采策略. 2016 年, Bahrami 等[31]针对表面活性剂-聚合物驱油藏采样数据,采用遗传规划的方法建立采收率因子和净现值的模型,经过拟合验证和精度验证后,结合非线性规划算法进行求解. 该方法避免了求解复杂的机理模型,大大减少了计算复杂度. 另外, Xu 等[32]采用改进的带约束的蒙特卡罗梯度近似算法求解了聚合物驱的生产优化问题, Ahmed 等[33] 研究了表面活性剂 —— 聚合物驱的随机优化算法, Patle 等[34] 研究了碱驱的多目标优化问题.

在聚合物驱提高原油采收率方面, 李树荣和张晓东[35] 出版的《聚合物驱提高原油采收率的最优控制方法》一书, 系统地论述了聚合物驱的驱油机理、最优控制模型、有限差分求解、基于极大值原理的求解、基于控制向量参数化方法的求解, 以及基于非线性规划的求解等, 给出了较为科学的决策方法. 郭兰磊[36] 出版的《聚合物驱方案动态优化设计》, 系统地阐述了基于动态规划的聚合物驱最优控制问题求解方法. 此外, 雷阳针对高温高盐聚合物驱最优控制问题, 先后提出了混合遗传算法、非均匀控制向量参数化法、基于极大值原理的求解方法, 以及迭代动态规划算法[37-41], 进一步完善了聚合物驱的方案优化体系. 然而, 对于三元复合驱最优控制问题, 由于考虑了碱、表面活性剂和聚合物三元驱替剂的相互作用, 驱油机理十分复杂, 相对于单一化学驱, 优化变量成倍增多, 物化代数方程约束也成倍增加, 最优控制求解难度较大, 目前国内外研究较少, 仍处于起步阶段.

1.3 本书主要内容

本书的研究目标是以三元复合驱油藏的渗流机理为基础, 建立符合实际油藏开发的三元复合驱最优控制模型, 并针对油藏开发的具体实际, 研究相应的最优控制求解方法, 为三元复合驱注采策略的优化提供理论依据. 主要研究内容分为以下几个方面.

(1) 根据油藏渗流机理建立三元复合驱最优控制模型, 并推导最优控制的必要条件.

通过对现有文献的研究和总结, 给出了一维、二维、三维的三元复合驱数学模型, 并针对三元复合驱建立最优控制模型. 模型以净现值最大为性能指标, 以油水渗流方程和三元驱替剂的吸附扩散方程为支配方程, 以驱替剂注入浓度和总消耗量、物化代数方程、终端含水率为约束条件, 以驱替剂的段塞式注入浓度、段塞长度为控制变量. 针对三元复合驱最优控制模型, 采用先离散后求梯度的方法, 应用全隐式有限差分进行离散化处理, 然后根据离散极大值原理给出了离散最优控制的必要条件, 并给出离散伴随方程和梯度的表达式. 本部分研究内容主要发表于文献 [42-44].

(2) 基于正交函数近似的控制变量不连续最优控制求解方法.

由于三元复合驱采用段塞式注入, 控制变量具有不连续性, 针对此类问题, 研究基于正交函数近似的最优控制方法. 分别针对高斯伪谱和有理 Haar 函数两个常见的正交函数, 经过约束凝聚处理、多阶段问题转化、正交函数近似一系列处理, 将原始最优控制问题离散化为非线性规划,进而采用序列二次规划进行求解. 为了提高近似精度、准确识别不连续性,引入自适应策略和具有最优性验证的控制结构检测方法. 优化注入浓度和段塞长度,对三元复合驱最优控制进行求解. 本部分研究内容主要发表于文献 [45-47].

(3) 基于动态规划的最优控制求解方法.

针对自适应正交函数近似求解计算量大、计算效率低的问题,研究动态规划的最优控制求解方法. 为了解决"维数灾"问题,分别从迭代动态规划和近似动态规划两种算法进行研究:

提出一种动态尺度混合整数迭代动态规划算法:对时间变量进行处理,将终端自由问题转化为终端固定最优控制问题. 考虑到段塞长度的整数时间限制,引入整数截断策略进行处理,通过引入动态调整策略,调整收缩因子,提高算法精度. 优化注入浓度、段塞长度和终端驱油时间,对三元复合驱最优控制进行求解.

提出一种基于执行-评价框架的近似动态规划算法:构造线性基函数实现控制策略和值函数的近似;采用时间差分学习算法计算值函数的权重系数;将时间差分误差和高斯分布相结合,实现控制策略的权重计算和更新;采用执行-评价框架将近似的值函数和控制策略结合成一个整体,并通过谱共轭梯度法迭代求解最优控制的权重系数. 保持段塞固定,仅优化注入浓度,对三元复合驱最优控制进行求解. 本部分研究内容主要来自于文献 [48, 49].

(4) 基于螺旋优化的模糊多目标最优控制求解方法.

针对实际三元复合驱开采中,多个生产指标不能同时满足,且生产指标不确定的情况,研究基于螺旋优化的模糊多目标最优控制求解方法. 提出一种混合螺旋优化算法,引入拉丁超立方采样,使初始样本尽可能反映整个空间;引入自适应柯西变异,增加全局寻优能力. 提出一种基于对称模型和水平截集的模糊多目标处理方法,将模糊多目标转化为确定性问题,进而采用混合螺旋优化算法求解. 保持段塞固定,仅优化注入浓度,对三元复合驱模糊多目标最优控制进行求解. 本部分研究内容主要来自于文献 [50, 51].

(5) 三元复合驱时空建模及迭代动态规划求解方法.

针对三元复合驱机理模型涉及多个耦合偏微分方程,求解复杂度高、难度大、计算效率低的问题,提出一种基于双正交时空 Wiener 建模的迭代动态规划算法. 建模主要包括两部分:采用双正交时空分解,将集中参数 Wiener 模型拓展为分布参数时空模型,并给出基函数存在的必要条件和求解方法,进而辨识输入-状态之间的关系;采用 ARMA 模型建立状态-输出之间的关系,通过递推最小二乘辨识参数. 基于辨识模型,采用迭代动态规划进行求解. 保持段塞固定,仅优化注入浓度,对三元复合驱最优控制进行求解. 本部分研究内容主要来自于文献 [52-55].

(6) 基于色谱分离的三元复合驱机会约束规划.

三元复合驱油体系的色谱分离现象会降低甚至破坏复合驱油效果. 通过引入新的色谱分离判别模式, 设计了色谱分离参数的计算方法, 并利用面向对象编程语言开发了相应的计算软件. 针对三元复合驱油体系的注入优化问题, 为使复合体系尽可能地发挥出最大的协同作用, 以色谱分离参数最大化为性能指标, 考虑地质参数的不确定性, 建立了三元复合驱的注入方案的机会约束规划模型, 并对其进行了实例求解. 本部分研究内容主要来自于文献 [56].

第 2 章 预备知识

2.1 最优控制理论

最优控制作为现代控制理论的重要分支,其理论的诞生最早可以追溯到 Wiener 等奠基的控制论 (Cybernetics) 和钱学森的工程控制论. 开创性工作主要有贝尔曼 (Bellman)[57] 提出的动态规划理论和庞特里亚金 (L. Pontryagin) 等提出的极大值原理. 基于极大值原理的最优控制理论, 其发展经历了从最初的控制约束最优控制问题, 到近年的状态-控制混合约束最优控制问题.

2.1.1 最优控制问题表述

考虑如下约束最优控制问题, 通过优化控制变量 $u(t) \in \mathbb{R}^m$, 使 Bolza 指标最小.

$$\min_{u} J = \varphi(x(t_f), t_f) + \int_{t_0}^{t_f} F(x(t), u(t), t) \mathrm{d}t,$$

$$\text{s.t.} \begin{cases} \dot{x}(t) = f(x(t), u(t), t), \quad x(0) = x_0, \\ g(x(t), u(t), t) \leqslant 0, \\ h(x(t), t) \leqslant 0, \\ a(x(t_f), t_f) \leqslant 0, \\ b(x(t_f), t_f) = 0, \quad t \in [t_0, t_f], \end{cases} \quad (2\text{-}1)$$

其中, $x(t) \in \mathbb{R}^n$ 为问题状态, 初始时间记为 t_0, 终止时间记为 t_f (自由/固定). $g(\cdot)$ 表示混合状态-控制不等式约束函数, $h(\cdot)$ 表示纯状态不等式约束函数, $a(\cdot)$ 和 $b(\cdot)$ 分别为终端时刻的不等式和等式约束函数.

函数 $\varphi, F, f, g, h, a, b$ 分别满足

$$\varphi : \mathbb{R}^n \times \mathbb{R} \to \mathbb{R},$$

$$F : \mathbb{R}^n \times \mathbb{R}^m \times \mathbb{R} \to \mathbb{R},$$

$$f : \mathbb{R}^n \times \mathbb{R}^m \times \mathbb{R} \to \mathbb{R}^n,$$

$$g : \mathbb{R}^n \times \mathbb{R}^m \times \mathbb{R} \to \mathbb{R}^p,$$

$$h : \mathbb{R}^n \times \mathbb{R}^m \times \mathbb{R} \to \mathbb{R}^q,$$

$$a : \mathbb{R}^n \times \mathbb{R} \to \mathbb{R}^s,$$

$$b : \mathbb{R}^n \times \mathbb{R} \to \mathbb{R}^w,$$

且分别关于其所有参数为连续可微的.

针对问题 (2-1), 有如下假设条件成立.

假设 2.1 终端等式和不等式约束 $a(\cdot) \leqslant 0, b(\cdot) = 0$ 关于 $x(t_f), t_f$ 满足如下矩阵满秩条件

$$\text{rank} \begin{bmatrix} \partial a/\partial x & \text{diag}(a) \\ \partial b/\partial x & 0 \end{bmatrix} = s + w,$$

意味着终端等式约束和活动不等式约束关于状态 x 的梯度是线性无关的.

假设 2.2 混合状态-控制不等式约束 $g(\cdot) \leqslant 0$ 关于控制变量 u 满足如下矩阵满秩条件

$$\text{rank}[\partial g/\partial u \quad \text{diag}(g)] = p,$$

意味着活动约束 $g(\cdot) = 0$ 关于控制变量 u 的梯度是线性无关的.

定义 2.1 任意纯状态约束 $h(\cdot) \leqslant 0, h \in \mathbb{R}^1$ 称为 k 阶约束函数, 当如下条件满足时:

$$h_u^i(x, u, t) = 0, \quad 0 \leqslant i \leqslant k-1, \quad h_u^k(x, u, t) \neq 0,$$

其中, 函数上标 i 表示函数对时间 t 的 i 阶导数, 具体为

$$h^1(x, u, t) = h_x(x, u, t)^{\mathrm{T}} f(x, u, t) + h_t(x, u, t),$$

$$h^2(x, u, t) = h_x^1(x, u, t)^{\mathrm{T}} f(x, u, t) + h_t^1(x, u, t),$$

$$\cdots\cdots$$

$$h^k(x, u, t) = h_x^{k-1}(x, u, t)^{\mathrm{T}} f(x, u, t) + h_t^{k-1}(x, u, t).$$

更一般地, 针对纯状态约束 $h \in \mathbb{R}^q$, 其任意组件 h_i 的阶数记为 k_i.

定义 2.2 子区间 $[\tau_1, \tau_2] \subset [0, t_f]$ 称为边界区间, 当任意纯状态不等式约束满足如下条件时:

$$h_i(x, t) = 0, \quad \forall t \in [\tau_1, \tau_2].$$

否则, 称满足 $h_i(x, t) < 0, i = 1, 2, \cdots, q$ 的区间 (τ_1, τ_2) 为内部区间.

相应地, 我们称从内部空间进入边界空间时所在的时间点为进入点 (entry point), 称从边界空间退出到内部空间时的时间点为退出点 (exit point). 当 $\tau_1 = \tau_2$ 且存在 $h_i(x, \tau_1) = 0$ 时, 问题轨迹仅是触碰到边界, 则称此点为接触点 (touch point). 综上, 我们将进入点、退出点、接触点统称为连接点 (junctions points).

2.1.2 最优性必要条件

针对约束最优控制问题 (2-1), 定义其哈密顿函数 H 和拉格朗日函数 L 分别为

$$H(x, \lambda, u, t) = F(x, u, t) + \lambda^{\mathrm{T}} f(x, u, t), \tag{2-2}$$

$$L(\boldsymbol{x},\boldsymbol{\lambda},\boldsymbol{u},\boldsymbol{\mu},\boldsymbol{\gamma},t) = H(\boldsymbol{x},\boldsymbol{\lambda},\boldsymbol{u},t) + \boldsymbol{\mu}^{\mathrm{T}}\boldsymbol{g}(\boldsymbol{x},\boldsymbol{u},t) + \boldsymbol{\gamma}^{\mathrm{T}}\boldsymbol{h}(\boldsymbol{x},\boldsymbol{u},t), \qquad (2\text{-}3)$$

其中, $\boldsymbol{\lambda} \in \mathbb{R}^n$ 为伴随状态向量, $\boldsymbol{\mu} \in \mathbb{R}^p$ 和 $\boldsymbol{\gamma} \in \mathbb{R}^q$ 分别为混合状态约束和纯状态约束的乘子向量.

定理 2.1 (扩展庞特里亚金极大值原理) 针对约束最优控制问题 (2-1), 记 $\boldsymbol{u}^*$ 为问题的可行最优控制, 相应的固定时间区间 $[0, t_f]$ 内最优系统状态响应记为 $\boldsymbol{x}^*$. 假定最优状态 $\boldsymbol{x}^*$ 仅存在有限处连接点, 则存在分段绝对连续的伴随状态 $\boldsymbol{\lambda}$、分段连续的乘子函数 $\boldsymbol{\mu}$ 和 $\boldsymbol{\gamma}$, 对应于任意连接点 τ_i 处不连续协态 $\boldsymbol{\lambda}(\tau_i)$ 的乘子向量 $\boldsymbol{\eta}(\tau_i) \in \mathbb{R}^n$, 对应于终端不等式和等式约束的乘子向量 $\boldsymbol{\alpha} \in \mathbb{R}^s$, $\boldsymbol{\beta} \in \mathbb{R}^w$, $\boldsymbol{\upsilon} \in \mathbb{R}^q$, 并有如下条件在整个控制域内几乎处处成立:

$$\boldsymbol{u}^*(t) = \underset{\boldsymbol{u} \in \Omega(\boldsymbol{x},t)}{\arg\min}\, H(\boldsymbol{x}^*, \boldsymbol{\lambda}, \boldsymbol{u}, t), \qquad (2\text{-}4)$$

$$\frac{\partial L^*}{\partial \boldsymbol{u}}(t) = \frac{\partial H^*}{\partial \boldsymbol{u}}(t) + \boldsymbol{\mu}^{\mathrm{T}} \frac{\partial \boldsymbol{g}^*}{\partial \boldsymbol{u}}(t) = 0, \qquad (2\text{-}5)$$

$$\dot{\boldsymbol{\lambda}}(t) = -\frac{\partial L^*}{\partial \boldsymbol{x}}(t) = -\frac{\partial H^*}{\partial \boldsymbol{x}}(t) - \boldsymbol{\mu}^{\mathrm{T}} \frac{\partial \boldsymbol{g}^*}{\partial \boldsymbol{x}}(t) - \boldsymbol{\gamma}^{\mathrm{T}} \frac{\partial \boldsymbol{h}^*}{\partial \boldsymbol{x}}(t), \qquad (2\text{-}6)$$

$$\boldsymbol{\mu}^{\mathrm{T}} \boldsymbol{g}^*(t) = 0, \quad \boldsymbol{\mu} \geqslant 0, \quad \boldsymbol{\gamma}^{\mathrm{T}} \boldsymbol{h}^*(t) = 0, \quad \boldsymbol{\gamma} \geqslant 0, \qquad (2\text{-}7)$$

$$\frac{\mathrm{d} H^*}{\mathrm{d} t}(t) = \frac{\partial L^*}{\partial t}(t), \qquad (2\text{-}8)$$

其中, $\Omega(\boldsymbol{x},t) = \{\boldsymbol{u} \in \mathbb{R}^m | \boldsymbol{g}(\boldsymbol{x},\boldsymbol{u},t) \leqslant 0\}$. 方程 (2-5) 称为耦合方程, 方程 (2-6) 为伴随方程.

在终端时刻 t_f 下, 有如下横截条件成立:

$$\boldsymbol{\lambda}(t_f^-) = \boldsymbol{\alpha}^{\mathrm{T}} \frac{\partial \boldsymbol{a}^*}{\partial \boldsymbol{x}}(t_f) + \boldsymbol{\beta}^{\mathrm{T}} \frac{\partial \boldsymbol{b}^*}{\partial \boldsymbol{x}}(t_f) + \boldsymbol{\upsilon}^{\mathrm{T}} \frac{\partial \boldsymbol{h}^*}{\partial \boldsymbol{x}}(t_f), \qquad (2\text{-}9)$$

$$\boldsymbol{\alpha}^{\mathrm{T}} \boldsymbol{a}^*(t_f) = 0, \quad \boldsymbol{\alpha} \geqslant 0, \quad \boldsymbol{\upsilon}^{\mathrm{T}} \boldsymbol{h}^*(t_f) = 0, \quad \boldsymbol{\upsilon} \geqslant 0, \quad \boldsymbol{\beta} \geqslant 0. \qquad (2\text{-}10)$$

通常, 在连接点处伴随轨迹 $\boldsymbol{\lambda}(t)$ 和哈密顿轨迹 $H(t)$ 会存在不连续, 而当最优轨迹处于边界区间内并且某一混合约束 $g_i \leqslant 0$ 变为活动约束时, 在边界区间内 $\boldsymbol{\lambda}(t)$ 和 $H(t)$ 也可能存在不连续. $\boldsymbol{\lambda}(t)$ 和 $H(t)$ 的不连续满足如下条件:

$$\boldsymbol{\lambda}(\tau^-) = \boldsymbol{\lambda}(\tau^+) + \boldsymbol{\eta}(\tau)^{\mathrm{T}} \frac{\partial \boldsymbol{h}^*}{\partial \boldsymbol{x}}(\tau), \qquad (2\text{-}11)$$

$$H(\tau^-) = H^*(\tau^+) - \boldsymbol{\eta}(\tau)^{\mathrm{T}} \frac{\partial \boldsymbol{h}^*}{\partial t}(\tau), \qquad (2\text{-}12)$$

$$\boldsymbol{\eta}(\tau)^{\mathrm{T}} \boldsymbol{h}^*(\tau) = 0, \quad \boldsymbol{\eta}(\tau) \geqslant 0, \qquad (2\text{-}13)$$

特殊地, 针对时不变系统, 有 $\dfrac{\partial L}{\partial t} = 0$, 进而有 $\dfrac{\mathrm{d} H}{\mathrm{d} t} = 0$. 因此, 时不变系统的最优哈密顿函数轨迹 $H^*(t)$ 为分段常数.

2.1.3 数值最优控制方法

动态系统的最优控制问题[58]是指,当系统从某一初始状态转移到终端状态时,在系统的可行域内搜索最优的控制策略,使得性能指标取最优值.经典的最优控制方法包括变分法、极大值原理、动态规划等[59,60],这些方法为最优控制问题的求解奠定了理论基础,可以获得最优控制问题的解析解,但是只适合求解简单问题,而实际中的工程问题往往都十分复杂,难于采用经典方法求解,通常采用数值最优控制方法.

常用的数值最优控制方法主要包括:间接法、直接法、迭代动态规划、近似动态规划、智能控制等[61−63],如图 2-1 所示.

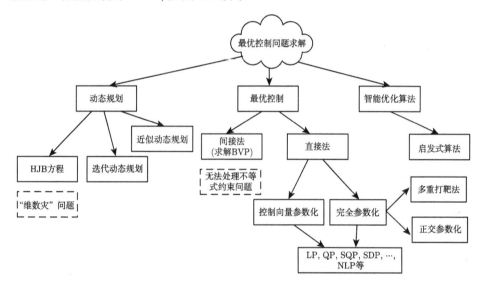

图 2-1 最优控制问题求解方法

2.1.3.1 间接法

间接法是指通过变分法、极大值原理、动态规划等理论将原最优控制问题转化为必要条件的求解,然后采用常规的数值方法[64−66](如 Riccati 方程的符号函数法、打靶法、配点法等) 或者迭代法[67,68](如牛顿法、梯度法等) 进行求解,从而得到最优控制策略,间接法实质上是求解一个两点边值问题 (BVP) 或者 Riccati 方程问题[69,70]. 该方法能够很好地满足最优控制的必要条件,最优解的可靠性高,但是,该方法很难处理路径约束和控制约束,算法对初始值十分敏感,收敛性差,需要对伴随向量和控制向量的初始值进行估计,而伴随向量没有实质的意义,很难进行估计. 此外,实际的工程问题往往都十分复杂,很难解析地推导出一阶必要条件. 针对上述问题,Chen[71] 等研究了控制-状态约束的最优控制问题的数值求解方法,采用

Fischer-Burmeister 函数推导了最优控制一阶必要条件的解析形式,并通过非精确光滑的牛顿法进行求解,从而避免了对初始值的精确预测. Diomande 和 Zalinescu[72] 研究了带有时间延迟的随机变分不等式约束的最优控制问题,通过推导伴随方程作为反向随机偏微分方程的估计,给出了一种 Pontryagin-Bensoussan 随机极大值原理,很好地处理了随机优化问题的约束.

2.1.3.2 直接法

直接法直接从最优控制问题本身入手,针对控制和状态采用参数化的方法将原问题变为有限维的静态优化问题,从而采用常规的非线性规划方法进行求解.该方法无须推导最优条件,对初始值的设置要求不高,不必估计协态变量,且收敛半径较大,在工程优化中应用广泛[73-75].其主要包括:控制向量参数化和完全参数化法.这些方法的主要不同是控制及状态的参数化形式和系统动态方程的近似方式.目前,有关直接法的研究主要从离散的收敛性问题、计算精度和计算效率的问题、约束的处理问题等方面展开[76]. Maurer 等[77] 对控制向量参数化和完全参数化方法进行研究,给出了两种方法在求解最优控制问题过程中的实时控制方法,以及协态变量估计、灵敏度分析等.

1. 控制向量参数化

控制向量参数化是指将系统时域分为有限个时间段,在每一段上采用分段函数、多项式函数等对系统的控制轨迹进行参数化表述,通过对状态方程的积分计算状态轨迹,从而将原问题离散化为非线性规划进行求解[78].该方法避免了求解两点边值问题,操作简单,适用范围广.但是,求解系统状态方程的积分运算量较大,而且需要计算梯度.对于路径约束,通常需要推导最优控制的必要条件,获得状态约束的伴随方程,从而得到梯度,结合非线性规划方法进行求解.另外,也可采用 Bloss 等[79] 提出的精确罚函数法以及 Benchimol[80] 提出的约束凝聚法对约束进行处理,转化为无约束优化问题进行求解.

常规的控制向量参数化的时间区间划分通常是事先给定的,在算法执行过程中保持不变,降低了求解的精度. Teo 等[81] 提出了一种控制参数增强转换法,通过时间尺度函数对时间区间长度和控制参数的同时优化,并证明了收敛性,理论上该方法的最优解能精确地逼近连续最优解.之后,作者将该方法用于求解具有离散变量的最优控制问题,如切换系统最优控制问题、离散特征点约束最优控制问题、状态切换最优控制问题等[82-84],取得了很好的效果.雷阳等[85] 提出了一种非均匀控制向量参数化,通过引入标准化时间变量,将不固定的终端时间转化为若干 $[0,1]$ 的子问题进行处理,从而实现时间区间长度的优化,并将该方法用于求解聚合物驱最优控制问题. Schlegel 等[86] 提出了一种自适应网格控制向量参数化,采用小波理论对每一步的求解结果进行分析,进而对时间节点进行精细调整,提高了算法精度.

a) 问题参数化

记问题参数化维数为 N. 采用分段常数法对控制轨迹进行近似. 网格节点在时间域 $[0, t_f]$ 内均匀分布, 记为 τ_i, $i = 1, 2, \cdots, N$, 且满足

$$0 = \tau_1 < \tau_2 < \cdots < \tau_{N-1} < \tau_N = t_f,$$

离散步长 $h = \dfrac{t_f}{N-1}$, 则 $\tau_{i+1} = ih$.

采用欧拉法计算积分关系, 可以获得在每个网格节点处的状态值为

$$\boldsymbol{x}_i = \boldsymbol{x}_{i-1} + h\boldsymbol{f}(\boldsymbol{x}_{i-1}, \boldsymbol{u}_i, \tau_{i-1}).$$

定义优化问题的决策变量为控制参数序列, 记为

$$\boldsymbol{v} := [\boldsymbol{u}_1, \boldsymbol{u}_2, \cdots, \boldsymbol{u}_N] \in \mathbb{R}^{mN},$$

其中, m 为控制变量的维数. 因此, 状态变量可以记为控制参数序列的函数, 写为 $\boldsymbol{x}_i = \boldsymbol{x}_i(\boldsymbol{v})$. 则约束最优控制问题可以近似为如下的静态最优化问题.

$$\min_{\boldsymbol{v}} \quad J(\boldsymbol{v}) = \varphi(\boldsymbol{x}_N(\boldsymbol{v}), \tau_N) + \sum_{i=1}^{N} hF(\boldsymbol{x}_{i-1}(\boldsymbol{v}), \boldsymbol{u}_i, \tau_{i-1}),$$

$$\text{s.t.} \quad \begin{cases} \boldsymbol{g}(\boldsymbol{x}_i(\boldsymbol{v}), \boldsymbol{u}_i, \tau_i) \leqslant 0, & i = 1, 2, \cdots, N, \\ \boldsymbol{h}(\boldsymbol{x}_i(\boldsymbol{v}), \tau_i) \leqslant 0, & i = 1, 2, \cdots, N, \\ \boldsymbol{a}(\boldsymbol{x}_N(\boldsymbol{v}), \tau_N) \leqslant 0, \\ \boldsymbol{b}(\boldsymbol{x}_N(\boldsymbol{v}), \tau_N) = 0. \end{cases} \quad (2\text{-}14)$$

对问题 (2-14) 中的约束进行分类统计. 问题中的不等式约束共有 $N_{c-c} = (p+q)N + s$ 个, 统一记为 $\boldsymbol{G}(\boldsymbol{v}) \leqslant 0$, $\boldsymbol{G} \in \mathbb{R}^{N_{c-c}}$; 等式约束为 $N_{c-e} = w$ 个, 统一记为 $\boldsymbol{H}(\boldsymbol{v}) = 0$, $\boldsymbol{H} \in \mathbb{R}^{N_{c-e}}$; 优化变量个数为 mN 个.

综上, 问题 (2-14) 可改写为如下标准的非线性规划 (NLP) 问题:

$$\begin{aligned} &\min_{\boldsymbol{v}} \quad J(\boldsymbol{v}), \\ &\text{s.t.} \quad \boldsymbol{G}(\boldsymbol{v}) \leqslant 0, \quad \boldsymbol{H}(\boldsymbol{v}) = 0. \end{aligned} \quad (2\text{-}15)$$

b) 伴随变量估计

虽然直接优化方法的求解过程并不需要对伴随变量进行估计, 但伴随变量在验证问题最优性、揭示问题最优解的性质等方面有重要作用. 因此, 对伴随变量进行估计也是必要的.

基于最优化问题 (2-14) 满足的一阶最优性必要条件 (即 KKT 条件), 可以利用优化过程获得的拉格朗日乘子实现对伴随变量的估计. 定义问题 (2-14) 的增广拉格朗日函数为

$$
\begin{aligned}
L(\boldsymbol{v}, \boldsymbol{\mu}, \boldsymbol{\gamma}, \boldsymbol{\alpha}, \boldsymbol{\beta}) = & \varphi(\boldsymbol{x}_N(\boldsymbol{v}), \tau_N) + \sum_{i=1}^{N} h F(\boldsymbol{x}_{i-1}(\boldsymbol{v}), \boldsymbol{u}_i, \tau_{i-1}) \\
& + \sum_{i=1}^{N} \left(\boldsymbol{\mu}_i^{\mathrm{T}} \boldsymbol{g}(\boldsymbol{x}_i(\boldsymbol{v}), \boldsymbol{u}_i, \tau_i) + \boldsymbol{\gamma}_i^{\mathrm{T}} \boldsymbol{h}(\boldsymbol{x}_i(\boldsymbol{v}), \tau_i) \right) \\
& + \boldsymbol{\alpha}^{\mathrm{T}} \boldsymbol{a}(\boldsymbol{x}_N(\boldsymbol{v}), \tau_N) + \boldsymbol{\beta}^{\mathrm{T}} \boldsymbol{b}(\boldsymbol{x}_N(\boldsymbol{v}), \tau_N),
\end{aligned} \quad (2\text{-}16)
$$

其中, $\boldsymbol{\mu}_i \in \mathbb{R}^p$, $\boldsymbol{\gamma}_i \in \mathbb{R}^q$, $\boldsymbol{\alpha} \in \mathbb{R}^s$, $\boldsymbol{\beta} \in \mathbb{R}^w$ 为约束乘子, 在采用 SQP 或乘子法求解优化问题时可以一并获得. 则伴随变量的估计值可由下式获得

$$\boldsymbol{\lambda}(\tau_i) \approx \boldsymbol{\lambda}_i = \frac{\partial}{\partial \boldsymbol{x}_i} L(\boldsymbol{v}, \boldsymbol{\mu}, \boldsymbol{\gamma}, \boldsymbol{\alpha}, \boldsymbol{\beta}), \quad i = 0, 1, \cdots, N \quad (2\text{-}17)$$

且乘子满足 $\boldsymbol{\mu}(\tau_i) = \boldsymbol{\mu}_i/h, \boldsymbol{\gamma}(\tau_i) = \boldsymbol{\gamma}_i/h$.

2. 完全参数化

完全参数化是指在时域内对系统的状态和控制同时进行参数化, 将原有的动态优化问题转化为静态非线性规划进行求解[87]. 不同的完全参数化方法主要表现在用于近似状态和控制的参数化函数的不同, 为了简化计算, 通常选用正交函数, 如切比雪夫多项式、伪谱法、有理 Haar 函数、三角正交函数等[88−91].

为了估计正交配置离散化过程中的非线性参数, Biegler 等[92] 首次提出了完全参数化方法, 之后针对过程系统动态仿真中的最优控制问题, 基于滤波器线搜索和共轭梯度法对完全参数化方法进行改进[93]. 2002 年, Jaddu[94] 在求解非线性最优控制问题时, 将拟线性化和切比雪夫多项式相结合给出了一种直接优化方法, 采用拟线性化将原问题变为多个线性约束二次最优控制问题, 然后通过切比雪夫多项式进行参数化求解. 伪谱法是最常用的一种参数化方法, 主要包括高斯伪谱法、Lobatto 伪谱法和 Radau 伪谱法, 它们之间的区别在于配置点的形式不同, 分别为 Legendre-Gauss(LG) 点、Legendre-Gauss-Lobatto (LGL) 点和 Legendre-Gauss-Radau(LGR) 点[95−97]. 这三种配置点都是从高斯求积公式演化而成的, 通过拉格朗日多项式实现状态和控制的全局近似. 2007 年, Reihani 和 Abadi[98] 采用有理 Haar 函数求解 Fredholm 和 Volterra 积分方程, 给出了有理 Haar 函数的性质, 并采用积分操作矩阵和 Newton-Cotes 节点将积分问题参数化为代数方程问题进行求解. 2017 年, Yi 等[99] 基于三角正交函数参数化提出了单相有源电力滤波器的谐波提取算法, 并给出了相应的数学原理和物理意义, 证明了算法的精度和计算效率.

a) 问题参数化

如上文所述, 完全参数化方法需要对状态变量和控制变量同时参数化. 采用与上一小节同样的网格划分方式, 则决策变量序列可以写为

$$\tilde{v} := [x_1, x_2, \cdots, x_N, u_1, u_2, \cdots, u_N] \in \mathbb{R}^{(m+n)N}$$

且状态变量与控制变量满足等式关系 $x_i = x_{i-1} + h f(x_{i-1}, u_i, \tau_{i-1})$, 则离散化的最优化问题可写为

$$\begin{aligned}
\min_{\tilde{v}} \quad & J(\tilde{v}) = \varphi(x_N, \tau_N) + \sum_{i=1}^{N} h F(x_{i-1}, u_i, \tau_{i-1}), \\
\text{s.t.} \quad & \begin{cases}
x_i = x_{i-1} + h f(x_{i-1}, u_i, \tau_{i-1}), \quad x_0 = x_0, \ i = 1, 2, \cdots, N, \\
g(x_i, u_i, \tau_i) \leqslant 0, \quad i = 1, 2, \cdots, N, \\
h(x_i, \tau_i) \leqslant 0, \quad i = 1, 2, \cdots, N, \\
a(x_N, \tau_N) \leqslant 0, \\
b(x_N, \tau_N) = 0.
\end{cases}
\end{aligned} \tag{2-18}$$

显然, 约束最优控制问题采用完全参数化处理, 仍然可以获得与控制参数化处理相似的 NLP 问题结构.

$$\begin{aligned}
\min_{\tilde{v}} \quad & J(\tilde{v}), \\
\text{s.t.} \quad & \tilde{G}(\tilde{v}) \leqslant 0, \quad \tilde{H}(\tilde{v}) = 0,
\end{aligned} \tag{2-19}$$

其中, 不等式约束函数 $\tilde{G} \in \mathbb{R}^{N_{s-c}}$, $N_{s-c} = (p+q)N + s$, 等式约束函数 $\tilde{H} \in \mathbb{R}^{N_{s-e}}$, $N_{s-e} = w + nN$, 优化变量个数为 $(m+n)N$ 个.

虽然, 完全参数化方法在优化变量维数和约束的维数上比控制参数化方法要大, 但由于问题参数化曲线 (如分段常数、分段线性、分段样条 (splime) 等) 的选择具有局部支撑性, 因此问题约束函数的雅可比矩阵和拉格朗日函数的 Hessian 矩阵具有稀疏的结构, 因而可以使问题获得高效求解. 与完全参数化方法相比, 控制向量参数化方法会导致一个较为稠密的 Hessian 矩阵.

由公式 (2-15), (2-19) 可以看出, 约束最优控制问题的解可以通过求解一个非线性规划问题近似获得, 而且直接优化方法的求解过程并不区分纯状态约束和混合约束. 因此, 相比依赖于最优性条件的间接优化方法, 直接优化方法的求解过程更加简单且更方便求解复杂约束的最优控制问题.

b) 伴随变量估计

同控制向量参数化方法的伴随变量估计方式类似, 定义完全参数化情况下最优化问题的增广拉格朗日函数为

$$L\left(\tilde{\boldsymbol{v}},\tilde{\boldsymbol{\lambda}},\tilde{\boldsymbol{\mu}},\tilde{\boldsymbol{\gamma}},\tilde{\boldsymbol{\alpha}},\tilde{\boldsymbol{\beta}}\right) = \left\{\begin{array}{l} \varphi(\boldsymbol{x}_N(\boldsymbol{v}),\tau_N) + \sum_{i=1}^{N} hF(\boldsymbol{x}_{i-1}(\boldsymbol{v}),\boldsymbol{u}_i,\tau_{i-1}) \\ + \sum_{i=1}^{N} \left(\tilde{\boldsymbol{\lambda}}_i^{\mathrm{T}}\left(\boldsymbol{x}_{i-1} + h\mathbf{f}\left(\boldsymbol{x}_{i-1},\boldsymbol{u}_i,\tau_{i-1}\right) - \boldsymbol{x}_i\right)\right) \\ + \sum_{i=1}^{N} (\tilde{\boldsymbol{\mu}}_i^{\mathrm{T}}\boldsymbol{g}(\boldsymbol{x}_i(\boldsymbol{v}),\boldsymbol{u}_i,\tau_i) + \tilde{\boldsymbol{\gamma}}_i^{\mathrm{T}}\boldsymbol{h}(\boldsymbol{x}_i(\boldsymbol{v}),\tau_i)) \\ + \tilde{\boldsymbol{\alpha}}^{\mathrm{T}}\boldsymbol{a}(\boldsymbol{x}_N(\boldsymbol{v}),\tau_N) + \tilde{\boldsymbol{\beta}}^{\mathrm{T}}\boldsymbol{b}(\boldsymbol{x}_N(\boldsymbol{v}),\tau_N) \end{array}\right\}. \quad (2\text{-}20)$$

则根据最优化问题的一阶最优性 KKT 条件, 有 $\nabla L\left(\tilde{\boldsymbol{v}},\tilde{\boldsymbol{\lambda}},\tilde{\boldsymbol{\mu}},\tilde{\boldsymbol{\gamma}},\tilde{\boldsymbol{\alpha}},\tilde{\boldsymbol{\beta}}\right) = 0$, 即有

$$0 = L_{\boldsymbol{x}_N} = \varphi_{\boldsymbol{x}_N}(\boldsymbol{x}_N,\tau_N) + \tilde{\boldsymbol{\alpha}}^{\mathrm{T}}\boldsymbol{a}_{\boldsymbol{x}_N}(\boldsymbol{x}_N,\tau_N) + \tilde{\boldsymbol{\beta}}^{\mathrm{T}}\boldsymbol{b}_{\boldsymbol{x}_N}(\boldsymbol{x}_N,\tau_N) - \tilde{\boldsymbol{\lambda}}_N, \quad (2\text{-}21)$$

$$0 = L_{\boldsymbol{x}_i} = \left\{\begin{array}{l} \tilde{\boldsymbol{\lambda}}_{i+1} + h\left(F_{\boldsymbol{x}_i}(\boldsymbol{x}_i,\boldsymbol{u}_{i+1},\tau_i) + \tilde{\boldsymbol{\lambda}}_{i+1}^{\mathrm{T}}\boldsymbol{f}_{\boldsymbol{x}_i}(\boldsymbol{x}_i,\boldsymbol{u}_{i+1},\tau_i)\right) \\ -\tilde{\boldsymbol{\lambda}}_i + \tilde{\boldsymbol{\mu}}_i^{\mathrm{T}}\boldsymbol{g}_{\boldsymbol{x}_i}(\boldsymbol{x}_i,\boldsymbol{u}_i,\tau_i) + \tilde{\boldsymbol{\gamma}}_i^{\mathrm{T}}\boldsymbol{h}_{\boldsymbol{x}_i}(\boldsymbol{x}_i,\tau_i) \end{array}\right\},$$
$$i = 0,1,\cdots,N-1, \quad (2\text{-}22)$$

$$0 = L_{\boldsymbol{u}_i} = h\left(\begin{array}{l} F_{\boldsymbol{u}_i}(\boldsymbol{x}_{i-1}(\boldsymbol{v}),\boldsymbol{u}_i,\tau_{i-1}) \\ +\tilde{\boldsymbol{\lambda}}_i^{\mathrm{T}}\boldsymbol{f}_{\boldsymbol{u}_i}(\boldsymbol{x}_{i-1},\boldsymbol{u}_i,\tau_{i-1}) \end{array}\right) + \tilde{\boldsymbol{\mu}}_i^{\mathrm{T}}\boldsymbol{g}_{\boldsymbol{u}_i}(\boldsymbol{x}_i,\boldsymbol{u}_i,\tau_i), \quad i = 1,2,\cdots,N.$$
$$(2\text{-}23)$$

式 (2-21) 代表离散形式的横截条件, 式 (2-22) 为离散形式的伴随方程, 其中有 $\tilde{\boldsymbol{\mu}}(\tau_i) = \tilde{\boldsymbol{\mu}}_i/h, \tilde{\boldsymbol{\gamma}}(\tau_i) = \tilde{\boldsymbol{\gamma}}_i/h$, 式 (2-23) 为耦合方程. 对于含纯状态约束的最优控制问题, 根据第 1 章最优性必要条件的讨论, 在连接点 τ_l 处, 伴随变量存在不连续且纯状态约束乘子在该点处满足 $\tilde{\boldsymbol{\gamma}}_l = h\tilde{\boldsymbol{\gamma}}(\tau_i) + \boldsymbol{\eta}_l$.

3. 梯度计算方法

直接优化方法将最优控制问题近似为最优化问题进行求解, 其基于梯度的优化过程必然要涉及目标函数和约束函数的梯度计算问题. 这里给出梯度的三种求解方法. 本节主要参考 Spangelo 和张晓东的论文[100,101].

根据微分方程的性质, 对于给定的控制量 $\boldsymbol{u}(t)$ 和状态初值 $\boldsymbol{x}(0)$, 相应的状态轨迹 $\boldsymbol{x}(t)$ 是唯一确定的. 因此, 最优控制问题中的优化指标 $J(\boldsymbol{x},\boldsymbol{u},t)$、约束函数 $\boldsymbol{h}(\boldsymbol{x},t)$, $\boldsymbol{g}(\boldsymbol{x},\boldsymbol{u},t)$ 实际上可以由控制 $\boldsymbol{u}(t)$ 唯一确定, 意味着问题的优化指标和约束函数可以记为仅关于控制 $\boldsymbol{u}$ 的函数. 而通过控制向量参数化, 控制 $\boldsymbol{u}$ 可以近似为一组参数序列 $\boldsymbol{p}$ 的函数. 综上, 存在表述 $J(\boldsymbol{u}(\boldsymbol{p},t))$, $\boldsymbol{h}(\boldsymbol{u}(\boldsymbol{p},t))$, $\boldsymbol{g}(\boldsymbol{u}(\boldsymbol{p},t))$. 因此, 本小节主要涉及函数对控制参数的梯度计算方法.

问题任意函数 $\psi(\boldsymbol{p})$, 包括目标函数 $J(\boldsymbol{u}(\boldsymbol{p},t))$, 对于函数 $\boldsymbol{h}(\boldsymbol{u}(\boldsymbol{p},t))$ 或者 $\boldsymbol{g}(\boldsymbol{u}(\boldsymbol{p},t))$, 其控制参数 p_i 的偏导数可由以下三种方法获得.

a) 差分法

差分法是数值计算微分过程最简单直观的方法,函数梯度是通过计算函数摄动同其参数摄动的比值获得的,如下所示为常用的前向差法.

$$\frac{\partial \psi(\boldsymbol{p})}{\partial p_i} = \frac{\psi(p_1,\cdots,p_i+\delta p_i,\cdots,p_N) - \psi(\boldsymbol{p})}{\delta p_i} + \varepsilon, \qquad (2\text{-}24)$$

其中,δp_i 为参数 p_i 的微小摄动,ε 为差分近似误差,且满足

$$\varepsilon = \alpha_1 \delta p_i + \alpha_2 \frac{1}{\delta p_i}, \qquad (2\text{-}25)$$

其中,函数第一项为截断误差,第二项为条件误差,且其系数分别满足 α_1 与函数二阶导数相同量级,α_2 正比于函数的计算误差.

b) 灵敏度方程法

针对最优指标函数

$$\psi(\boldsymbol{p}) = \varphi(\boldsymbol{x}(\boldsymbol{p},t_{\boldsymbol{f}}),t_{\boldsymbol{f}}) + \int_{t_0}^{t_{\boldsymbol{f}}} F(\boldsymbol{x}(\boldsymbol{p},t),\boldsymbol{u}(\boldsymbol{p},t),t)\mathrm{d}t, \qquad (2\text{-}26)$$

有如下偏导数计算过程

$$\frac{\partial \psi(\boldsymbol{p})}{\partial p_i} = \frac{\partial \varphi}{\partial \boldsymbol{x}}\frac{\partial \boldsymbol{x}}{\partial p_i}(t_{\boldsymbol{f}}) + \frac{\partial \varphi}{\partial p_i} + \int_{t_0}^{t_{\boldsymbol{f}}} \left(\frac{\partial F}{\partial \boldsymbol{x}}\frac{\partial \boldsymbol{x}}{\partial p_i}(t) + \frac{\partial F}{\partial \boldsymbol{u}}\frac{\partial \boldsymbol{u}}{\partial p_i}(t) + \frac{\partial F}{\partial p_i}\right)\mathrm{d}t. \qquad (2\text{-}27)$$

由上式可以看出,除 $\partial \boldsymbol{x}/\partial p_i$ 函数的其他各项都可以容易地获得. 由于 p_i 为控制变量的参数,而状态与控制满足微分方程关系,因此将微分方程的两边对参数 p_i 求偏导,有

$$\frac{\partial \dot{\boldsymbol{x}}}{\partial p_i} = \frac{\partial \boldsymbol{f}}{\partial \boldsymbol{x}}\frac{\partial \boldsymbol{x}}{\partial p_i} + \frac{\partial \boldsymbol{f}}{\partial \boldsymbol{u}}\frac{\partial \boldsymbol{u}}{\partial p_i}. \qquad (2\text{-}28)$$

由于 $\dot{\boldsymbol{x}}$ 是独立变量 t 的函数,则

$$\dot{\boldsymbol{x}} = \frac{\mathrm{d}\boldsymbol{x}}{\mathrm{d}t} = \frac{\partial \boldsymbol{x}}{\partial t}, \qquad (2\text{-}29)$$

而且 p_i,$i=1,\cdots,N$ 与时间 t 是相互独立的,因此有

$$\frac{\mathrm{d}}{\mathrm{d}t}\left(\frac{\partial \boldsymbol{x}}{\partial p_i}\right) = \frac{\partial}{\partial t}\left(\frac{\partial \boldsymbol{x}}{\partial p_i}\right) = \frac{\partial}{\partial p_i}\left(\frac{\partial \boldsymbol{x}}{\partial t}\right) = \frac{\partial \dot{\boldsymbol{x}}}{\partial p_i}. \qquad (2\text{-}30)$$

定义新变量 $\boldsymbol{y}_i = \dfrac{\partial \boldsymbol{x}}{\partial p_i}$,则 $\dfrac{\partial \boldsymbol{x}}{\partial p_i}$ 可以通过求解如下微分方程的初值问题获得

$$\dot{\boldsymbol{y}}_i = \frac{\partial \boldsymbol{f}}{\partial \boldsymbol{x}}\boldsymbol{y}_i + \frac{\partial \boldsymbol{f}}{\partial \boldsymbol{u}}\frac{\partial \boldsymbol{u}}{\partial p_i}, \quad \boldsymbol{y}_i(0) = \frac{\partial \boldsymbol{x}_0}{\partial p_i}. \qquad (2\text{-}31)$$

类似地, 通过灵敏度分析的方法, 可以获得任意约束函数对控制参数的梯度.

c) 伴随方程法

仍然以最优指标函数 (2-26) 为例, 引入伴随变量 $\boldsymbol{\lambda}(t)$, 定义其哈密顿函数为

$$H(\boldsymbol{x}(t), \boldsymbol{\lambda}(t), \boldsymbol{u}(\boldsymbol{p},t), t) = F(\boldsymbol{x}(t), \boldsymbol{u}(\boldsymbol{p},t), t) + \boldsymbol{\lambda}^{\mathrm{T}} \boldsymbol{f}(\boldsymbol{x}(t), \boldsymbol{u}(\boldsymbol{p},t), t), \tag{2-32}$$

则最优指标函数可以写为如下增广的形式:

$$\psi(\boldsymbol{p}) = \varphi(\boldsymbol{x}(t_f), t_f) + \int_{t_0}^{t_f} \left(H(\boldsymbol{x}(t), \boldsymbol{\lambda}(t), \boldsymbol{u}(\boldsymbol{p},t), t) - \boldsymbol{\lambda}^{\mathrm{T}} \dot{\boldsymbol{x}}(t) \right) \mathrm{d}t. \tag{2-33}$$

计算增广指标函数对参数 $\boldsymbol{p}$ 的偏导数

$$\frac{\partial \psi(\boldsymbol{p})}{\partial \boldsymbol{p}} = \varphi_{\boldsymbol{x}}^{\mathrm{T}} \boldsymbol{x}_{\boldsymbol{p}}|_{t_f} + \varphi_{\boldsymbol{p}}|_{t_f} + \int_{t_0}^{t_f} (F_{\boldsymbol{p}} + F_{\boldsymbol{x}}^{\mathrm{T}} \boldsymbol{x}_{\boldsymbol{p}}) \mathrm{d}t + \int_{t_0}^{t_f} \boldsymbol{\lambda}^{\mathrm{T}} (\boldsymbol{f}_{\boldsymbol{p}} - \boldsymbol{f}_{\boldsymbol{x}}^{\mathrm{T}} \boldsymbol{x}_{\boldsymbol{p}} - \dot{\boldsymbol{x}}_{\boldsymbol{p}}) \mathrm{d}t. \tag{2-34}$$

进一步对上式中 $\int_{t_0}^{t_f} \boldsymbol{\lambda}^{\mathrm{T}} \dot{\boldsymbol{x}}_{\boldsymbol{p}} \mathrm{d}t$ 项进行分部积分, 式 (2-34) 变为

$$\frac{\partial \psi(\boldsymbol{p})}{\partial \boldsymbol{p}} = \left\{ \begin{array}{l} \int_{t_0}^{t_f} (F_{\boldsymbol{p}} + \boldsymbol{\lambda}^{\mathrm{T}} \boldsymbol{f}_{\boldsymbol{p}}) \mathrm{d}t + \int_{t_0}^{t_f} (F_{\boldsymbol{x}} + \boldsymbol{f}_{\boldsymbol{x}}^{\mathrm{T}} \boldsymbol{\lambda} + \dot{\boldsymbol{\lambda}})^{\mathrm{T}} \boldsymbol{x}_{\boldsymbol{p}} \mathrm{d}t \\ + \varphi_{\boldsymbol{x}}^{\mathrm{T}} \boldsymbol{x}_{\boldsymbol{p}}|_{t_f} - (\boldsymbol{\lambda}^{\mathrm{T}} \boldsymbol{x}_{\boldsymbol{p}})|_0^{t_f} + \varphi_{\boldsymbol{p}}|_{t_f} \end{array} \right\}. \tag{2-35}$$

由初始状态已知为 $\boldsymbol{x}_{\boldsymbol{p}}(0) = 0$, 上式进一步写为

$$\frac{\partial \psi(\boldsymbol{p})}{\partial \boldsymbol{p}} = \int_{t_0}^{t_f} H_{\boldsymbol{p}} \mathrm{d}t + \int_{t_0}^{t_f} (H_{\boldsymbol{x}} + \dot{\boldsymbol{\lambda}})^{\mathrm{T}} \boldsymbol{x}_{\boldsymbol{p}} \mathrm{d}t + (\varphi_{\boldsymbol{x}} - \boldsymbol{\lambda})^{\mathrm{T}} \boldsymbol{x}_{\boldsymbol{p}}|_{t_f} + \varphi_{\boldsymbol{p}}|_{t_f}. \tag{2-36}$$

令函数 (2-36) 中, 伴随变量满足如下条件:

$$\dot{\boldsymbol{\lambda}} = -H_{\boldsymbol{x}}, \quad \boldsymbol{\lambda}(t_f) = \varphi_{\boldsymbol{x}}(t_f), \tag{2-37}$$

则函数梯度可由下式求得

$$\frac{\partial \psi(\boldsymbol{p})}{\partial \boldsymbol{p}} = \int_{t_0}^{t_f} H_{\boldsymbol{p}} \mathrm{d}t + \varphi_{\boldsymbol{p}}|_{t_f} = \int_{t_0}^{t_f} H_{\boldsymbol{u}} \frac{\partial \boldsymbol{u}}{\partial \boldsymbol{p}} \mathrm{d}t + \varphi_{\boldsymbol{u}} \frac{\partial \boldsymbol{u}}{\partial \boldsymbol{p}} \bigg|_{t_f}. \tag{2-38}$$

由以上求解过程可知, 梯度的求解效率对参数 $\boldsymbol{p}$ 的维数不敏感. 对每一个待求解梯度的函数 (目标函数或约束函数) 均只需进行一次前向求解状态方程初值问题和反向求解伴随方程初值问题即可获得.

4. 正交函数近似

a) 正交函数特点

对于两个函数 h 和 g, 定义如下的内积:

$$\langle h, g \rangle = \int_a^b h(x)g(x)\mathrm{d}x. \tag{2-39}$$

若函数 h 和 g 正交, 则它们的内积为零:

$$\int_a^b h(x)g(x)\mathrm{d}x = 0. \tag{2-40}$$

一个函数列 $\{h_i : i = 1, 2, 3, \cdots\}$ 如果满足

$$\langle h_i, h_j \rangle = \int_{-\infty}^{\infty} h_i(x)h_j(x)\mathrm{d}x = \|h_i\|^2 \delta_{i,j} = \|h_j\|^2 \delta_{i,j}, \tag{2-41}$$

则称为正交函数族, 其中, $\|h\| = \sqrt{\langle h, h \rangle}$.

如果满足

$$\langle h_i, h_j \rangle = \int_{-\infty}^{\infty} h_i(x)h_j(x)\mathrm{d}x = \delta_{i,j}, \tag{2-42}$$

则称为标准正交函数族, 其中 $\delta_{i,j} = \left\{ \begin{array}{ll} 1, & i = j, \\ 0, & i \neq j \end{array} \right.$ 为克罗内克积.

b) 正交函数变换

根据级数理论, 空间中的任意函数均可展开成基函数的线性组合形式, 通过截断保留有限项, 可以实现任意函数的近似.

在正交函数中, 基 $\{\psi_{j,k}\}_{j,k \in \mathbb{Z}}$ 构成 $L^2(\mathbb{R})$ 的规范正交基, 则任一 $f \in L^2(\mathbb{R})$ 都可以用正交函数展开为

$$h = \sum_{j,k \in \mathbb{Z}} d_{j,k} \psi_{j,k}, \tag{2-43}$$

其中的正交函数序列的系数 $d_{j,k}$ 可通过 h 与 $\psi_{j,k}$ 的内积来计算:

$$d_{j,k} = \langle h, \psi_{j,k} \rangle = \int_{\mathbb{R}} h \bar{\psi}_{j,k} \mathrm{d}x. \tag{2-44}$$

上式中内积的积分形式被称为 f 的离散小波积分变换, $d_{j,k}$ 即为相应离散正交函数积分变换的值.

c) 常见的正交函数

(1) 高斯伪谱.

高斯伪谱法[102] 是一种基于拉格朗日插值多项式对函数进行近似的方法.

假设 $h(x)$ 是定义在区间 $t \in [a,b]$ 上的函数, $x_1, x_2, \cdots, x_n$ 是 $[a,b]$ 上的 n 个互不相同的点, 早在 1795 年, 拉格朗日就证明了如果点 $y_k = h(x_k)$, $k = 1, 2, \cdots, n$ 是已知的, 则存在唯一的次数不高于 $n-1$ 的代数多项式

$$P(t_i) = h_i, \quad i = 1, \cdots, n. \tag{2-45}$$

这个唯一的多项式可用拉格朗日插值公式求得

$$P(t) = \sum_{i=1}^{n} h_i \cdot L_i(t), \tag{2-46}$$

其中 $L_i(t)$ 为拉格朗日插值多项式, 可用下式求得

$$L_i(t) = \prod_{k=1, k \neq i}^{n} \frac{t - t_k}{t_i - t_k} = \frac{\bar{P}(t)}{\bar{P}'(t_i)(t - t_i)}, \tag{2-47}$$

式中, $\bar{P}(t) = \prod_{i=0}^{n}(t - t_i)$, $\bar{P}'(t) = \sum_{j=0}^{n} \prod_{l=0, l \neq j}^{n}(t - t_l)$.

拉格朗日多项式 $L_i(t_k)$ 的特点是在 $i = k$ 上的取值为 1, $i \neq k$ 上取值为 0,

$$L_i(t_k) = \delta_{ik} = \begin{cases} 1, & i = k, \\ 0, & i \neq k. \end{cases} \tag{2-48}$$

假设有 N 个已知配点,

$$x(t_k) = x_0 + \sum_{i=1}^{N} X(t_i) L_i(t_k), \tag{2-49}$$

则在这 N 个配点状态的近似微分为

$$\dot{x}(t_k) = \sum_{i=1}^{N} X(t_i) \dot{L}_i(t_k) = \sum_{i=1}^{N} X(t_k) D_{ki}, \quad k = 1, 2, \cdots, N, \tag{2-50}$$

式中 $D_{ki} = \dot{L}_i(t_k)$ 为微分近似矩阵, D 为 $N \times N$ 的微分近似矩阵.

微分近似矩阵 D 中的元素为

$$D_{ki} = \begin{cases} \dfrac{c_k}{c_i}(x_k - x_i)^{-1}, & k \neq i, \\ \displaystyle\sum_{l=0, l \neq k}^{N}(x_k - x_l)^{-1}, & k = i. \end{cases} \tag{2-51}$$

高斯伪谱法近似函数积分可写为如下形式:

$$\int_a^b h(t)\,\mathrm{d}t = \sum_{i=1}^N \alpha_i \cdot h(t_i), \tag{2-52}$$

式中 α_i 为高斯权,t_i 为节点. 采用拉格朗日多项式可以在节点上构造出一个积分插值函数

$$\int_a^b h(t)\,\mathrm{d}t \approx \int_a^b \sum_{i=1}^N L_i(t) \cdot h(t_i)\,\mathrm{d}t. \tag{2-53}$$

该积分公式可以达到 $N-1$ 阶的精度. 通过选择合适的高斯权 α_i 和节点 t_i, 可以很好地对高阶多项式进行近似.

(2) 有理 Haar 函数.

有理 Haar 函数[103] $\mathrm{RH}(r,t)$, $r=1,2,3,\cdots$ 是定义在区间 $[0,1)$ 上的由 $+1$, -1 和 0 组成的形如下式的函数:

$$\mathrm{RH}(r,t) = \begin{cases} 1, & J_1 \leqslant t < 0, \\ -1, & J_{1/2} \leqslant t < J_0, \\ 0, & \text{否则}, \end{cases} \tag{2-54}$$

其中 $J_u = \dfrac{j-u}{2^i}, u = 0, \dfrac{1}{2}, 1, r = 2^i + j - 1, i = 0,1,2,3,\cdots, j = 1,2,3,\cdots,2^i$.

有理 Haar 函数的正交性由下式给出

$$\int_0^1 \mathrm{RH}(r,t)\,\mathrm{RH}(v,t)\,\mathrm{d}t = \begin{cases} 2^{-i}, & r = v, \\ 0, & r \neq v, \end{cases} \tag{2-55}$$

其中 $v = 2^n + m - 1$, $n = 0,1,2,\cdots$, $m = 1,2,\cdots,2^n$.

从上面的公式可知,有理 Haar 函数在希尔伯特空间 $L^2[0,1]$ 中为完全的正交基. 因此, 这个区间中的任意函数均可由有理 Haar 函数展开.

用有理 Haar 函数 $\mathrm{RH}(r,t)$ 近似展开函数 $f(t) \in L^2[0,1]$, 可表示为

$$f(t) = \sum_{r=0}^{\infty} a_r \mathrm{RH}(r,t), \tag{2-56}$$

式中有理 Haar 函数的各阶系数 a_r 可由下式计算

$$a_r = 2^i \int_0^1 f(t)\,\mathrm{RH}(r,t)\,\mathrm{d}t, \quad r = 0,1,2,\cdots, \tag{2-57}$$

其中 $r = 2^i + j - 1$, $i = 0,1,\cdots$, $j = 1,2,\cdots,2^i$, 并且当 $i = j = 0$ 时 $r = 0$. 此展开式包含无穷项, 取前 k 项为

$$f(t) = \sum_{r=0}^{k-1} a_r \mathrm{RH}(r,t) = A^{\mathrm{T}} \Phi_H(t), \tag{2-58}$$

其中 $k = 2^{\alpha+1}$, $\alpha = 0, 1, 2, \cdots$.

有理 Haar 函数的系数向量 $\boldsymbol{A}$ 和有理 Haar 函数向量 $\boldsymbol{\Phi}_H(t)$ 定义如下

$$\boldsymbol{A} = [a_0, a_1, \cdots, a_{k-1}]^{\mathrm{T}}, \tag{2-59}$$

$$\boldsymbol{\Phi}_H(t) = [\phi_0(t), \phi_1(t), \cdots, \phi_{k-1}(t)]^{\mathrm{T}}, \tag{2-60}$$

式中 $\phi_r(t) = \mathrm{RH}(r, t)$, $r = 0, 1, 2, \cdots, k-1$.

采用正交函数对最优控制问题进行近似处理, 通过将系统状态和控制近似转换为非线性规划, 从而采用成熟的数值优化算法进行求解. 高斯伪谱法和有理 Haar 函数法是两种重要的正交函数法. 由于其形式简单, 收敛速度快, 便于迭代求解, 收敛性和稳定性已经被许多学者证明, 第 4 章会分别采用高斯伪谱法和有理 Haar 函数法来近似求解最优控制问题.

2.2 动态规划

2.2.1 动态规划理论

20 世纪 50 年代美国数学家 Bellman 等[57] 在研究多阶段决策过程的优化问题时首次提出了动态规划. 动态规划是运筹学的一个分支, 是解决多阶段决策过程最优化的一种数学方法. 在动态规划过程中, 一个多级决策问题被分解为多个子问题, 逐个进行求解, 最终得到最优决策序列. 动态规划、庞特里亚金极大值原理、卡尔曼滤波被称为现代最优控制理论中的三个里程碑.

下面介绍关于动态规划的一些概念[104].

阶段: 阶段是整个过程的自然划分, 通常按时间顺序或空间特征划分阶段, 使求解优化问题按阶段的次序进行.

状态: 在整个过程中, 每个阶段开始所处的自然状况或客观条件称为状态, 是不可控因素. 状态具有无后效性.

决策: 一个阶段的状态确定后, 可以做出不同的选择, 从而演变到下一阶段的某个状态, 这种选择手段称为决策. 在最优控制问题中也称为控制. 描述控制的变量称为控制变量, 变量允许取值的范围称为允许控制集合.

策略: 由决策组成的序列称为策略. 从初始状态 s_1 开始, 由各个阶段的决策 $u_k(s_k) (k = 1, 2, \cdots, n)$ 组成的序列称为全过程策略, 简称为策略, 一般记作 $\pi_{1,n}(s_1)$, 即 $\pi_{1,n}(s_1) = \{u_1(s_1), u_2(s_2), \cdots, u_n(s_n)\}$. 从第 k 阶段开始到终止状态的过程称为后部子过程 (或称 k 子过程). 由 k 子过程各阶段的决策组成的序列称为 k 子过程策略, 简称为子策略, 记作 $\pi_{k,n}(s_k)$, 即 $\pi_{k,n}(s_k) = \{u_k(s_k), u_{k+1}(s_{k+1}), \cdots, u_n(s_n)\}$.

2.2 动态规划

实际问题中, 可供选择的策略有一定范围, 称此范围为允许策略集合, 记作 $\Pi_{k,n}(s_k)$ ($k = 1, 2, \cdots, n-1$). 允许策略集合中达到最优效果的策略称为最优策略.

状态转移方程: 若第 k 阶段的状态 s_k 和决策 u_k 给定, 则第 $k+1$ 阶段的状态 s_{k+1} 随之而定, s_{k+1} 与 s_k, u_k 之间存在的函数关系, 记作

$$s_{k+1} = T(s_k, u_k),$$

称此关系为状态转移方程.

性能指标函数: 性能指标函数是衡量过程优劣的数量指标, 它是定义在全过程和所有后部子过程上的数量函数.

最优策略和最优轨迹: 使指标函数达到最优值的策略 $\pi_{k,n}^*$ 称为第 k 后部子过程中的最优策略, 则 $\pi_{1,n}^*$ 为全过程中的最优策略, 简称为最优策略. 按最优策略 $\pi_{1,n}^*$ 和状态转移方程 $s_{k+1}^* = T(s_k^*, u_k^*)$ 得出的状态序列 $s_1^*, s_2^*, \cdots, s_n^*$, 称为最优轨线.

一般来说, 可以采用动态规划方法求解的问题一般具有以下 3 个性质:

(1) 最优性原理: 即整个问题的最优解拆开后各个子问题也是问题的最优解.

(2) 无后效性: 认为现在和将来的决策不影响过去的状态、决策和目标. 该性质也称为 Markov 性.

(3) 有重叠的子问题: 即各个子问题之间相互关联, 不是独立的, 某些子问题可能被多次调用.

对于性质 (3), 虽然不满足这一性质的问题也可以用动态规划进行求解, 但是没有优势. 动态规划的难点在于如何将一个问题抽象为可以用动态规划求解的形式. 即将一个问题的三个要素: ① 问题的阶段; ② 每个阶段的状态; ③ 不同阶段之间转化的递推关系, 描述出来.

例 2.1 最短旅程问题: 有十个城市, ① 为起点, ⑩ 为终点, 应如何行驶, 从 ① 到 ⑩ 所花时间为最短. 图 2-2 中, 箭头表示单向行驶, 箭头旁数字表示时间.

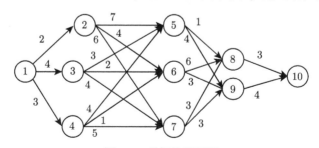

图 2-2 最短旅程问题

解 将该规划问题分为 5 个阶段, 初始状态 $s_1 = ①$, 状态转移方程 $s_{k+1} = u_k(s_k)$. s_2 有 3 个可取值 ②, ③, ④. s_3 有三个可取值 ⑤, ⑥, ⑦, s_4 有两个可取值

⑧ 和 ⑨, $s_5 =$ ⑩. 最优指标函数是各地到 ⑩ 的最短时间. 用 k 表示阶段变量. 用 $f_k(s_k)$ 表示在 k 阶段从状态 s_k 到达 ⑩ 所需的最短时间.

当 $k = 4$ 时, 有
$$f_4(⑧) = 3, \quad f_4(⑨) = 4.$$

当 $k = 3$ 时, 有

$f_3(⑤) = \min\{1 + f_4(⑧), 4 + f_4(⑨)\} = \min\{1 + 3, 4 + 4\} = 4, \quad u_3(⑤) = ⑧;$

$f_3(⑥) = \min\{6 + f_4(⑧), 3 + f_4(⑨)\} = \min\{6 + 3, 3 + 4\} = 7, \quad u_3(⑥) = ⑨;$

$f_3(⑦) = \min\{3 + f_4(⑧), 3 + f_4(⑨)\} = \min\{3 + 3, 3 + 4\} = 6, \quad u_3(⑦) = ⑧.$

当 $k = 2$ 时, 有

$$\begin{aligned} f_2(②) &= \min\{7 + f_3(⑤), 4 + f_3(⑥), 6 + f_3(⑦)\} \\ &= \min\{7 + 4, 4 + 7, 6 + 6\} = 11, \quad u_2(②) = ⑤ \text{ 或 } ⑥; \\ f_2(③) &= \min\{3 + f_3(⑤), 2 + f_3(⑥), 4 + f_3(⑦)\} \\ &= \min\{3 + 4, 2 + 7, 4 + 6\} = 7, \quad u_2(③) = ⑤; \\ f_2(④) &= \min\{4 + f_3(⑤), 1 + f_3(⑥), 5 + f_3(⑦)\} \\ &= \min\{4 + 4, 1 + 7, 5 + 6\} = 8, \quad u_2(③) = ⑤ \text{ 或 } ⑥. \end{aligned}$$

当 $k = 1$ 时, 有

$$\begin{aligned} f_1(①) &= \min\{2 + f_2(②), 4 + f_2(③), 3 + f_2(④)\} \\ &= \min\{2 + 11, 4 + 7, 3 + 8\} = 11, \quad u_1(①) = ③ \text{ 或 } ④. \end{aligned}$$

因此最短时间消耗为 11, 再从前至后推得最优路线为

$$① \to ③ \to ⑤ \to ⑧ \to ⑩ \text{ 或 } ① \to ④ \to ⑤ \to ⑧ \to ⑩$$
$$\text{或 } ① \to ④ \to ⑥ \to ⑨ \to ⑩.$$

动态规划最容易引入到有限状态和控制的离散时间系统. 在离散最优控制问题中可采取动态规划的方法对模型进行求解. 对于如下的离散系统最优控制问题:

$$J(u) = M(x(K), K) + \sum_{k=0}^{K-1} L(x(k), u(k), k),$$

s.t. $\begin{cases} x(k+1) = f(x(k), u(k), k), \\ x(0) = x_0, \end{cases} \quad k = 0, 1, \cdots, K-1,$

2.2 动态规划

若定义值函数:

$$V(x(k),k) \triangleq \min_u J(u,x(k),k), \quad k=0,1,\cdots,K-1,$$

其中,

$$J(u,x(k),k) = M(x(K),K) + \sum_{i=k}^{K-1} L(x(i),u(i),i), \quad k=0,1,\cdots,K-1,$$

则最优控制必满足如下贝尔曼方程:

$$V(x(K),K) = M(x(K),K),$$

$$V(x(k),k) = \min_u \{L(x(k),u(k),k) + V(x(k+1),k+1)\}, \quad k=0,1,\cdots,K-1.$$

若将状态方程代入贝尔曼方程, 得到

$$V(x(k),k) = \min_u \{L(x(k),u(k)) + V(f(x(k),u(k),k),k+1)\}, \quad k=0,1,\cdots,K-1.$$

则表明最优控制 u 仅与当前系统状态 $x(k)$ 和 k 有关. 可通过倒推法, 从 N 时刻逐步向前求解贝尔曼方程得到 $u(k)$ 与 $x(k)$ 的关系, 等倒推至 0 时刻再根据初始状态进行正向推导, 即可求得最优控制和值函数.

上述讨论表明在离散空间上动态规划的应用, 体现了动态规划特点. 对于一个连续系统的最优控制问题, 也可用动态规划进行求解. 设一个连续系统的最优控制问题用如下方程表示:

$$\min_u \quad J = \theta[x(t_f),t_f] + \int_{t_0}^{t_f} \varphi[x(t),u(t),t]\mathrm{d}t,$$
$$\text{s.t.} \quad \dot{x}(t) = f(x(t),u(t),t), \quad x(t_0) = x_0, \tag{2-61}$$

若将其按动态规划的思想进行求解, 则令

$$V(x,t) \triangleq \min_u \left\{ \theta[x(t_f),t_f] + \int_{t_0}^{t_f} \varphi[x(s),u(s),s]\mathrm{d}s \right\}, \tag{2-62}$$

再设 Δt 为很小一时间段, 将 $\int_{t}^{t_f} \varphi[x(t),u(t),t]\mathrm{d}s$ 用 $\varphi(x(t),u(t),t)\Delta t + \int_{t+\Delta t}^{t_f} \varphi[x(t),u(t),t]\mathrm{d}s$ 近似表示可得

$$V(x,t) = \min_u \{\varphi[x(t),u(t),t]\Delta t + V(x(t+\Delta t), t+\Delta t)\} \tag{2-63}$$

设 $V(x,t)$ 可导, 对 $V(x(t+\Delta t), t+\Delta t)$ 进行泰勒展开并忽略高次项可得 Hamilton-Jacobi-Bellman(HJB) 方程:

$$-\frac{\partial V(x,t)}{\partial t} = \min_u \left\{ \varphi(x(t), u(t), t) + \left[\frac{\partial V(x,t)}{\partial x}\right]^T f(x,u,t) \right\},$$
$$V(x(t_f), t_f) = \theta(x(t_f), t_f). \tag{2-64}$$

此时利用动态规划的思想将一个最优控制问题转化为求解 HJB 方程的问题.

2.2.2 迭代动态规划理论

对于一个最优控制问题的求解, 有直接法和间接法, 直接法又叫做数值解法, 间接法又叫做变分法. 迭代动态规划最早由 Luus 于 1989 年提出, 其属于直接法的一种. 在求解最优控制问题中若使用迭代动态规划则不需要求解 Hamilton-Jacobi-Bellman 方程及缓解高维方程中可能出现计算量激增的问题. 迭代动态规划具有易实现、强鲁棒性、不需要系统的微分方程、不涉及难以求解的非线性规划等优点.

Luus 在提出迭代动态规划算法后, 将该算法用于求解分段线性连续最优控制问题[105]、不等式约束最优控制问题[106]、微分代数方程的最优控制问题[107] 等. 目前, 关于迭代动态规划算法的研究主要围绕时间段的处理和针对不同工况的处理等方面展开. 2011 年, 雷阳等[37] 针对聚合物驱最优控制问题中的段塞整数限制, 通过引入整数截断策略, 对迭代动态规划进行改进. 随后, 考虑到传统迭代动态规划的时间阶长取值固定, 影响求解精度, 又提出了一种变阶长迭代动态规划算法[108], 通过引入标准化时间变量, 实现阶长的自适应调整. 2014 年, Lie 等[109] 利用迭代动态规划优化算法, 实现视频错误隐藏的运动矢量恢复. 2015 年, Chen 等[110] 针对带有时间延迟的固定终端时间最优控制问题, 根据泰勒级数的一阶展开式引入辅助变量, 估计不同时间间隔下的时延状态, 进而采用迭代动态规划进行求解. 2018 年, Doan 等[111] 提出了一种 AHIDP 算法, 将迭代动态规划用于实时预测控制中, 并引入自适应目标, 实现了带等周约束最优控制问题的迭代动态规划求解, 并用于解决电动汽车最优生态驱动控制问题.

下面对基本的迭代动态规划算法进行简要说明.

设一个最优控制问题用如下公式表示:

$$\begin{aligned} \min \quad & J = \Psi(X(t_f)) + \int_{t_0}^{t_f} \Phi(X, U, t) \mathrm{d}t, \\ \text{s.t.} \quad & \dot{X}(t) = f(X, U, t), \\ & \alpha \leqslant u_i \leqslant \beta, \quad i = 1, 2, \cdots, m. \end{aligned} \tag{2-65}$$

在用基本的迭代动态规划方法求解上述最优控制问题时, 需要将系统在时间和空间上进行分割, 使系统被离散为一组网络点. 首先在时间上进行等距离分隔, 令

2.2 动态规划

$t_0 = 0$, 将长度为 t_f 的时间段等距离分割为 P 段, 每段长度为 L, 即 $t_f = P \times L$, 设控制变量 U 在每个时间段内为常数, 则性能指标可以近似表示为

$$J = \Psi(\boldsymbol{X}(t_f)) + \sum_{k=1}^{P} \int_{t_{k-1}}^{t_k} \Phi(X(t), U(k-1), t) \mathrm{d}t. \tag{2-66}$$

为求得离散后每个时间段上的最优控制 U^*, 采用如下方式进行迭代求解. 在算法的迭代过程中, 记当前迭代次数为 l, 除了需设置容许控制个数 R、最大迭代次数 $l_{\max}$, 还需设置以下参数:

状态网格数 M: 人为设置 M 个控制, 将其代入系统方程得到 M 条状态轨线, 依次存储 P 个时间段中的初始状态, 得到一个状态网络, 一共包含 $M \times P$ 个状态.

初始控制策略 u_0: 为每一个时间段设置一个初始控制 $u_0(k)$, $k = 1, 2, \cdots, P$.

初始控制策略可行域 r_{ini}: 在首次迭代时, 以 r_{ini} 为半径, 在每个阶段随机选择 R 个控制.

收缩因子 γ: 控制策略可行域会随着迭代次数的增加而收缩, 从而提高解的精度. $r^{(l+1)}(k) = \gamma r^{(l)}(k)$, $k = 1, \cdots, P$.

收敛精度 ε: 若 $|J_{l+1} - J_l| < \varepsilon$, 则停止运算.

在每一次迭代中, 算法的主要思想为: 从第 P 个时间段开始反向计算求解每个时间段内的最优控制策略. 若当前时间段为 k, 在当前时间段内, 每个控制变量在控制区域 r 内可选择 R 个值组成当前控制策略集, 从 M 个状态中选择距离下个状态最近的状态作为当前阶段的初始状态 $x(k)$. 然后用当前段的控制策略、当前段的初始状态 $x(k)$ 以及以后时间段的最优控制策略, 计算以后各个时间段的状态并得到性能指标 (此时后续的状态发生了改变, 仅用到了之前的控制策略), 比较各个性能指标, 选择最小指标的控制策略作为当前时间段的最优控制策略 $u(k)$; 时间段前移 $k = k - 1$; 当 $k = 0$ 时完成本次迭代.

标准迭代动态规划算法的具体步骤如下[40]:

(1) 将最优控制的时间域离散为 P 段, 每段长为 L;

(2) 参数初始化: 收缩因子 r, 状态网格数 M, 容许控制个数 R, 确定初始控制策略 u_0, 初始控制策略可行域 r_{ini}, 收敛精度 ε. 令当前循环次数为 l, 且 $l = 1$;

(3) 设定当前控制区域 $r^{(l)} = r_{\mathrm{ini}}$;

(4) 在当前控制可行域内生成不同的最优控制策略, 在时间域 $[0, t_f]$ 上正向求解支配方程, 得到 M 条状态轨迹, 依次存储每个时间段的初始状态 $x(k-1)$, $k = 1, \cdots, P$, 获得 M 个状态网格;

(5) 从第 P 段开始, 根据下式在当前可行域内产生 R 个控制,

$$u(P) = u^{*(l)}(P) + D \cdot r^{(l)}(P), \tag{2-67}$$

其中，D 是对角阵，对角线的每个元素均为随机数，$u^{*(l)}(P)$ 为上一次迭代的最优控制策略. 根据产生的 R 个控制，结合 M 个状态网格 $x(P-1)$ 由 $t_f - L$ 积分至 t_f，计算该阶段的性能指标，比较选取最优值，并存储每个状态网格的最优控制策略；

(6) 从 $P-1$ 阶段起，与步骤 (5) 一样产生 R 个控制，并结合 M 个状态网格 $x(P-2)$ 由 $t_f - 2L$ 积分至 $t_f - L$，再从 $t_f - L$ 起，从之前存储的状态网格和控制策略中选取距离终端点最近的状态网格 $x(P-1)$ 及上一步存储的相应的最优控制策略，正向积分至 t_f，计算 $t_f - 2L$ 至 t_f 的性能指标，并存储 $P-1$ 段的最优控制策略；

(7) 向前迁移一个时间段，重复执行步骤 (6)，直到初始时间点，即 $t = t_0$，该处仅有一个唯一的状态网格点 $x(0)$，计算并选取整个时间域上的性能指标，保存相应的最优控制策略；

(8) 根据如下公式收缩控制区域

$$r^{(l+1)}(k) = \gamma r^{(l)}(k), \quad k = 1, \cdots, P. \tag{2-68}$$

(9) 更新迭代次数，令 $l = l + 1$，重复执行步骤 (4)~步骤 (9)，直到算法满足给定精度，即 $|J_{\text{new}} - J_{\text{old}}| < \varepsilon$，结束运算.

为了更清楚地表述标准迭代动态规划算法的原理和求解过程，选取状态网格，容许控制，具体过程示意图如图 2-3 所示.

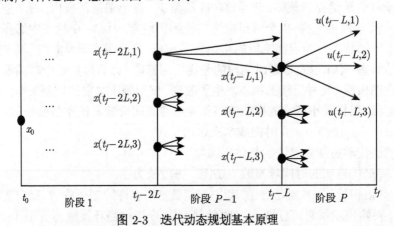

图 2-3 迭代动态规划基本原理

从算法的执行过程可知，标准迭代动态规划算法的原理同动态规划相似，都是从系统时间域的最后一段开始，利用之前求得的最优决策，逆序向前求取每个时间段的最优决策. 但是，迭代动态规划算法可以避免求解系统的 HJB 方程，大大地减少计算量. 然而，标准的迭代动态规划算法时间节点固定，时间段必须事先已知，且无法处理含有整数变量的优化问题. 在后文中将介绍改进的迭代动态规划算法以对 ASP 问题进行求解.

2.2.3 近似动态规划理论

动态规划在使用过程中存在许多问题. 通常有以下三种场景采用动态规划无法解决问题. ① 要解决的问题十分复杂, 无法使用动态规划的方法对其进行建模; ② 当一个问题用动态规划模型描述时, 若状态空间过大, 动作空间过大或存在随机干扰, 常会出现维数灾的现象, 会导致动态规划失败; ③ 很多问题都是实时性的问题, 若用动态规划进行求解, 虽然能够得到最优解, 但是对时间和资源的消耗十分巨大.

基于以上问题, 近似动态规划的概念被提出. 1977 年, Werbos[112] 首次提出了近似动态规划这一概念, 给出了动态系统-执行/控制-评价性能指标函数的近似动态规划基本结构. 2004 年, Si 等[113] 出版了 *Handbook of Learning and Approximate Dynamic Programming* 一书, 系统地对近似动态规划的基本原理和发展方向进行了论述, 讨论了近似动态规划与控制论、统计学、近似理论和人工智能之间的关系. 2008 年, Lewis 等[114] 对近似动态规划进行改进, 采用值函数迭代法求解离散时间非线性系统的最优控制问题, 并证明了离散情况下的性能指标收敛到离散 HJB 方程的最优解. Wei 等[115] 提出了一种混合迭代近似动态规划方法, 引入基于值函数迭代的 V 迭代, 获得每一时间段的迭代控制序列, 引入基于策略迭代的 P 迭代, 更新控制序列, 进而证明了算法的收敛性, 并用于实现智能住宅小区的最优电池能量控制.

近似动态规划是使用某些手段让动态规划能够得到一个可以接受的解. 近似动态规划一般包括: 执行器模块、评价器模块和模型模块. 执行器的主要作用是根据评价器的评价进行动作的优化, 相当于进行策略的改进; 评价器的主要作用是通过逼近值函数来对执行器的性能进行评估, 相当于策略评价; 模型模块主要负责提供执行器和评价器在训练过程中可能需要的模型信息. 近似动态规划的架构如图 2-4 所示.

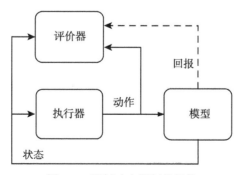

图 2-4 近似动态规划的架构

常见的近似方法可以分为两大类. 第一类是将问题进行近似. 当要求解的问题

十分复杂时, 可以将原问题的某些部分进行忽略, 从而使近似后的问题可以使用精确的算法进行求解, 且近似问题的解也是原问题的可行解. 第二类是基于仿真的近似, 主要思想是将问题的某些指标 (如最优控制中的目标函数 J, 输入 u) 进行近似, 使用近似的指标进行求解, 处理的问题还是原问题. 基于仿真的近似主要有值空间的近似和策略空间的近似. 在值空间近似中, 对于成本函数近似值的获取是近似动态规划的核心问题, 一般方法有基函数近似、神经网络近似和一些针对特定问题结构的连续函数 (如线性函数、分段线性函数) 近似等. 在策略空间近似中, 通常可做如下处理: 如果决策空间较小, 可采用枚举法进行遍历; 如果决策空间比较大, 可以采用数学规划或启发式算法等.

本书后文中采用特征正交分解 (POD) 构造基函数实现控制策略和值函数的近似. 在学习过程中, 对值空间采用时间差分学习算法计算值函数的权重系数, 对于策略空间采用将时间差分误差和高斯分布相结合的方法实现控制策略的权重计算和更新.

第 3 章 三元复合驱最优控制模型及必要条件

三元复合驱是一种特殊的多元复合驱采油方式, 它充分利用碱、表面活性剂和聚合物的物理化学特性, 改变油水之间的流体特性, 渗流机理十分复杂. 常规的单一化学驱机理模型很难准确描述三元复合驱的作用机理, 需要建立更为全面、合理的机理模型. 其数学模型的建立涉及物理化学、渗流物理、偏微分方程等多个学科. 本章在全面考虑三元驱替剂作用机理基础上, 首先建立了三元复合驱的数学模型, 然后采用全隐式有限差分法进行离散化处理, 给出了数值求解方法, 并结合实际油藏开发指标, 建立三元复合驱最优控制模型, 最后, 推导了最优控制的必要条件.

3.1 三元复合驱数学模型

三元复合驱的数学模型主要包括油、水渗流方程和驱替剂吸附扩散方程, 是一组典型的抛物型偏微分方程组. 另外还包括一系列物化代数方程: 碱耗方程、渗透率方程、驱替剂吸附方程、黏度方程等. 对于实际的矿场, 对应的物化代数方程往往根据不同的地质条件, 由实验数据确定.

3.1.1 支配方程

三元复合驱问题的基本假设条件如下:

(1) 地层均质, 油藏等温, 且吸附现象满足 Langmuir 等温吸附公式;

(2) 驱油体系由碱、聚合物、表面活性剂组成, 驱油过程为油水两相流, 水相中存在碱、聚合物和表面活性剂, 油相中存在表面活性剂;

(3) 各种吸附都达到平衡, 相平衡瞬间建立, 且满足广义 Fick 定律;

(4) Darcy 定律适合化学剂存在情况下的油水两相;

(5) 流体和岩石微可压缩, 考虑重力、毛管力、聚合物的不可及孔隙体积, 考虑驱替剂引起的水相渗透率和黏度的变化, 忽略驱替剂对水溶液质量守恒的影响.

假设油藏所在的三维区域为 $\Omega \in \mathbb{R}^3$, $(x, y, z) \in \Omega$, $\partial \Omega$ 为区域的边界, $\vec{n}$ 表示边界的法线方向, 三元驱替剂为聚合物 (p)、表面活性剂 (s)、碱 (OH), 油藏中主要含有 n 种组分, 则三元复合驱的数学模型[23,26] 如下所示:

油相渗流连续性方程:

$$\nabla \cdot \left[\frac{K k_{ro}}{B_o \mu_o} \nabla \left(\tilde{P}_o - \rho_o g h \right) \right] + \tilde{q}_o = \frac{\partial}{\partial t} \left[\frac{\phi (1 - S_w)}{B_o} \right], \tag{3-1}$$

水相渗流连续性方程:

$$\nabla \cdot \left(\frac{Kk_{rw}}{B_w R_k \mu_w} \nabla \left(\tilde{P}_w - \rho_w g h \right) \right) + \tilde{q}_w = \frac{\partial}{\partial t} \left(\frac{\phi S_w}{B_w} \right). \tag{3-2}$$

聚合物吸附扩散方程:

$$\nabla \cdot \left(\frac{Kk_{rw} c_p}{B_w R_k \mu_w} \nabla \left(\tilde{P}_w - \rho_w g h \right) \right) + \nabla \cdot \left[(D_w + D_{wp}) \frac{\phi_p S_w}{B_w} \nabla c_p \right] + \tilde{q}_c$$
$$= \frac{\partial}{\partial t} \left(\rho_r (1-\phi) C_{rp} + \frac{\phi_p S_w c_p}{B_w} \right). \tag{3-3}$$

表面活性剂吸附扩散方程:

$$\nabla \cdot \left(\frac{Kk_{rw} c_{ws}}{B_w R_k \mu_w} \nabla \left(\tilde{P}_w - \rho_w g h \right) \right) + \nabla \cdot \left(\frac{Kk_{ro} c_{os}}{B_o R_k \mu_o} \nabla \left(\tilde{P}_o - \rho_o g h \right) \right)$$
$$+ \nabla \cdot \left[(D_o + D_{os}) \frac{\phi_s S_o}{B_o} \nabla c_{os} \right] + \nabla \cdot \left[(D_w + D_{ws}) \frac{\phi_s S_w}{B_w} \nabla c_{ws} \right] + \tilde{q}_d$$
$$= \frac{\partial}{\partial t} \left(\frac{\phi_s S_o c_{os}}{B_o} + \frac{\phi_s S_w c_{ws}}{B_w} + \rho_r (1-\phi) C_{rs} \right). \tag{3-4}$$

碱组分吸附扩散方程:

$$\nabla \cdot \left(D_{\text{OH}} \frac{\phi S_w}{B_w} \nabla c_{\text{OH}} \right) + \nabla \cdot \left(\frac{Kk_{rw} c_{\text{OH}}}{B_w R_k \mu_w} \nabla \left(\tilde{P}_w - \rho_w g h \right) \right) + R_{\text{OH}} + \tilde{q}_e$$
$$= \frac{\partial}{\partial t} \left[\frac{K_a}{(1 + K_b c_{\text{OH}})^2} (1-\phi) S_w c_{\text{OH}} + \frac{\phi S_w c_{\text{OH}}}{B_w} \right]. \tag{3-5}$$

初始条件:

$$\begin{array}{l} \tilde{P}(x,y,z,t)|_{t=0} = \tilde{P}^0, \quad S_w(x,y,z,t)|_{t=0} = S_w^0, \\ c_\Theta(x,y,z,t)|_{t=0} = c_\Theta^0, \quad (x,y,z) \in \Omega. \end{array} \tag{3-6}$$

边界条件:

$$\left. \frac{\partial \tilde{P}}{\partial n} \right|_{\partial \Omega} = 0, \quad \left. \frac{\partial S_w}{\partial n} \right|_{\partial \Omega} = 0, \quad \left. \frac{\partial c_\Theta}{\partial n} \right|_{\partial \Omega} = 0, \tag{3-7}$$

上述模型中各符号的物理意义如下:

在所有下标中 p, s, OH 分别表示聚合物、表面活性剂、碱; K 为绝对渗透率 [μm^2]; k_{ro}, k_{rw} 分别为油相和水相的相对渗透率 [-]; $\tilde{P}_o$, $\tilde{P}_w$ 为油相、水相压力 [MPa]; S_o, S_w 分别为含油饱和度、含水饱和度 [-]; g 为重力加速度 [m/s^2]; $h(x,y,z)$ 为深度 [m], 向下为正; c_Θ 为相应驱替剂的浓度, $\Theta = \{p, s, \text{OH}\}$ 分别代表聚合物浓度 [g/L]、表面活性剂浓度 [g/L]、碱浓度 [g/L], c_{ij} 表示 j 在 i 中的浓度 [g/L];

3.1 三元复合驱数学模型

ρ_o, ρ_w, ρ_r 分别为油相、水相和岩石的密度 (kg/m³); B_o, B_w 分别为油和水的体积系数 [-]; μ_o, μ_w 分别为加入驱替剂后油相和水相的黏度 [mPa·s]; R_k 为相对渗透率下降系数 [-]; K_a 为表征离子交换与吸附量大小的参数 [-]; K_b 为碱的吸附常数 [cm³/g]; ϕ, ϕ_p, ϕ_s 分别为岩石的孔隙度、聚合物可及孔隙度以及表面活性剂可及孔隙度 [-]; $\phi_{p,s} = \phi f_{a,s}, f_a, f_s$ 分别为碱可及孔隙系数和表面活性剂可及孔隙系数 [-]; v_w 为渗流速度 [cm/s], 流入为正; r_o, r_w 分别为油相和水相的流动系数 $\left[\dfrac{\mu m^2}{mPa.s}\right]$; R_{OH} 为碱耗 [1/d]; C_{rp}, C_{rs} 分别为单位质量岩石吸附聚合物、表面活性剂的质量 [mg/g]; $\tilde{q}_o$ 为油相在标准状态下的流速 [1/d], 流入为正; $\tilde{q}_w$ 为水相在标准状态下的流速 [1/d], 流入为正; $\tilde{q}_c, \tilde{q}_d, \tilde{q}_e$ 为井筒驱替剂的运移速度, 单位分别为 [g/(d·L)], [1/(100d)], [1/(100d)]; $D_i, i \in \{w, o, OH\}$ 为扩散系数 [m²/s], $D_{ij}, i \in \{w, o\}, j \in \{s, p\}$ 表示 j 在 i 中的扩散系数 [m²/s]; t 为时间 [d]; ∇ 为哈密顿算子, 在直角坐标系中 $\nabla = \dfrac{\partial}{\partial x}i + \dfrac{\partial}{\partial y}j + \dfrac{\partial}{\partial z}k$, x, y, z 为直角坐标系的三个方向, 长度单位 [m].

在上述模型中系统的状态变量 $\tilde{P}, S_w, c_\Theta$, 分别为油藏压力、含水饱和度和油藏网格驱替剂浓度 (聚合物、表面活性剂和碱). 控制变量 (驱替剂的注入浓度) 为 $c_{\Theta in}$, 表示水井中相应驱替剂的注入浓度. $\tilde{q}_{in}(x,y,z,t) \geqslant 0$ 表示在位置 (x,y,z) 有井的注入项, $\tilde{q}_{out}(x,y,z,t) \geqslant 0$ 表示在位置 (x,y,z) 有井的产出项. $\tilde{q}_o, \tilde{q}_w, \tilde{q}_c, \tilde{q}_{in}, \tilde{q}_{out}$ 以及控制变量 $c_{\Theta in}$ 只在有井的位置有定义. 将所有注入项和所有产出项位置的集合分别记为 $\psi_{in} = \{(x,y,z)_{j,k}, j \in \kappa_w, k \in \vartheta_{wj}\}$ 和 $\psi_{out} = \{(x,y,z)_{j,k}, j \in \kappa_p, k \in \vartheta_p\}$, 则方程中的流量项定义为

$$\tilde{q}_o = \begin{cases} -(1-f_w)\tilde{q}_{out}, & (x,y,z) \in \psi_{out}, \\ 0, & (x,y,z) \notin \psi_{out}, \end{cases} \qquad (3\text{-}8)$$

$$\tilde{q}_w = \begin{cases} -f_w\tilde{q}_{out}, & (x,y,z) \in \psi_{out}, \\ \tilde{q}_{in}, & (x,y,z) \in \psi_{in}, \\ 0, & (x,y,z) \notin \psi_{out} \cup \psi_{in}, \end{cases} \qquad (3\text{-}9)$$

$$\tilde{q}_c = \begin{cases} \tilde{q}_w c_p, & (x,y,z) \in \psi_{out}, \\ \tilde{q}_w c_{pin}, & (x,y,z) \in \psi_{in}, \\ 0, & (x,y,z) \notin \psi_{out} \cup \psi_{in}, \end{cases} \qquad (3\text{-}10)$$

$$\tilde{q}_d = \begin{cases} \tilde{q}_w c_{ws} + \tilde{q}_o c_{os}, & (x,y,z) \in \psi_{out}, \\ \tilde{q}_w c_{sin}, & (x,y,z) \in \psi_{in}, \\ 0, & (x,y,z) \notin \psi_{out} \cup \psi_{in}, \end{cases} \qquad (3\text{-}11)$$

$$\tilde{q}_e = \begin{cases} \tilde{q}_w c_{\text{OH}}, & (x,y,z) \in \psi_{\text{out}}, \\ \tilde{q}_w c_{\text{OHin}}, & (x,y,z) \in \psi_{\text{in}}, \\ 0, & (x,y,z) \notin \psi_{\text{out}} \cup \psi_{\text{in}}. \end{cases} \tag{3-12}$$

模型中, 油、水体积系数均为油藏压力 $p(x,y,z,t)$ 的函数, 具体如下:

$$B_o = B_{or} \Big/ \left[1 + C_o \left(\tilde{P} - \tilde{P}_r\right)\right], \tag{3-13}$$

$$B_w = B_{wr} \Big/ \left[1 + C_w \left(\tilde{P} - \tilde{P}_r\right)\right], \tag{3-14}$$

其中, $\tilde{P}_r$ 表示参考压力 (Mpa), B_{wr}, B_{or} 分别表示参考压力下的水、油体积系数, C_o, C_w 表示油、水压缩系数.

流动系数定义:

$$r_o = \frac{K k_{ro}}{B_o \mu_o}, \quad r_w = \frac{K k_{rw}}{B_w R_k \mu_w}. \tag{3-15}$$

$f_w(x,y,z,t)$ 为含水率, 是状态 $\tilde{P}, S_w, c_p, c_s, c_{\text{OH}}$ 的函数, 其定义为[42]

$$f_w = \frac{r_w}{r_w + r_o}, \tag{3-16}$$

表面活性剂浓度:

$$c_s = \frac{\tilde{q}_w c_{ws} + \tilde{q}_o c_{os}}{\tilde{q}_w + \tilde{q}_o}. \tag{3-17}$$

3.1.2 物化代数方程

与传统的单一化学驱相比, 三元复合驱的复杂性不仅表现在支配方程上, 多种驱替剂的相互作用, 使得物化代数方程也需进行全面的修正.

3.1.2.1 碱耗

碱耗直接影响驱油效果, 影响碱耗的因素较多, 本模型只考虑驱油中对碱耗影响重要的因素 (吸附、酸性物质消耗、重金属离子消耗). 模型中的碱耗通过化学反应项 r_i 进行描述. 表达如下:

$$R_{\text{OH}} = -\phi S_w \frac{\partial}{\partial t} (r_1 + r_2 + r_3), \tag{3-18}$$

式中, r_1, r_2, r_3 为单位体积的碱消耗量.

考虑的主要影响如下:

(1) 溶液中 Na$^+$ 与岩石表面 H$^+$ 的离子交换引起的快速碱耗 r_1: 该碱耗可表示为类似 Langmuir 型的吸附等温式:

$$r_1 = r_1^0 \frac{a_1 c_{\text{OH}}}{1 + a_1 c_{\text{OH}}}, \tag{3-19}$$

3.1 三元复合驱数学模型

式中 r_1^0 表示该现象引起的最大碱耗, a_1 为系数, 均由实验资料确定.

(2) 原油中酸性物质引起的碱耗 r_2:

$$r_2 = r_2\left(\mathrm{HA}_w, c_{\mathrm{OH}}\right), \tag{3-20}$$

实验给出不同酸、碱浓度下的碱耗曲线.

(3) Ca^{2+}, Mg^{2+} 离子引起的碱耗 r_3:

$$r_3 = r_3\left(K_{\mathrm{Ca}^{2+}}, K_{\mathrm{Mg}^{2+}}, c_{\mathrm{OH}}\right), \tag{3-21}$$

式中 $K_{\mathrm{Ca}^{2+}}$, $K_{\mathrm{Mg}^{2+}}$ 分别表示相应物质的溶度积.

3.1.2.2 表面张力

采用表面张力等值图描述多种化学剂的协同效应, 对于给定的原油和配置水的矿化度, 表面张力主要随三元驱替剂的浓度变化:

$$\sigma = \sigma\left(c_{\mathrm{OH}}, c_p, c_s\right). \tag{3-22}$$

3.1.2.3 毛细管压力

复合体系的毛细管压力可以描述成油水毛细管压力和界面张力的函数:

$$\tilde{P}_{\mathrm{cow}}\left(S_w\right) = C_{\mathrm{PC}} \cdot \sqrt{\frac{\phi}{K_a}} \cdot \left(1 - S_n\right)^{N_{\mathrm{PC}}}, \tag{3-23}$$

式中, $\tilde{P}_{\mathrm{cow}}(x, y, z, t)$ 为毛管力, C_{PC}, N_{PC} 为常数, S_n 为湿相饱和度.

3.1.2.4 表面活性剂吸附

表面活性剂的吸附滞留损失可用下式进行描述:

$$C_{rs} = C_{rs}^0 \frac{a_1 c_s}{1 + a_1 c_s}\left(1 - b_1 \frac{\mathrm{pH} - 7}{\mathrm{pH}_{\max} - 7}\right), \tag{3-24}$$

式中 C_{rs}^0, a_1 与离子强度有关, $\mathrm{pH}_{\max}$ 为注入碱浓度的 pH 值, b_1 为系数.

3.1.2.5 聚合物的吸附量

遵循 Langmuir 等温吸附规律, 考虑到聚合物的吸附与盐度的关系为可逆的, 与浓度的关系为不可逆的, 聚合物驱的吸附量如下所示:

$$C_{rp} = C_{rp}^{\max} \frac{a_r c_p}{1 + b_r c_p}, \tag{3-25}$$

式中, $C_{rp}^{\max}$ 表示不同含盐度下聚合物在岩石表面的最大吸附量, a_r, b_r 为平衡吸附常数.

3.1.2.6 相对渗透率

水、油相对渗透率 k_{rw}, k_{ro} 通常采用插值的方法获得, 但是由于插值区间和精度的限制, 该方法往往无法获取整个区间的精确值. 这里采用辨识的方法获得, 具体如下[116]:

$$K_{rw,ro} = A \cdot (1 - S_w)^B \cdot (S_w - C)^D, \tag{3-26}$$

其中, A, B, C, D 表示通过样本数据辨识得到的参数.

由于多元驱替剂的加入, 必须要考虑渗透率的衰减, 它主要是由聚合物的吸附滞留所引起的, 可利用下式进行描述:

$$R_k = 1 + \frac{(R_k^{\max} - 1) \cdot q_r}{q_r^{\max}}, \tag{3-27}$$

式中 q_r, R_k 分别表示不同含盐度下聚合物吸附滞留量和水相渗透率下降系数.

3.1.2.7 液相的黏度

液相的静止黏度 (零剪切速率下的黏度) 是聚合物的浓度和含盐度的函数, 具体为

$$\mu_p^0 = \mu_w \left(1 + b_1 c_p^1 + b_2 c_p^2 + b_3 c_p^3 + \cdots \right), \tag{3-28}$$

式中 $b_1, b_2, b_3, \cdots$ 为经验常数, 与含盐度有关.

驱替液的黏度与剪切速率 ($\dot{\gamma}$) 的关系可修正为

$$\mu_{\text{ASP}} = \mu_w + \frac{\mu_r^0 - \mu_w}{1 + \left[\dfrac{\dot{\gamma}}{\dot{\gamma}_{1/2}}\right]^{P_r - 1}}, \tag{3-29}$$

式中, P_r 为经验系数, $\dot{\gamma}_{1/2}$ 为当黏度等于 μ_r^0 和 μ_w 平均值时的剪切速率.

3.1.2.8 残余饱和度

各相残余饱和度与毛管数 N_c 有关, 通过实验可测得不同毛管数下的残余饱和度,

$$N_c = \frac{\left|\sum \mu_j \bar{V}_j\right|}{\sigma}, \tag{3-30}$$

$$S_{lj} = S_{lj}(N_c), \tag{3-31}$$

式中 S_{lj} 表示 j 相的残余饱和度.

3.1.3 简化的三元复合驱二维模型

针对式 (3-1)~(3-5) 给出的三元复合驱数学模型, 若忽略重力因素的影响, 仅考虑三元驱替剂 (碱、表面活性剂、聚合物) 溶液在 x-y 二维平面区域 $\Omega \in \mathbb{R}^2$ 的渗流, 则可以得到如下简化的二维渗流模型[48]:

$$\frac{\partial}{\partial x}\left(r_o h \frac{\partial \tilde{P}_o}{\partial x}\right) + \frac{\partial}{\partial y}\left(r_o h \frac{\partial \tilde{P}_o}{\partial y}\right) - (1-f_w)\tilde{q}_{\text{out}} = h\frac{\partial}{\partial t}\left[\frac{\phi(1-S_w)}{B_o}\right]. \quad (3\text{-}32)$$

$$\frac{\partial}{\partial x}\left(r_w h \frac{\partial \tilde{P}_w}{\partial x}\right) + \frac{\partial}{\partial y}\left(r_w h \frac{\partial \tilde{P}_w}{\partial y}\right) + \tilde{q}_{\text{in}} - f_w\tilde{q}_{\text{out}} = h\frac{\partial}{\partial t}\left(\frac{\phi S_w}{B_w}\right). \quad (3\text{-}33)$$

$$\begin{aligned}
&\frac{\partial}{\partial x}\left(r_d h \frac{\partial c_p}{\partial x}\right) + \frac{\partial}{\partial x}\left(r_c h \frac{\partial \tilde{P}_w}{\partial x}\right) + \frac{\partial}{\partial y}\left(r_d h \frac{\partial c_p}{\partial y}\right) \\
&+ \frac{\partial}{\partial y}\left(r_c h \frac{\partial \tilde{P}_w}{\partial y}\right) + \tilde{q}_{\text{in}} c_{p\text{in}} - f_w\tilde{q}_{\text{out}} c_p \\
&= h\frac{\partial}{\partial t}\left[\frac{\phi_p S_w c_p}{B_w} + \rho_r(1-\phi)C_{rp}\right].
\end{aligned} \quad (3\text{-}34)$$

$$\begin{aligned}
&\frac{\partial}{\partial x}\left(r_{ds} h \frac{\partial c_s}{\partial x}\right) + \frac{\partial}{\partial x}\left(r_{cs} h \frac{\partial \tilde{P}_w}{\partial x}\right) \\
&+ \frac{\partial}{\partial y}\left(r_{ds} h \frac{\partial c_s}{\partial y}\right) + \frac{\partial}{\partial y}\left(r_{cs} h \frac{\partial \tilde{P}_w}{\partial y}\right) + \tilde{q}_{\text{in}} c_{s\text{in}} - f_w\tilde{q}_{\text{out}} c_s \\
&= h\frac{\partial}{\partial t}\left[\frac{\phi_s S_w c_s}{B_w} + \rho_r(1-\phi)C_{rs} + \frac{\phi_s S_w c_{\text{os}}}{B_o}\right].
\end{aligned} \quad (3\text{-}35)$$

$$\begin{aligned}
&\frac{\partial}{\partial x}\left(r_{d\text{OH}} h \frac{\partial c_{\text{OH}}}{\partial x}\right) + \frac{\partial}{\partial x}\left(r_{c\text{OH}} h \frac{\partial \tilde{P}_w}{\partial x}\right) + \frac{\partial}{\partial y}\left(r_{d\text{OH}} h \frac{\partial c_{\text{OH}}}{\partial y}\right) + \frac{\partial}{\partial y}\left(r_{c\text{OH}} h \frac{\partial \tilde{P}_w}{\partial y}\right) \\
&+ R_{\text{OH}} + \tilde{q}_{\text{in}} c_{\text{OHin}} - f_w\tilde{q}_{\text{out}} c_{\text{OH}} = h\frac{\partial}{\partial t}\left[\frac{\phi S_w c_{\text{OH}}}{B_w} + \rho_r(1-\phi)C_{r\text{OH}}\right].
\end{aligned} \quad (3\text{-}36)$$

其中, h 表示油层厚度 (m), $r_d = \dfrac{D_p \phi_p S_w}{B_w}$, $r_c = \dfrac{K k_{rw} c_p}{B_w R_k \mu_p}$, $r_{ds} = \dfrac{D_s \phi_s S_w}{B_w}$, $r_{cs} = \dfrac{K k_{rw} c_s}{B_w R_k \mu_s}$, $r_{d\text{OH}} = \dfrac{D_{\text{OH}} \phi S_w}{B_w}$, $r_{c\text{OH}} = \dfrac{K k_{rw} c_{\text{OH}}}{B_w R_k \mu_{\text{OH}}}$.

3.1.4 简化的三元复合驱一维岩心模型

在实验室研究中,往往采用一维岩心模型对驱替机理进行研究,即忽略重力因素的影响和流体的横向扩散,仅考虑单一方向的驱替. 此时, 三元驱替剂溶液在直线 z 方向上的渗流模型为[117]

$$\frac{\partial S_w}{\partial t} = -\frac{Q}{A\phi}\frac{\partial f_w}{\partial z}. \tag{3-37}$$

$$\phi_s S_w \frac{\partial c_s}{\partial t} = -v_w \frac{\partial c_s}{\partial z} + \frac{\partial}{\partial z}\left(D_s \phi_s \frac{\partial c_s}{\partial z}\right) - \rho_r \frac{\partial \Gamma_s}{\partial t}. \tag{3-38}$$

$$\phi_p S_w \frac{\partial c_p}{\partial t} = -v_w \frac{\partial c_p}{\partial z} + \frac{\partial}{\partial z}\left(D_p \phi_p \frac{\partial c_p}{\partial z}\right) - \rho_r \frac{\partial \Gamma_p}{\partial t}. \tag{3-39}$$

$$\phi_{OH} S_w \frac{\partial c_{OH}}{\partial t} = -v_w \frac{\partial c_{OH}}{\partial z} + \frac{\partial}{\partial z}\left(D_{OH}\phi_{OH}\frac{\partial c_{OH}}{\partial z}\right) - \rho_r \frac{\partial \Gamma_{OH}}{\partial t} - R_{OH}, \tag{3-40}$$

其中, A 表示岩心横截面积, v_w 表示水相渗流速度, Γ_{OH}, Γ_s, Γ_p 分别表示岩心对碱、表面活性剂和聚合物的吸附能力.

3.2 三元复合驱数学模型的有限差分求解

三元复合驱的机理模型公式 (3-1)~(3-5) 是一组复杂的非线性多变量耦合偏微分方程组, 其中, 状态变量分别为油藏压力 $\tilde{P}(x,y,z,t)$、含水饱和度 $S_w(x,y,z,t)$ 以及驱替剂溶液浓度 $c_\Theta(x,y,z,t)$, $\Theta = \{OH, s, p\}$. 目前主要采用有限差分法求解偏微分方程组, 该方法主要包括两类: 一类是依次求解各个状态变量, 如隐压显饱法, 该方法先隐式求解状态压力, 再显式求解含水饱和度、驱替剂浓度; 另一类是联立求解方程组, 同时求解各个状态变量, 如全隐式法. 隐压显饱法虽然在每个时间步需要的计算量较小, 但是为了保证求解的稳定性, 步长必须取得很小. 全隐式法离散化模型后得到的差分方程组往往阶数较高, 计算量大, 但是该方法可以选取的步长较大, 具有很好的数值稳定性. 此外, 该方法离散三元复合驱数学模型得到的最优控制模型和伴随方程具有特殊的形式, 便于编程求解. 随着计算机技术的飞速发展, 计算机的运行速度和存储能力都有了极大提高, 结合矩阵存储以及数据处理等技术, 很容易实现全隐式有限差分的计算. 因此, 本书采用全隐式有限差分法求解三元复合驱数学模型.

3.2.1 全隐式有限差分离散化

对于公式 (3-1)~(3-5) 所述的三元复合驱数学模型, 优化变量为注入井的驱替剂 (碱、表面活性剂和聚合物) 注入浓度 $c_{\Theta in}$, 状态变量为油藏空间每一个空间点的压力 $\tilde{P}(x,y,z,t)$、含水饱和度 $S_w(x,y,z,t)$ 和驱替剂的网格浓度 $c_\Theta(x,y,z,t)$,

3.2 三元复合驱数学模型的有限差分求解

系统的输出为采出井的含水率. 本节中, 我们采用全隐式有限差分法进行离散[118], 为了使本问题的数学描述同一般优化问题一致, 引入 $\boldsymbol{x} = \begin{bmatrix} \boldsymbol{c}_\Theta, S_w, \tilde{P} \end{bmatrix}^{\mathrm{T}}$ 表示所有的空间状态变量, $\boldsymbol{u} = \boldsymbol{c}_{\Theta \mathrm{in}}$, $\Theta = \{p, s, \mathrm{OH}\}$ 表示所有的优化变量.

将整个油藏离散化为 $n_x \times n_y \times n_z$ 个网格, 其中整数 $i\,(i=1,2,\cdots,n_x)$, $j\,(j=1,2,\cdots,n_y)$, $k\,(k=1,2,\cdots,n_z)$ 分别表示在 x,y,z 方向上的网格序号, 即 x_i, y_j, z_k 分别表示对应的 x,y,z 方向上的第 i,j,k 个坐标值. 按照块中心网格系统进行离散化, 即网格点 (x_i, y_j, z_k) 位于网格 (i,j,k) 的中心. 那么, 网格点 (x_i, y_j, z_k) 处的离散状态向量可表述为

$$\boldsymbol{x}_{i,j,k} = \boldsymbol{x}(x_i, y_j, z_k). \tag{3-41}$$

对于网格 (x_i, y_j, z_k), 定义 $x_{i-1/2}, x_{i+1/2}, y_{j-1/2}, y_{j+1/2}, z_{k-1/2}, z_{k+1/2}$ 分别为 x,y,z 方向上的左、右边界坐标. 仅在状态网格上离散化三元复合驱机理模型, 根据网格系统的划分结果, 状态变量的有限差分可以表述为

$$\frac{\partial \boldsymbol{x}}{\partial t} = \frac{\boldsymbol{x}^{n+1} - \boldsymbol{x}^n}{\Delta t^n}, \tag{3-42}$$

$$\frac{\partial \boldsymbol{x}}{\partial x} = \frac{\boldsymbol{x}_{i+1/2,j,k} - \boldsymbol{x}_{i-1/2,j,k}}{\Delta x}, \tag{3-43}$$

$$\frac{\partial \boldsymbol{x}}{\partial y} = \frac{\boldsymbol{x}_{i,j+1/2,k} - \boldsymbol{x}_{i,j-1/2,k}}{\Delta y}, \tag{3-44}$$

$$\frac{\partial \boldsymbol{x}}{\partial z} = \frac{\boldsymbol{x}_{i,j,k+1/2} - \boldsymbol{x}_{i,j,k-1/2}}{\Delta z}, \tag{3-45}$$

其中, $n = 0, 1, \cdots, N-1$ 表示三元复合物的时间步, N 表示总的步数, Δt^n 表示步数 n 的长度, $\boldsymbol{x}^{n+1}$ 表示时间 Δt^{n+1} 处的状态向量, Δt^{n+1} 表示第 n 个时间步终点时刻的仿真时间 $(t^N = t_f)$. $\Delta x, \Delta y, \Delta z$, 分别表示在 x, y, z 方向上的空间步长. 网格在 x-y 平面上的详细划分情况如图 3-1 所示.

采用上述有限差分法对三元复合驱数学模型公式 (3-1)~(3-5) 进行离散化, 并在方程组的每一个等式两端同时乘以网格体积 (单位: m³) $V = \Delta x \Delta y \Delta z$. 采用全隐式有限差分法将模型中二阶导数项离散化后, 状态变量均取 Δt^{n+1} 时刻的值. 则初始的三元复合驱数学模型可以被离散化为如下一般形式:

$$\boldsymbol{G}^n = \boldsymbol{F}^{n+1}(\tilde{\boldsymbol{x}}^{n+1}) + \boldsymbol{W}^{n+1}(\tilde{\boldsymbol{x}}^{n+1}, u^n) - [\boldsymbol{A}^{n+1}(\tilde{\boldsymbol{x}}^{n+1}) - \boldsymbol{A}^n(\tilde{\boldsymbol{x}}^n)] = \boldsymbol{0}, \tag{3-46}$$

其中, $\boldsymbol{G} = \begin{bmatrix} \boldsymbol{G}_{1,1,1}^{\mathrm{T}}, \cdots, \boldsymbol{G}_{i,j,k}^{\mathrm{T}}, \cdots, \boldsymbol{G}_{n_x,n_y,n_z}^{\mathrm{T}} \end{bmatrix}^{\mathrm{T}} \in \mathbb{R}^{n_x \times n_y \times n_z \times 3}$ 表示离散的数学模型差分方程组, $\tilde{\boldsymbol{x}} = \begin{bmatrix} \tilde{\boldsymbol{x}}_{1,1,1}^{\mathrm{T}}, \cdots, \tilde{\boldsymbol{x}}_{i,j,k}^{\mathrm{T}}, \cdots, \tilde{\boldsymbol{x}}_{n_x,n_y,n_z}^{\mathrm{T}} \end{bmatrix}^{\mathrm{T}} \in \mathbb{R}^{n_x \times n_y \times n_z \times 3}$ 表示离散的状态向量, $\boldsymbol{u} = [\boldsymbol{u}_{i,j} | \boldsymbol{u}_{i,j} = c_{\Theta \mathrm{in},i,j}, (i,j) \in \kappa_w]^{\mathrm{T}} \in \mathbb{R}^{N_w}$ 表示所有注入井的驱替剂注

入浓度, κ_w 表示注入井的位置集合, A 表示累积项, F 表示差分方程组的流动项, W 表示源汇项.

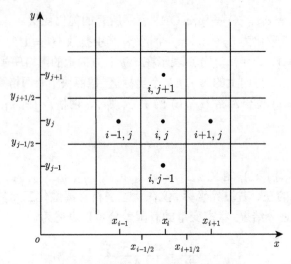

图 3-1 有限差分网格划分原理图

在 t^n 时刻网格 (i,j,k) 的差分方程组 $\boldsymbol{G}_{i,j,k} = [G_{oi,j,k}, G_{wi,j,k}, G_{pi,j,k}, G_{si,j,k}, G_{\text{OH}i,j,k}]^{\text{T}}$ 为

$$G^n_{\Psi i,j,k} = F^{n+1}_{\Psi i,j,k} + W^{n+1}_{\Psi i,j,k} - A^{n+1}_{\Psi i,j,k} + A^n_{\Psi i,j,k} = 0, \quad \Psi = \{w, o, \text{OH}, s, p\}, \quad (3\text{-}47)$$

该方程实际上是五个方程的综合, Ψ 中的 w, o, OH, s, p 分别对应离散水相方程、油相方程, 以及碱、表面活性剂和聚合物的吸附扩散方程.

根据式 (3-15) 及 3.1.3 节中的流动项系数 r_Z, $Z = \{o, w\}$, $r_{c\Theta}$, $r_{d\Theta}$, $\Theta = \{\text{OH}, s, p\}$ 定义流动项 $\boldsymbol{F}_{i,j,k} = [F_{oi,j,k}, F_{wi,j,k}, F_{pi,j,k}, F_{si,j,k}, F_{\text{OH}i,j,k}]^{\text{T}}$ 的全隐式有限差分可写成

$$F^{n+1}_{Zi,j,k} = \Delta y \Delta z \left[\frac{r^{n+1}_{Z_{i+\frac{1}{2},j,k}}}{\Delta x} \left(E^{n+1}_{i+1,j,k} - E^{n+1}_{i,j,k} \right) + \frac{r^{n+1}_{Z_{i-\frac{1}{2},j,k}}}{\Delta x} \left(E^{n+1}_{i-1,j,k} - E^{n+1}_{i,j,k} \right) \right]$$

$$+ \Delta x \Delta z \left[\frac{r^{n+1}_{Z_{i,j+\frac{1}{2},k}}}{\Delta y} \left(E^{n+1}_{i,j+1,k} - E^{n+1}_{i,j,k} \right) + \frac{r^{n+1}_{Z_{i,j-\frac{1}{2},k}}}{\Delta y} \left(E^{n+1}_{i,j-1,k} - E^{n+1}_{i,j,k} \right) \right]$$

$$+ \Delta x \Delta y \left[\frac{r^{n+1}_{Z_{i,j,k+\frac{1}{2}}}}{\Delta z} \left(E^{n+1}_{i,j,k+1} - E^{n+1}_{i,j,k} \right) + \frac{r^{n+1}_{Z_{i,j,k-\frac{1}{2}}}}{\Delta z} \left(E^{n+1}_{i,j,k-1} - E^{n+1}_{i,j,k} \right) \right],$$

(3-48)

3.2 三元复合驱数学模型的有限差分求解

$$\begin{aligned}
F_{\Theta i,j,k}^{n+1} = \Delta y \Delta z & \left[\frac{r_{d\Theta_{i+\frac{1}{2},j,k}}^{n+1}}{\Delta x} \left(c_{\Theta i+1,j,k}^{n+1} - c_{\Theta i,j,k}^{n+1} \right) + \frac{r_{d\Theta_{i-\frac{1}{2},j,k}}^{n+1}}{\Delta x} \left(c_{\Theta i-1,j,k}^{n+1} - c_{\Theta i,j,k}^{n+1} \right) \right] \\
+ \Delta x \Delta z & \left[\frac{r_{d\Theta_{i,j+\frac{1}{2},k}}^{n+1}}{\Delta y} \left(c_{\Theta i,j+1,k}^{n+1} - c_{\Theta i,j,k}^{n+1} \right) + \frac{r_{d\Theta_{i,j-\frac{1}{2},k}}^{n+1}}{\Delta y} \left(c_{\Theta i,j-1,k}^{n+1} - c_{\Theta i,j,k}^{n+1} \right) \right] \\
+ \Delta x \Delta y & \left[\frac{r_{d\Theta_{i,j,k+\frac{1}{2}}}^{n+1}}{\Delta z} \left(c_{\Theta i,j,k+1}^{n+1} - c_{\Theta i,j,k}^{n+1} \right) + \frac{r_{d\Theta_{i,j,k-\frac{1}{2}}}^{n+1}}{\Delta z} \left(c_{\Theta i,j,k-1}^{n+1} - c_{\Theta i,j,k}^{n+1} \right) \right] \\
+ \Delta y \Delta z & \left[\frac{r_{c\Theta_{i+\frac{1}{2},j,k}}^{n+1}}{\Delta x} \left(E_{i+1,j,k}^{n+1} - E_{i,j,k}^{n+1} \right) + \frac{r_{c\Theta_{i-\frac{1}{2},j,k}}^{n+1}}{\Delta x} \left(E_{i-1,j,k}^{n+1} - E_{i,j,k}^{n+1} \right) \right] \\
+ \Delta x \Delta z & \left[\frac{r_{c\Theta_{i,j+\frac{1}{2},k}}^{n+1}}{\Delta y} \left(E_{i,j+1,k}^{n+1} - E_{i,j,k}^{n+1} \right) + \frac{r_{c\Theta_{i,j-\frac{1}{2},k}}^{n+1}}{\Delta y} \left(E_{i,j-1,k}^{n+1} - E_{i,j,k}^{n+1} \right) \right] \\
+ \Delta x \Delta y & \left[\frac{r_{c\Theta_{i,j,k+\frac{1}{2}}}^{n+1}}{\Delta z} \left(E_{i,j,k+1}^{n+1} - E_{i,j,k}^{n+1} \right) + \frac{r_{c\Theta_{i,j,k-\frac{1}{2}}}^{n+1}}{\Delta z} \left(E_{i,j,k-1}^{n+1} - E_{i,j,k}^{n+1} \right) \right].
\end{aligned}$$

(3-49)

其中, $E = p - \rho g h$ 表示流体的流势.

结合式 (3-8)~(3-12) 及式 (3-17), $\boldsymbol{W}_{i,j,k} = [W_{oi,j,k}, W_{wi,j,k}, W_{pi,j,k}, W_{si,j,k}, W_{\text{OH}i,j,k}]^{\text{T}}$ 可表示为

$$W_{oi,j,k}^{n+1} = q_{oi,j,k}^{n+1} = \begin{cases} -(1 - f_{wi,j,k}^{n+1})q_{\text{out}i,j}^{n}, & (x,y,z) \in \psi_{\text{out}}, \\ 0, & (x,y,z) \notin \psi_{\text{out}}, \end{cases} \quad (3\text{-}50)$$

$$W_{wi,j,k}^{n+1} = q_{wi,j,k}^{n+1} = \begin{cases} -f_{wi,j,k}^{n+1}q_{\text{out}i,j}^{n}, & (x,y,z) \in \psi_{\text{out}}, \\ q_{\text{in}i,j}^{n}, & (x,y,z) \in \psi_{\text{in}}, \\ 0, & (x,y,z) \notin \psi_{\text{out}} \cup \psi_{\text{in}}, \end{cases} \quad (3\text{-}51)$$

$$W_{pi,j,k}^{n+1} = q_{ci,j,k}^{n+1} = \begin{cases} -f_{wi,j,k}^{n+1}q_{\text{out}i,j}^{n}c_{pi,j,k}^{n+1}, & (x,y,z) \in \psi_{\text{out}}, \\ q_{\text{in}i,j}^{n}c_{p\text{in}i,j}^{n}, & (x,y,z) \in \psi_{\text{in}}, \\ 0, & (x,y,z) \notin \psi_{\text{out}} \cup \psi_{\text{in}}, \end{cases} \quad (3\text{-}52)$$

$$W_{si,j,k}^{n+1} = q_{di,j,k}^{n+1}$$
$$= \begin{cases} -f_{wi,j,k}^{n+1}q_{\text{out}i,j}^{n}c_{wsi,j,k}^{n+1} - (1 - f_{wi,j,k}^{n+1})q_{\text{out}i,j}^{n}c_{osi,j,k}^{n+1}, & (x,y,z) \in \psi_{\text{out}}, \\ q_{\text{in}i,j}^{n}c_{s\text{in}i,j}^{n}, & (x,y,z) \in \psi_{\text{in}}, \\ 0, & (x,y,z) \notin \psi_{\text{out}} \cup \psi_{\text{in}}, \end{cases} \quad (3\text{-}53)$$

$$W_{\mathrm{OH}i,j,k}^{n+1}=R_{\mathrm{OH}i,j,k}^{n+1}+q_{ei,j,k}^{n+1}=\begin{cases}R_{\mathrm{OH}i,j,k}^{n+1}-f_{wi,j,k}^{n+1}q_{\mathrm{out}i,j}^{n}c_{\mathrm{OH}i,j,k}^{n+1},&(x,y,z)\in\psi_{\mathrm{out}},\\R_{\mathrm{OH}i,j,k}^{n+1}+q_{\mathrm{in}i,j}^{n}c_{\mathrm{OH}\mathrm{in}i,j}^{n},&(x,y,z)\in\psi_{\mathrm{in}},\\0,&(x,y,z)\notin\psi_{\mathrm{out}}\cup\psi_{\mathrm{in}}.\end{cases}$$
(3-54)

其中, 式 (3-54) 为修正碱耗后的碱吸附方程源汇项, R_{OH} 为系统碱耗. 结合井参数, 系统的含水率 $f_{wi,j,k}^{n+1}$ 可修正为

$$f_{wi,j,k}^{n+1}=\frac{WI_{i,j,k}\left(r_{wi,j,k}+r_{oi,j,k}\right)}{\sum_{k'=1}^{n_z}WI_{i,j,k'}\left(r_{wi,j,k'}+r_{oi,j,k'}\right)},\tag{3-55}$$

WI 表示井指数, 定义如下:

$$WI=\frac{2\pi K\Delta z}{\ln\frac{d_e}{d_w}+S},\tag{3-56}$$

其中, d_e, d_w 分别为井筒半径和井筒等效半径, S 为表皮系数, 当采用矩形离散化网格且渗透率非均质时 d_e 表示如下:

$$d_e\cong 0.28\left[\left(\frac{K_y}{K_x}\right)^{\frac{1}{2}}\Delta x^2+\left(\frac{K_x}{K_y}\right)^{\frac{1}{2}}\Delta y^2\right]^{\frac{1}{2}}\bigg/\left(\frac{K_y}{K_x}\right)^{\frac{1}{2}}+\left(\frac{K_x}{K_y}\right)^{\frac{1}{2}},\tag{3-57}$$

其中, K_x, K_y 分别表示在 x, y 方向上的绝对渗透率.

类似地, 采用全隐式有限差分可将累积项 $A_{i,j,k}=[A_{oi,j,k}, A_{wi,j,k}, A_{pi,j,k}, A_{si,j,k}, A_{\mathrm{OH}i,j,k}]^{\mathrm{T}}$ 表示为

$$A_{oi,j,k}^{n+1}=\frac{V_{i,j,k}}{\Delta t^n}\frac{\phi_{i,j,k}^{n+1}\left(1-S_{wi,j,k}^{n+1}\right)}{B_{oi,j,k}^{n+1}},\quad A_{oi,j,k}^{n}=\frac{V_{i,j,k}}{\Delta t^n}\frac{\phi_{i,j,k}^{n}\left(1-S_{wi,j,k}^{n}\right)}{B_{oi,j,k}^{n}},\tag{3-58}$$

$$A_{wi,j,k}^{n+1}=\frac{V_{i,j,k}}{\Delta t^n}\frac{\phi_{i,j,k}^{n+1}S_{wi,j,k}^{n+1}}{B_{wi,j,k}^{n+1}},\quad A_{wi,j,k}^{n}=\frac{V_{i,j,k}}{\Delta t^n}\frac{\phi_{i,j,k}^{n}S_{wi,j,k}^{n}}{B_{wi,j,k}^{n}},\tag{3-59}$$

$$A_{pi,j,k}^{n+1}=\frac{V_{i,j,k}}{\Delta t^n}\left[\rho_r\left(1-\phi_{i,j,k}^{n+1}\right)C_{rpi,j,k}^{n+1}+\frac{\phi_{pi,j,k}^{n+1}S_{wi,j,k}^{n+1}c_{pi,j,k}^{n+1}}{B_{wi,j,k}^{n+1}}\right],$$

$$A_{pi,j,k}^{n}=\frac{V_{i,j,k}}{\Delta t^n}\left[\rho_r\left(1-\phi_{i,j,k}^{n}\right)C_{rpi,j,k}^{n}+\frac{\phi_{pi,j,k}^{n}S_{wi,j,k}^{n}c_{pi,j,k}^{n}}{B_{wi,j,k}^{n}}\right],\tag{3-60}$$

$$A_{si,j,k}^{n+1}=\frac{V_{i,j,k}}{\Delta t^n}\left[\frac{\phi_{si,j,k}^{n+1}S_{oi,j,k}^{n+1}c_{osi,j,k}^{n+1}}{B_{oi,j,k}^{n+1}}+\frac{\phi_{si,j,k}^{n+1}S_{wi,j,k}^{n+1}c_{wsi,j,k}^{n+1}}{B_{wi,j,k}^{n+1}}+\rho_r\left(1-\phi_{i,j,k}^{n+1}\right)C_{rsi,j,k}^{n+1}\right],$$

3.2 三元复合驱数学模型的有限差分求解

$$A_{si,j,k}^n = \frac{V_{i,j,k}}{\Delta t^n} \left[\frac{\phi_{si,j,k}^n S_{oi,j,k}^n c_{osi,j,k}^n}{B_{oi,j,k}^n} + \frac{\phi_{si,j,k}^n S_{wi,j,k}^n c_{wsi,j,k}^n}{B_{wi,j,k}^n} + \rho_r \left(1 - \phi_{i,j,k}^n\right) C_{rsi,j,k}^n \right], \tag{3-61}$$

$$A_{\text{OH}i,j,k}^{n+1} = \frac{V_{i,j,k}}{\Delta t^n} \left[\frac{K_a}{\left(1 + K_b c_{\text{OH}i,j,k}^{n+1}\right)^2} \left(1 - \phi_{i,j,k}^{n+1}\right) S_{wi,j,k}^{n+1} c_{\text{OH}i,j,k}^{n+1} + \frac{\phi_{i,j,k}^{n+1} S_{wi,j,k}^{n+1} c_{\text{OH}i,j,k}^{n+1}}{B_{wi,j,k}^{n+1}} \right],$$

$$A_{\text{OH}i,j,k}^n = \frac{V_{i,j,k}}{\Delta t^n} \left[\frac{K_a}{\left(1 + K_b c_{\text{OH}i,j,k}^n\right)^2} \left(1 - \phi_{i,j,k}^n\right) S_{wi,j,k}^n c_{\text{OH}i,j,k}^n + \frac{\phi_{i,j,k}^n S_{wi,j,k}^n c_{\text{OH}i,j,k}^n}{B_{wi,j,k}^n} \right], \tag{3-62}$$

边界条件 (3-7) 可以表示为

$$\frac{\partial \boldsymbol{x}}{\partial x} = 0, \quad \frac{\partial \boldsymbol{x}}{\partial y} = 0, \quad \frac{\partial \boldsymbol{x}}{\partial z} = 0, \quad \forall (x,y,z) \in \partial \Omega. \tag{3-63}$$

上式可采用全隐式有限差分离散为

$$\boldsymbol{x}_{0,j,k} = \boldsymbol{x}_{1,j,k}, \quad \boldsymbol{x}_{n_x+1,j,k} = \boldsymbol{x}_{n_x,j,k}, \quad j = 1,2,\cdots,n_y, \quad k = 1,2,\cdots,n_z, \tag{3-64}$$

$$\boldsymbol{x}_{i,0,k} = \boldsymbol{x}_{i,1,k}, \quad \boldsymbol{x}_{i,n_y+1,k} = \boldsymbol{x}_{i,n_y,k}, \quad i = 1,2,\cdots,n_x, \quad k = 1,2,\cdots,n_z, \tag{3-65}$$

$$\boldsymbol{x}_{i,j,0} = \boldsymbol{x}_{i,j,1}, \quad \boldsymbol{x}_{i,j,n_z+1} = \boldsymbol{x}_{i,j,n_z}, \quad i = 1,2,\cdots,n_x, \quad j = 1,2,\cdots,n_y. \tag{3-66}$$

初始条件 (3-6) 可用全隐式有限差分离散化为

$$\boldsymbol{x}_{i,j,k}^0 = \boldsymbol{x}(x_i, y_j, z_k, 0), \quad i = 1,\cdots,n_x, \quad j = 1,\cdots,n_y, \quad k = 1,\cdots,n_z. \tag{3-67}$$

至此, 在时域和空间域上连续的三元复合驱偏微分系统 (3-1)~(3-7) 已经通过全隐式有限差分法离散化为一系列非线性隐式差分代数方程组, 具体形式见公式 (3-47).

3.2.2 数学模型方程组求解

采用有限差分法将偏微分方程组转化为差分代数方程组后, 引入 Newton-Raphson 法[119] 进行求解:

$$\left.\frac{\partial \boldsymbol{G}^n}{\partial \tilde{\boldsymbol{x}}^{n+1}}\right|_{\tilde{\boldsymbol{x}}^{n+1,l}} \delta \tilde{\boldsymbol{x}}^{n+1,l} = -\boldsymbol{G}^n\left(\tilde{\boldsymbol{x}}^{n+1}, \tilde{\boldsymbol{x}}^n, \boldsymbol{u}^n\right), \tag{3-68}$$

$$\tilde{\boldsymbol{x}}^{n+1,l+1} = \tilde{\boldsymbol{x}}^{n+1,l} + \delta \tilde{\boldsymbol{x}}^{n+1,l}, \tag{3-69}$$

式中, l 表示迭代次数, $\tilde{x}^{n+1,l}$ 表示第 l 次迭代的离散状态向量, $\left.\dfrac{\partial G^n}{\partial \tilde{x}^{n+1}}\right|_{\tilde{x}^{n+1,l}}$ 为雅可比矩阵, 计算公式如下:

$$\left.\frac{\partial G^n}{\partial \tilde{x}^{n+1}}\right|_{\tilde{x}^{n+1,l}} = \frac{\partial F^{n+1}}{\partial \tilde{x}^{n+1,l}} + \frac{\partial W^{n+1}}{\partial \tilde{x}^{n+1,l}} - \frac{\partial A^{n+1}}{\partial \tilde{x}^{n+1,l}}. \tag{3-70}$$

通过求解公式 (3-68) 可得 $\delta \tilde{x}^{n+1,l}$, $\tilde{x}^{n+1,l+1}$ 的更新通过公式 (3-69) 实现. 算法每一步迭代的具体实现过程如图 3-2 所示, 其中, ε 为设定的精度. 在得到的隐式差分代数方程组的基础上, 通过迭代求解, 得到整个空间的状态.

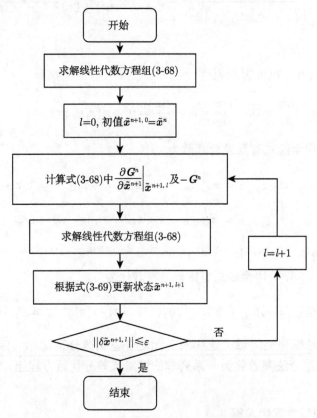

图 3-2 Newton-Raphson 求解过程

3.3 三元复合驱最优控制模型

三元复合驱是一种重要的提高原油采收率的生产方式, 在生产实践中, 往往需要根据已知条件和油藏参数, 在设定的指标下, 制订最佳的生产方案. 该问题的本

3.3 三元复合驱最优控制模型

质是一个复杂偏微分分布参数最优控制问题. 本节中, 我们综合考虑油藏开发的实际情况, 结合上述的油藏模型, 建立三元复合驱最优控制模型.

3.3.1 性能指标

三元复合驱最优控制问题的本质是确定每口注入井的驱替剂 (碱、表面活性剂、聚合物) 注入浓度 $c_{\Theta in}$ 以及段塞尺寸 T_i 和驱油结束时间 t_f, 使得相应的性能指标达到最优. 通常, 三元复合驱的性能指标包括总利润最大、生产成本最小、总产量最大等, 在实际应用中往往根据需要进行选择. 这里, 我们选取净现值作为性能指标[120], 定义如下:

$$\max J = \int_{t_0}^{t_f} (1+\chi)^{-t/t_a} \left\{ \iiint_{\Omega} [P_{\text{oil}}(1-f_w)\tilde{q}_{\text{out}}(t) - \sum_{\Theta} P_{\Theta}\tilde{q}_{\text{in}} u_{\Theta}(t)] d\sigma - P_{\text{cost}} \right\} dt, \tag{3-71}$$

其中, χ 表示折现率, t_a 表示折现周期, P_{oil} 和 P_{cost} 分别表示原油价格和每天的生产成本, P_{Θ} 表示三元驱替剂的价格.

3.3.2 支配方程

三元复合驱的支配方程为油藏的渗流物理方程, 即 3.1 节中所述的三元复合驱数学模型 (3-1)~(3-5), 经过全隐式有限差分离散化后, 可以写为如下形式:

$$g(\dot{x}, x, x_x, x_y, x_z, x_{xx}, x_{yy}, x_{zz}, u_{\Theta}) = 0, \tag{3-72}$$

$$\left. \frac{\partial x}{\partial n} \right|_{\partial \Omega} = 0, \tag{3-73}$$

$$x(x, y, z, 0) = x^0(x, y, z), \tag{3-74}$$

其中, 式 (3-72) 表示离散化后系统的渗流机理方程, $\dot{x} = \partial x/\partial t$, $x_l = \partial x/\partial l$, $x_{ll} = \partial^2 x/\partial l^2$, $l = x, y, z$ 分别表示状态变量对于时间和各个方向的导数, u_{Θ} 表示驱替剂的注入浓度 $c_{\Theta in}$, $\Theta = \{\text{OH}, s, p\}$, 公式 (3-73) 为支配方程的边界条件, 公式 (3-74) 为初始条件.

3.3.3 优化变量

在实际采油过程中, 驱替液中各成分的浓度都是配制而成的, 很难做到浓度的连续改变. 因此, 采用段塞注入方式[35] 改变注入浓度, 该方法把整个注入过程分成若干阶段, 在每个阶段内, 以固定的浓度连续注入驱替液. 对于一个 P 段塞注入, 注入浓度可以表示为

$$c_{\Theta in}(t) = \begin{cases} u_{\Theta i,j}(k), & t_{k-1} \leqslant t \leqslant t_k, \quad k = 1, 2, \cdots, P, \\ 0, & t_{k-1} \leqslant t \leqslant t_f, \quad k = P+1, \end{cases} \tag{3-75}$$

其中，$u_{\Theta i,j}(k)$ 表示位置 (i,j) 处的注入井第 k 个段塞的驱替剂 Θ 的注入浓度，P 表示段塞数，$T_i = t_k - t_{k-1}$ 表示第 k 个段塞的时间长度. 由于模型设定的驱替剂注入速度保持恒定, 每个段塞的尺寸 (驱替剂注入量) 由段塞大小 (注入浓度) 和段塞长度确定. 在 P 个段塞后注入水驱, $c_{\Theta \text{in}} \equiv 0$. 一个三段塞的注入方式具体如图 3-3 所示.

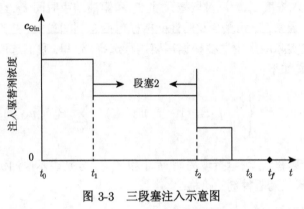

图 3-3　三段塞注入示意图

3.3.4　约束条件

(1) 驱替剂用量约束

$$\sum_{i=1}^{P}\left(\iiint_\Omega \tilde{q}_{\text{in}} \boldsymbol{u}_\Theta \mathrm{d}\sigma \cdot T_i\right) \leqslant \boldsymbol{M}_{\Theta \max},\quad \Theta = \{p, s, \text{OH}\}, \tag{3-76}$$

其中, $\boldsymbol{M}_{\Theta \max}$ 表示驱替剂的最大用量.

(2) 注入浓度约束

$$0 \leqslant \boldsymbol{u}_\Theta \leqslant \boldsymbol{u}_{\Theta \max},\quad \Theta = \{p, s, \text{OH}\}, \tag{3-77}$$

其中, $\boldsymbol{u}_{\Theta \max}$ 表示驱替剂的容许最大注入浓度.

(3) 终端约束

在实际生产中, 终端约束通常包括两种, 一种是仅固定终端时间, 即通过控制整个驱油周期 t_f, 结束采油; 另外一种是终端时间不固定, 通过控制含水率的水平, 即加入三元驱替剂驱油后, 含水率再度达某个水平, 驱油结束, 具体如下:

$$f_w|_{t=t_f} = 98\%. \tag{3-78}$$

3.4　三元复合驱最优控制问题的必要条件

三元复合驱采油是一个复杂的耦合偏微分方程系统, 内含有多个分布参数, 直

3.4 三元复合驱最优控制问题的必要条件

接针对连续系统推导必要条件十分困难, 因此, 本节在 3.2 节全隐式有限差分离散化的基础上, 采用先离散化再求梯度的方法, 根据离散极大值原理推导三元复合驱最优控制问题的必要条件.

3.4.1 离散三元复合驱最优控制的一般形式

根据 3.2 节所述的全隐式有限差分离散过程, 三元复合驱的最优控制问题可写成如下一般形式:

$$\max \quad J = \sum_{n=0}^{N-1} J^n = \sum_{n=0}^{N-1} \Delta t^n (1+\chi)^{-n} \Bigg[P_{\text{oil}} \sum_{(x,y,z) \in \psi_{\text{out}}} (1 - f_{wi,j}^{n+1}) q_{\text{out}i,j}^n$$

$$- \sum_{(x,y,z) \in \psi_{\text{in}}} \sum_{\Theta} P_{\Theta} q_{\text{in}i,j}^n \boldsymbol{u}_{\Theta i,j}^n - P_{\text{cost}i,j}^n \Bigg], \tag{3-79}$$

$$\text{s.t.} \quad \boldsymbol{G}^n \left(\tilde{\boldsymbol{x}}^{n+1}, \tilde{\boldsymbol{x}}^n, \boldsymbol{u}_{\Theta}^n, n \right) = \boldsymbol{0}, \quad n = 0, \cdots, N-1, \tag{3-80}$$

$$\tilde{\boldsymbol{x}}|_{n=0} = \tilde{\boldsymbol{x}}^0, \tag{3-81}$$

$$\sum_{n=0}^{N-1} \Delta t^n \sum_{(x,y,z) \in \psi_w} \sum_{\Theta} q_{\text{in}i,j}^n \boldsymbol{u}_{\Theta i,j}^n \leqslant \boldsymbol{M}_{\Theta \max}, \tag{3-82}$$

$$\boldsymbol{0} \leqslant \boldsymbol{u}_{\Theta}^n \leqslant \boldsymbol{u}_{\Theta \max}, \tag{3-83}$$

$$f_w^N = 98\%, \tag{3-84}$$

这里, 我们暂定选取含水率的终端约束为 $f_w^N = 98\%$, 其中, N 表示总的时间段, $\psi_{\text{out}}, \psi_{\text{in}}$ 分别表示生产井和注入井的位置, $\boldsymbol{u}_{\Theta}$ 表示优化变量, 即三种驱替剂 (碱、表面活性剂和聚合物) 的浓度. 公式 (3-80) 是公式 (3-72) 的全隐式有限差分离散后的表达式.

3.4.2 离散三元复合驱最优控制的必要条件

根据 3.4.1 节中的最优控制问题, 构造离散的增广性能指标

$$J_A = \sum_{n=0}^{N-1} \left[J^n \left(\tilde{\boldsymbol{x}}^{n+1}, \boldsymbol{u}_{\Theta}^n, n \right) + \left(\tilde{\boldsymbol{\lambda}}^{n+1} \right)^{\text{T}} \boldsymbol{G}^n \left(\tilde{\boldsymbol{x}}^{n+1}, \tilde{\boldsymbol{x}}^n, \boldsymbol{u}_{\Theta}^n, n \right) \right], \tag{3-85}$$

其中, $\tilde{\boldsymbol{\lambda}} = \left[\boldsymbol{\lambda}_{1,1,1}^{\text{T}}, \cdots, \boldsymbol{\lambda}_{i,j,k}^{\text{T}}, \cdots, \boldsymbol{\lambda}_{n_x,n_y,n_z}^{\text{T}} \right]^{\text{T}}$ 是离散伴随向量, 且 $\boldsymbol{\lambda}_{i,j} = [\lambda_{oi,j,k}, \lambda_{wi,j,k}, \lambda_{pi,j,k}, \lambda_{si,j,k}, \lambda_{\text{OH}i,j,k}]^{\text{T}}$.

构造离散哈密顿函数

$$H^n \left(\tilde{\boldsymbol{x}}^{n+1}, \tilde{\boldsymbol{x}}^n, \boldsymbol{u}_{\Theta}^n, \tilde{\boldsymbol{\lambda}}^{n+1}, n \right) = J^n \left(\tilde{\boldsymbol{x}}^{n+1}, \boldsymbol{u}_{\Theta}^n, n \right) + \left(\tilde{\boldsymbol{\lambda}}^{n+1} \right)^{\text{T}} \boldsymbol{G}^n \left(\tilde{\boldsymbol{x}}^{n+1}, \tilde{\boldsymbol{x}}^n, \boldsymbol{u}_{\Theta}^n, n \right). \tag{3-86}$$

定理 3.1 三元复合驱离散最优控制问题 (3-79)~(3-84) 极值存在的必要条件为

(1) 伴随方程

$$\left(\frac{\partial \boldsymbol{G}^{n-1}}{\partial \tilde{\boldsymbol{x}}^n}\right)^{\mathrm{T}} \tilde{\boldsymbol{\lambda}}^n + \left(\frac{\partial \boldsymbol{G}^n}{\partial \tilde{\boldsymbol{x}}^n}\right)^{\mathrm{T}} \tilde{\boldsymbol{\lambda}}^{n+1} + \frac{\partial J^{n-1}}{\partial \tilde{\boldsymbol{x}}^n} = 0. \tag{3-87}$$

(2) 支配方程

$$\frac{\partial H^n}{\partial \tilde{\boldsymbol{\lambda}}^{n+1}} = \boldsymbol{G}^n\left(\tilde{\boldsymbol{x}}^{n+1}, \tilde{\boldsymbol{x}}^n, \boldsymbol{u}_\ominus^n, n\right) = 0. \tag{3-88}$$

(3) 终端横截条件

$$\frac{\partial J^{N-1}}{\partial \tilde{\boldsymbol{x}}^N} + \left(\tilde{\boldsymbol{\lambda}}^N\right)^{\mathrm{T}} \frac{\partial \boldsymbol{G}^{N-1}}{\partial \tilde{\boldsymbol{x}}^N} = 0. \tag{3-89}$$

(4) 最优控制

$$H^n\left(\tilde{\boldsymbol{x}}^{n+1}, \tilde{\boldsymbol{x}}^n, \boldsymbol{\lambda}^{n+1}, \boldsymbol{u}_{\ominus\mathrm{opt}}^n\right) = \max_{\boldsymbol{u}_\ominus^n} H^n\left(\tilde{\boldsymbol{x}}^{n+1}, \tilde{\boldsymbol{x}}^n, \boldsymbol{\lambda}^{n+1}, \boldsymbol{u}_\ominus^n\right), \tag{3-90}$$

其中, $\boldsymbol{u}_{\ominus\mathrm{opt}}^n$ 表示最优控制向量, 即碱、表面活性剂和聚合物的浓度.

证明 将哈密顿函数代入增广性能指标, 可得

$$J_A = \sum_{n=0}^{N-1} H^n\left(\tilde{\boldsymbol{x}}^{n+1}, \tilde{\boldsymbol{x}}^n, \boldsymbol{u}_\ominus^n, \tilde{\boldsymbol{\lambda}}^{n+1}, n\right). \tag{3-91}$$

定义变分 $\delta\tilde{\boldsymbol{x}}^{n+1}$, $\delta\tilde{\boldsymbol{x}}^n$, $\delta\boldsymbol{u}_\ominus^n$ 和 $\delta\tilde{\boldsymbol{\lambda}}^{n+1}$, 则增广指标的增量为

$$\begin{aligned}\Delta J_A = &\, J_A\left(\tilde{\boldsymbol{x}}^{n+1} + \delta\tilde{\boldsymbol{x}}^{n+1}, \tilde{\boldsymbol{x}}^n + \delta\tilde{\boldsymbol{x}}^n, \boldsymbol{u}_\ominus^n + \delta\boldsymbol{u}_\ominus^n, \tilde{\boldsymbol{\lambda}}^{n+1} + \delta\tilde{\boldsymbol{\lambda}}^{n+1}\right) \\ &- J_A\left(\tilde{\boldsymbol{x}}^{n+1}, \tilde{\boldsymbol{x}}^n, \boldsymbol{u}_\ominus^n, \tilde{\boldsymbol{\lambda}}^{n+1}\right).\end{aligned} \tag{3-92}$$

将上式用泰勒级数展开, 仅保留一阶线性项, 则公式 (3-91) 的变分为

$$\begin{aligned}\delta J_A = \sum_{n=0}^{N-1} \Bigg[&\left(\frac{\partial H^n}{\partial \tilde{\boldsymbol{x}}^{n+1}}\right)^{\mathrm{T}} \delta\tilde{\boldsymbol{x}}^{n+1} + \left(\frac{\partial H^n}{\partial \tilde{\boldsymbol{x}}^n}\right)^{\mathrm{T}} \delta\tilde{\boldsymbol{x}}^n \\ &+ \left(\frac{\partial H^n}{\partial \tilde{\boldsymbol{\lambda}}^{n+1}}\right)^{\mathrm{T}} \delta\tilde{\boldsymbol{\lambda}}^{n+1} + \left(\frac{\partial H^n}{\partial \boldsymbol{u}_\ominus^n}\right)^{\mathrm{T}} \delta\boldsymbol{u}_\ominus^n \Bigg].\end{aligned} \tag{3-93}$$

由于 $\delta\tilde{\boldsymbol{x}}^{n+1}$ 和 $\delta\tilde{\boldsymbol{x}}^n$ 不是相互独立的, 引入分部积分进行处理

$$\sum_{n=0}^{N-1} \left(\frac{\partial H^n}{\partial \tilde{\boldsymbol{x}}^{n+1}}\right)^{\mathrm{T}} \delta\tilde{\boldsymbol{x}}^{n+1} = \sum_{n=0}^{N-1} \left(\frac{\partial H^{n-1}}{\partial \tilde{\boldsymbol{x}}^n}\right)^{\mathrm{T}} \delta\tilde{\boldsymbol{x}}^n - \left(\frac{\partial H^{-1}}{\partial \tilde{\boldsymbol{x}}^0}\right)^{\mathrm{T}} \delta\tilde{\boldsymbol{x}}^0 + \left(\frac{\partial H^{N-1}}{\partial \tilde{\boldsymbol{x}}^N}\right)^{\mathrm{T}} \delta\tilde{\boldsymbol{x}}^N. \tag{3-94}$$

3.4 三元复合驱最优控制问题的必要条件

综合公式 (3-93) 和 (3-94), 可得

$$\delta J_{\boldsymbol{A}} = \sum_{n=0}^{N-1}\left(\frac{\partial H^{n-1}}{\partial \tilde{\boldsymbol{x}}^n} + \frac{\partial H^n}{\partial \tilde{\boldsymbol{x}}^n}\right)^{\mathrm{T}} \delta \tilde{\boldsymbol{x}}^n - \left(\frac{\partial H^{-1}}{\partial \tilde{\boldsymbol{x}}^0}\right)^{\mathrm{T}} \delta \tilde{\boldsymbol{x}}^0 + \left(\frac{\partial H^{N-1}}{\partial \tilde{\boldsymbol{x}}^N}\right)^{\mathrm{T}} \delta \tilde{\boldsymbol{x}}^N$$

$$+ \sum_{n=0}^{N-1} \left(\frac{\partial H^n}{\partial \tilde{\boldsymbol{\lambda}}^{n+1}}\right)^{\mathrm{T}} \delta \tilde{\boldsymbol{\lambda}}^{n+1} + \sum_{n=0}^{N-1} \left(\frac{\partial H^n}{\partial \boldsymbol{u}_\Theta^n}\right)^{\mathrm{T}} \delta \boldsymbol{u}_\Theta^n. \tag{3-95}$$

由庞特里亚金极大值原理可知, 三元复合驱最优控制问题的必要条件为泛函变分为 0, $\delta J_{\boldsymbol{A}} = 0$, 即公式 (3-95) 中各项为零.

由 $\delta \tilde{\boldsymbol{x}}^n$ 取值任意, 可得

$$\frac{\partial H^{n-1}}{\partial \tilde{\boldsymbol{x}}^n} + \frac{\partial H^n}{\partial \tilde{\boldsymbol{x}}^n} = 0. \tag{3-96}$$

将哈密顿函数 (3-86) 代入公式 (3-96), 即可证得三元复合驱最优控制问题的伴随方程, 即公式 (3-87).

由 $\delta \tilde{\boldsymbol{\lambda}}^{n+1}$ 取值任意, 可得

$$\frac{\partial H^n}{\partial \tilde{\boldsymbol{\lambda}}^{n+1}} = 0. \tag{3-97}$$

由此, 公式 (3-88) 得证.

由于初始状态已知, 可得 $\delta \tilde{\boldsymbol{x}}^0 = 0$, 公式 (3-95) 中第二项取值恒为零. 但是系统的终端状态未知, $\delta \tilde{\boldsymbol{x}}^N$ 取值任意, 可得

$$\frac{\partial H^{N-1}}{\partial \tilde{\boldsymbol{x}}^N} = 0. \tag{3-98}$$

将哈密顿函数代入上式, 则终端横截条件公式 (3-89) 得证.

当满足上述三个条件时, 性能指标的变分可写成

$$\delta J_{\boldsymbol{A}} = \sum_{n=0}^{N-1}\left(\frac{\partial H^n}{\partial \boldsymbol{u}_\Theta^n}\right)^{\mathrm{T}} \delta \boldsymbol{u}_\Theta^n. \tag{3-99}$$

根据庞特里亚金极大值原理, 当系统控制存在约束时, 离散性能指标 (3-79) 取极大值的必要条件为公式 (3-90). 证毕.

性能指标对控制变量的梯度为

$$\nabla J\left(\boldsymbol{u}_\Theta^n\right) = \frac{\partial H^n}{\partial \boldsymbol{u}_\Theta^n} = \frac{\partial J^n}{\partial \boldsymbol{u}_\Theta^n} + \left(\frac{\partial \boldsymbol{G}^n}{\partial \boldsymbol{u}_\Theta^n}\right)^{\mathrm{T}} \delta \tilde{\boldsymbol{\lambda}}^{n+1}. \tag{3-100}$$

将性能指标 (3-79) 和支配方程 (3-80) 代入式 (3-100), 可得三元复合驱最优控制梯度:

$$\nabla J\left(u_{\Theta i,j}^n\right) = \Delta t^n (1+\chi)^{-n} \left(\lambda_{\Theta i,j}^{n+1} - P_\Theta\right) q_{\mathrm{ini},j}^n. \tag{3-101}$$

至此, 三元复合驱最优控制问题, 可采用基于梯度的数值求解方法结合公式 (3-101) 进行迭代求解.

3.5 本章小结

本章在三元复合驱渗流机理的基础上，首先，全面考虑了碱、表面活性剂和聚合物对油、水驱替渗流机理的影响，建立了三元复合驱采油的数学模型，并给出了物化代数方程的具体修正形式. 其次，采用全隐式有限差分法对模型进行离散化，针对离散获得的代数方程组，通过 Newton-Raphson 法进行数值求解，给出了具体的实现步骤. 然后，以净现值最大为性能指标，以三元复合驱渗流数学模型为支配方程，以三元驱替剂的注入浓度、段塞长度和驱油结束时间为优化变量，以终端状态约束、注入浓度约束和驱替剂总用量约束为约束条件，建立了三元复合驱最优控制模型. 最后，采用"先离散再求梯度"的方法，推导了三元复合驱最优控制问题的极值存在的必要条件，并给出了相应的梯度表达形式.

第4章 基于正交函数近似的控制变量不连续最优控制求解

对于一般的最优控制问题, 多利用变分法和庞特里亚金极大值原理进行求解, 在求解过程中, 需要求解 Hamilton-Jacobi-Bellman (HJB) 方程或者两点边值问题, 往往很难求解, 而且在通常情况下都无法得到问题的解析解. 因此, 就需要通过数值方法来确定连续问题的近似解.

直接法将连续最优控制问题转化为非线性规划, 从而采用成熟的非线性规划算法求解. 具有如下的优点: 无须推导最优条件和猜测协态变量, 收敛半径大. 在直接法中, 通过正交函数对最优控制问题进行逼近, 将最优控制问题转化成相应的离散非线性规划问题, 能方便地求出原最优控制问题的数值解. 使用正交函数对最优控制问题中的控制变量和状态变量进行逼近, 既保留了直接法求解最优控制问题的优势, 同时也拥有了正交函数逼近求解收敛速度快的优点[121]. 因此, 采用正交函数近似求解最优控制具有重要的意义.

然而, 对于带有不连续控制变量的最优控制问题, 例如控制是分段连续的, 或者包含一系列弧和间断点, 常规的方法难以直接用于求解, 需要进行一些特殊处理. 本章提出了一种基于自适应正交函数近似的最优控制求解方法, 采用非均匀控制向量参数化处理间断点, 将控制问题转换为多个子问题进行处理. 分别针对两种常见的正交函数 (高斯伪谱和有理 Haar 函数) 进行研究. 通过引入自适应策略, 根据误差信息自适应调整正交函数的级数, 提出了一种具有最优性验证的控制结构检测方法, 将相似子区间进行合并, 并确保解的最优性. 最后, 将该方法分别用于求解三元复合驱一维和三维模型的最优控制问题, 得到最佳的注采策略.

4.1 问题描述

不失一般性, 考虑具有如下形式的 Bloza 最优控制问题:

$$\min_{\boldsymbol{u}} \quad J = \varphi(\boldsymbol{x}(t_{\boldsymbol{f}}), t_{\boldsymbol{f}}) + \int_{t_0}^{t_f} F(\boldsymbol{x}(t), \boldsymbol{u}(t), t) \mathrm{d}t,$$

$$\text{s.t.} \begin{cases} \dot{x}(t) = f(x(t), u(t), t), \quad x(0) = x_0, \\ g(x(t), u(t), t) \leqslant 0, \\ h(x(t), t) \leqslant 0, \\ a(x(t_f), t_f) \leqslant 0, \\ b(x(t_f), t_f) = 0, \quad t \in [t_0, t_f], \end{cases} \quad (4\text{-}1)$$

其中, $x(t) \in \mathbb{R}^n$ 为问题状态, 初始时间记为 t_0, 终止时间记为 t_f(自由/固定). $g(\cdot)$ 表示混合状态-控制不等式约束函数, $h(\cdot)$ 表示纯状态不等式约束函数, $a(\cdot)$ 和 $b(\cdot)$ 分别表示终端时刻的不等式和等式约束函数.

函数 $\varphi, F, f, g, h, a, b$ 分别满足

$$\varphi : \mathbb{R}^n \times \mathbb{R} \to \mathbb{R},$$
$$F : \mathbb{R}^n \times \mathbb{R}^m \times \mathbb{R} \to \mathbb{R},$$
$$f : \mathbb{R}^n \times \mathbb{R}^m \times \mathbb{R} \to \mathbb{R}^n,$$
$$g : \mathbb{R}^n \times \mathbb{R}^m \times \mathbb{R} \to \mathbb{R}^p,$$
$$h : \mathbb{R}^n \times \mathbb{R}^m \times \mathbb{R} \to \mathbb{R}^q,$$
$$a : \mathbb{R}^n \times \mathbb{R} \to \mathbb{R}^s,$$
$$b : \mathbb{R}^n \times \mathbb{R} \to \mathbb{R}^w,$$

且分别关于其所有参数为连续可微的.

对于形如公式 (4-1) 的最优控制问题, 极值存在的必要条件可以由庞特里亚金极大值原理得到

$$\max_{u(t)} \quad H(t) = -F(\cdot) + \tilde{\lambda}^{\mathrm{T}} f(\cdot) + \tilde{\mu}^{\mathrm{T}} g(\cdot),$$

$$\begin{cases} \dot{x}(t) = \dfrac{\partial H}{\partial \tilde{\lambda}}, \quad x(t_0) = x_0, \\ \dot{\tilde{\lambda}}^{\mathrm{T}}(t) = -\dfrac{\partial H}{\partial x}, \quad \tilde{\lambda}^{\mathrm{T}}(t_f) = \dfrac{\partial \varphi}{\partial x_f} + \tilde{v}^{\mathrm{T}} \dfrac{\partial a}{\partial x_f}, \\ \tilde{\mu}^{\mathrm{T}} g(\cdot) = 0, \quad \tilde{v}^{\mathrm{T}} a(x(t_f), t_f) = 0, \\ \dfrac{\partial H}{\partial u} = -\dfrac{\partial F}{\partial u} + \tilde{\lambda}^{\mathrm{T}} \dfrac{\partial f}{\partial u} + \tilde{\mu}^{\mathrm{T}} \dfrac{\partial g}{\partial u} = 0, \end{cases} \quad (4\text{-}2)$$

其中, $\tilde{\lambda}(t) \in \mathbb{R}^{n_\lambda}$ 表示伴随变量, $\tilde{\mu}(t)$ 和 $\tilde{v}$ 分别表示与路径约束和终端约束对应的拉格朗日乘子, 需满足如下条件:

$$\tilde{\mu}_i(t) \begin{cases} = 0, \quad g_i(\cdot) < 0, \\ > 0, \quad g_i(\cdot) = 0, \end{cases} \quad i = 1, 2, \cdots, n_g, \quad (4\text{-}3)$$

4.2 基于自适应正交函数近似的最优控制求解方法

$$\tilde{v}_j(t) \begin{cases} = 0, & a_j(x(t_f)) < 0, \\ > 0, & a_j(x(t_f)) = 0, \end{cases} \quad i = 1, 2, \cdots, n_a. \tag{4-4}$$

考虑公式 (4-1) 描述的最优控制问题的控制变量不连续的情况, 如控制由一系列的弧构成, 每个弧都由一系列的有效约束限定, 相邻两个弧之间由切换点分割或者跳跃.

无论是采用直接法还是间接法, 此类最优控制问题的求解都十分困难. 如果采用间接法求解, 需要根据最优解的不连续情况对最优控制的必要条件进行修改, 方法缺乏一般性; 如果采用直接法求解, 控制通常采用分段光滑函数进行近似, 会导致计算效率低、病态等问题. 为了解决此类问题, 本章提出了基于正交函数近似的最优控制求解方法.

4.2 基于自适应正交函数近似的最优控制求解方法

4.2.1 基于约束凝聚的约束处理

约束凝聚方法是由 Kreisselmeier 和 Steinhauser[122] 在 1983 年提出的, 其主要思想为采用 KS 函数将路径约束处理为终端约束, 从而降低约束的维数. KS 函数具有如下形式:

$$\text{KS}(h(x), \rho) = \frac{1}{\rho} \ln \left[\sum_{j=1}^{N_c} e^{\rho h_j(x)} \right], \tag{4-5}$$

其中, N_c 表示路径约束 $h_j(x)$ 的数量, ρ 为近似参数.

KS 函数能够产生一个 C_1 连续的包络面, 从而对函数集 $\{h(x)\}$ 的最大值进行合理估计, 具有如下性质[122]:

(a) 对于任意 $\rho > 0$, 满足如下关系:

$$\begin{aligned} \max[h(x)] &\leqslant \text{KS}(h(x), \rho) \leqslant \max[h(x)] + \frac{1}{\rho} \ln N_c, \\ \lim_{\rho \to \infty} \text{KS}(h(x), \rho) &= \max[h(x)]. \end{aligned} \tag{4-6}$$

(b) 如果 $\rho_2 > \rho_1 > 0$, 则 $\text{KS}(h(x), \rho_1) \geqslant \text{KS}(h(x), \rho_2)$.

(c) 当且仅当所有的约束 $h(x)$ 为凸时, $\text{KS}(h(x), \rho)$ 为凸函数.

根据以上性质可知, KS 函数是对当前可行域的欠估计, ρ 越大, 对最大约束的估计就越准确, 但是 KS 函数的光滑性会变差, 这一点从图 4-1 和图 4-2 中可以明显地看到. 另外, 如果初始问题是凸的, 经过 KS 函数处理之后的问题也是凸的.

下面对采用 KS 函数将所有路径约束转换为终端约束的过程进行介绍.

考虑公式 (4-5) 中路径约束上的点约束, $t_i \in [t_0, t_f]$ 则有

$$\mathrm{KS}\left(h\left(x\right),\rho\right)=\frac{1}{\rho}\ln\left[\sum_{j=1}^{N_c}\sum_{i=1}e^{\rho h_j(x(t_i))}\right]. \tag{4-7}$$

通过引入脉冲函数 $\delta\left(t-t_i\right)$ 将上式变为连续形式

$$\mathrm{KS}\left(h\left(x\right),\rho\right)=\frac{1}{\rho}\ln\left[\int_{t_0}^{t_f}\sum_{j=1}^{N_c}\sum_{i=1}e^{\rho h_j(x(t_i))}\delta\left(t-t_i\right)\mathrm{d}t\right]. \tag{4-8}$$

定义一个新的状态 p，其导数为

$$\dot{p}=f_p=\sum_{j=1}^{N_c}\sum_{i=1}e^{\rho h_j(x(t_i))}\delta\left(t-t_i\right),\quad p\left(t_0\right)=0. \tag{4-9}$$

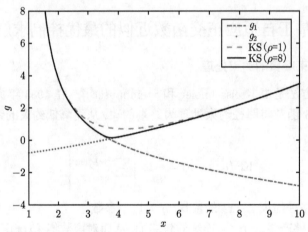

图 4-1 KS 函数对 $\max\left[g_1\left(x\right)=5/\lg\left(x\right)-0.2x-3,g_2\left(x\right)=x^2/40+x/5-1\right]$ 的估计

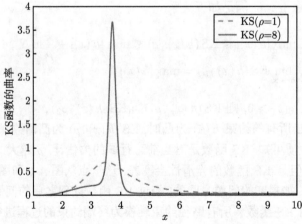

图 4-2 函数 $\max\left[g_1\left(x\right)=5/\lg\left(x\right)-0.2x-3,g_2\left(x\right)=x^2/40+x/5-1\right]$ 的 KS 曲线曲率

4.2 基于自适应正交函数近似的最优控制求解方法

将式 (4-9) 代入到式 (4-8) 中, 可得

$$\mathrm{KS}\left(h\left(x\right),\rho\right)=\frac{1}{\rho}\ln\left[p\left(t_{f}\right)-p\left(t_{0}\right)\right]. \tag{4-10}$$

由于 $h\left(\boldsymbol{x}\left(t\right),\boldsymbol{u}\left(t\right),t\right)\leqslant 0$, 处理后的约束满足如下条件:

$$\mathrm{KS}\left(h\left(x\right),\rho\right)\leqslant 0. \tag{4-11}$$

因此, 路径约束可以变为如下终端时刻约束,

$$p\left(\boldsymbol{x}\left(t_{\boldsymbol{f}}\right),\boldsymbol{u}\left(t_{\boldsymbol{f}}\right),t_{\boldsymbol{f}}\right)-1\leqslant 0. \tag{4-12}$$

另外, 为了简化公式 (4-1) 中的性能指标, 定义一个新的状态变量 q, 使其满足

$$\dot{q}=f_{q}=\phi\left(\boldsymbol{x}\left(t\right),\boldsymbol{u}\left(t\right),t\right),\quad q\left(t_{0}\right)=0. \tag{4-13}$$

$$q\left(\boldsymbol{x}\left(t_{\boldsymbol{f}}\right),\boldsymbol{u}\left(t_{\boldsymbol{f}}\right),t_{\boldsymbol{f}}\right)=\int_{t_{0}}^{t_{\boldsymbol{f}}}\phi\left(\boldsymbol{x}\left(t\right),\boldsymbol{u}\left(t\right),t\right)\mathrm{d}t. \tag{4-14}$$

令 $\boldsymbol{w}=[\boldsymbol{x},p,q]^{\mathrm{T}}$, $\boldsymbol{F}=[\boldsymbol{f},f_{p},f_{q}]^{\mathrm{T}}$, 公式 (4-1) 中的最优控制问题可以转换成如下形式:

$$\begin{aligned}\max_{\boldsymbol{u}(t),t_{\boldsymbol{f}}}\quad & J\left(\boldsymbol{u}\left(t\right),t_{\boldsymbol{f}}\right)=\theta\left(\boldsymbol{w}\left(t_{\boldsymbol{f}}\right),t_{\boldsymbol{f}}\right)+q\left(\boldsymbol{w}\left(t_{\boldsymbol{f}}\right),\boldsymbol{u}\left(t_{\boldsymbol{f}}\right),t_{\boldsymbol{f}}\right),\\ \mathrm{s.t.}\quad & \begin{cases}\dot{\boldsymbol{w}}\left(t\right)=\boldsymbol{F}\left(\boldsymbol{w}\left(t\right),\boldsymbol{u}\left(t\right),t\right),\\ p\left(\boldsymbol{w}\left(t_{\boldsymbol{f}}\right),\boldsymbol{u}\left(t_{\boldsymbol{f}}\right),t_{\boldsymbol{f}}\right)-1\leqslant 0,\\ \boldsymbol{N}\left(\boldsymbol{w}\left(t_{\boldsymbol{f}}\right),t_{\boldsymbol{f}}\right)\leqslant 0,\\ \boldsymbol{w}\left(t_{0}\right)=\left[\boldsymbol{x}_{0},p\left(t_{0}\right),q\left(t_{0}\right)\right]^{\mathrm{T}},\quad p\left(t_{0}\right)=q\left(t_{0}\right)=0.\end{cases}\end{aligned} \tag{4-15}$$

4.2.2 多阶段问题转化

为了处理控制变量的不连续性, 采用非均匀控制向量参数化[40,85] 将上述问题转化为一个多阶段优化问题, 主要思想为: 采用分段函数近似控制策略, 以便根据下文提出的具有最优性验证的控制结构检测方法, 对控制的不连续特性进行辨识.

将整个时域 $[t_0,t_{\boldsymbol{f}}]$ 离散为 K 个不均匀的时间段, 具体的时间节点为

$$t_{0}<t_{1}<t_{2}<\cdots<t_{K}=t_{\boldsymbol{f}}. \tag{4-16}$$

采用分段函数对每个子区间的控制进行近似, 即

$$u\left(t\right)=\hat{u}_{k},\quad t\in\left[t_{k-1},t_{k}\right],\quad k=1,2,\cdots,K. \tag{4-17}$$

定义一个新的时间变量 τ, 满足

$$\tau = \frac{t - t_{k-1}}{t_k - t_{k-1}}, \quad k = 1, 2, \cdots, K. \tag{4-18}$$

则, 每一个初始时间段 $t \in [t_{k-1}, t_k]$ 都被转化为区间 $\tau \in [0, 1]$.

对公式 (4-18) 两端取微分, 可得

$$\mathrm{d}\tau = \frac{1}{t_k - t_{k-1}} \mathrm{d}t, \quad 1 \leqslant k \leqslant K. \tag{4-19}$$

定义 $\boldsymbol{w}^{(k)}(\tau), \boldsymbol{u}^{(k)}(\tau)$ 为第 k 个时间段的状态和控制, 那么, 公式 (4-15) 可以写成

$$\max_{\boldsymbol{u}^{(k)}(\tau), t_k} J\left(\boldsymbol{u}^{(k)}(\tau), t_k\right) = \theta\left(\boldsymbol{w}^{(K)}(1), 1\right) + q\left(\boldsymbol{w}^{(K)}(1), \boldsymbol{u}^{(K)}(1), 1\right),$$

$$\text{s.t.} \begin{cases} \dot{\boldsymbol{w}}^{(k)}(\tau) = (t_k - t_{k-1}) \boldsymbol{F}\left(\boldsymbol{w}^{(k)}(\tau), \boldsymbol{u}^{(k)}(\tau), \tau\right), \\ p\left(\boldsymbol{w}^{(K)}(1), \boldsymbol{u}^{(K)}(1), 1\right) - 1 \leqslant 0, \\ \boldsymbol{N}\left(\boldsymbol{w}^{(K)}(1), 1\right) \leqslant 0, \\ \boldsymbol{w}^{(1)}(0) = \left[\boldsymbol{x}_0, p^{(1)}(0), q^{(1)}(0)\right]^{\mathrm{T}}, \quad p^{(1)}(0) = q^{(1)}(0) = 0, \\ \boldsymbol{w}^{(k)}(1) = \boldsymbol{w}^{(k+1)}(0), \quad 1 \leqslant k \leqslant K - 1. \end{cases} \tag{4-20}$$

其中, $\boldsymbol{w}^{(k)}(1) = \boldsymbol{w}^{(k+1)}(0)$ 是连接约束, 用来保证在相邻时间段状态变量的连续性. 公式 (4-20) 中的多阶段问题由 K 个子区间上的 K 个子问题构成, 最终的最优控制策略通过求解 K 个最优控制问题获得.

4.2.3 正交函数近似

采用正交函数对公式 (4-20) 中的最优控制问题进行近似处理, 通过将系统状态和控制进行近似转换为非线性规划, 从而采用成熟的数值优化算法进行求解. 高斯伪谱法和有理 Haar 函数法是两种重要的正交函数法. 由于其形式简单, 收敛速度快, 便于迭代求解, 收敛性和稳定性已经被许多学者证明, 本章分别采用高斯伪谱法和有理 Haar 函数法对上述最优控制问题进行近似求解.

4.2.3.1 基于高斯伪谱法近似

采用勒让德-高斯 (Legendre-Gauss, LG) 伪谱[95] 将每一个子区间的最优控制问题离散化为非线性规划. 在子区间 $k \in [1, 2, \cdots, K]$ 上取 N_k 个 LG 点, 构造 $N_k + 1$ 阶拉格朗日插值多项式, 则系统的状态 $\boldsymbol{w}$ 和控制 $\boldsymbol{u}$ 可近似为

$$\boldsymbol{w}^{(k)}(\tau) \approx \boldsymbol{W}^{(k)}(\tau) = \sum_{j=0}^{N_k} \boldsymbol{W}_j^{(k)} L_j^{(k)}(\tau), \tag{4-21}$$

4.2 基于自适应正交函数近似的最优控制求解方法

$$L_j^{(k)}(\tau) = \prod_{l=0,l\neq j}^{N_k} \frac{\tau - \tau_l^{(k)}}{\tau_j^{(k)} - \tau_l^{(k)}}, \quad j=0,1,2,\cdots,N_k, \tag{4-22}$$

$$\boldsymbol{u}^{(k)}(\tau) \approx \boldsymbol{U}^{(k)}(\tau) = \sum_{i=0}^{N_k} \boldsymbol{U}_i^{(k)} \hat{L}_i^{(k)}(\tau), \tag{4-23}$$

$$\hat{L}_i^{(k)}(\tau) = \prod_{l=0,l\neq i}^{N_k} \frac{\tau - \tau_l^{(k)}}{\tau_i^{(k)} - \tau_l^{(k)}}, \quad i=1,2,\cdots,N_k, \tag{4-24}$$

其中, $\tau_0^{(k)}, \tau_1^{(k)}, \cdots, \tau_{N_{k-1}}^{(k)}$ 表示定义在子区间上的 LG 插值点, $\tau^{(k)} \in [t_{k-1}, t_k)$, $\boldsymbol{W}^{(k)}(\tau), \boldsymbol{U}^{(k)}(\tau)$ 分别表示在相应子区间上近似的状态和控制.

对状态求关于 τ 的导数, 可得

$$\dot{\boldsymbol{W}}^{(k)}(\tau) = \sum_{j=0}^{N_k} \boldsymbol{W}_j^{(k)} \dot{L}_j^{(k)}(\tau). \tag{4-25}$$

拉格朗日插值多项式在每一个 LG 点的导数可以通过一个微分矩阵表述, 具体为

$$D_{sj}^{(k)} = \dot{L}_j^{(k)}(\tau) = \sum_{c=0}^{N_k} \frac{\prod_{l=0,l\neq j,c}^{N_k}\left(\tau_s - \tau_l^{(k)}\right)}{\prod_{l=0,l\neq j}^{N_k}\left(\tau_j^{(k)} - \tau_l^{(k)}\right)}, \quad s=0,1,2,\cdots,N_{k-1}. \tag{4-26}$$

因此, 系统的动态方程可以转化为如下代数方程

$$\sum_{j=0}^{N_k} D_{sj}^{(k)} \boldsymbol{W}_j^{(k)} - (t_k - t_{k-1}) \boldsymbol{F}\left(\boldsymbol{W}_s^{(k)}(\tau), \boldsymbol{U}_s^{(k)}(\tau), \tau\right) = 0. \tag{4-27}$$

由于同一个变量在 $\boldsymbol{W}_{N_k}^{(k)}(1)$ 和 $\boldsymbol{W}_0^{(k+1)}(0)$ 被计算了两次, 剔除重复计算的部分, 公式 (4-27) 可写成

$$\sum_{j=0}^{N_{k-1}} D_{sj}^{(k)} \boldsymbol{W}_j^{(k)} + D_{sN_k}^{(k)} \boldsymbol{W}_0^{(k+1)}$$

$$- (t_k - t_{k-1}) \boldsymbol{F}\left(\boldsymbol{W}_s^{(k)}(\tau), \boldsymbol{U}_s^{(k)}(\tau), \tau\right) = 0, \quad 1 \leqslant k \leqslant K-1.$$

$$\sum_{j=0}^{N_{k-1}} D_{sj}^{(K)} \boldsymbol{W}_j^{(K)} + D_{sN_k}^{(K)} \boldsymbol{W}_{N_k}^{(K)} - (t_K - t_{K-1}) \boldsymbol{F}\left(\boldsymbol{W}_s^{(K)}(\tau), \boldsymbol{U}_s^{(K)}(\tau), \tau\right) = 0. \tag{4-28}$$

综上所述, 公式 (4-20) 的最优控制问题可以通过高斯伪谱法近似为如下非线性规划:

$$
\max_{\boldsymbol{U}^{(k)}(\tau), t_k} J\left(\boldsymbol{U}^{(k)}(\tau), t_k\right) = \theta\left(\boldsymbol{W}_{N_k}^{(K)}(1)\right) + q\left(\boldsymbol{W}_{N_k}^{(K)}(1), \boldsymbol{U}_{N_k}^{(K)}(1)\right),
$$

$$
\text{s.t.} \begin{cases} \sum_{j=0}^{N_{k-1}} D_{sj}^{(k)} \boldsymbol{W}_j^{(k)} + D_{sN_k}^{(k)} \boldsymbol{W}_0^{(k+1)} \\ \quad - (t_k - t_{k-1}) \boldsymbol{F}\left(\boldsymbol{W}_s^{(k)}(\tau), \boldsymbol{U}_s^{(k)}(\tau), \tau\right) = 0, \quad 1 \leqslant k \leqslant K-1. \\ \sum_{j=0}^{N_{k-1}} D_{sj}^{(K)} \boldsymbol{W}_j^{(K)} + D_{sN_k}^{(K)} \boldsymbol{W}_{N_k}^{(K)} \\ \quad - (t_K - t_{K-1}) \boldsymbol{F}\left(\boldsymbol{W}_s^{(K)}(\tau), \boldsymbol{U}_s^{(K)}(\tau), \tau\right) = 0. \\ p\left(\boldsymbol{W}_{N_k}^{(K)}(1), \boldsymbol{U}_{N_k}^{(K)}(1)\right) - 1 \leqslant 0, \\ \boldsymbol{N}\left(\boldsymbol{W}_{N_k}^{(K)}(1)\right) \leqslant 0, \\ \boldsymbol{W}_0^{(1)}(0) = [\boldsymbol{x}_0, 0, 0]^{\mathrm{T}}, \\ \boldsymbol{W}_{N_k}^{(k)}(1) = \boldsymbol{W}_0^{(k+1)}(0). \end{cases}
$$

(4-29)

引入拉格朗日乘子向量, 构造公式 (4-29) 中非线性规划的增广性能指标如下:

$$
\begin{aligned}
J_f = & \theta\left(\boldsymbol{W}_{N_k}^{(K)}(1)\right) + q\left(\boldsymbol{W}_{N_k}^{(K)}(1), \boldsymbol{U}_{N_k}^{(K)}(1)\right) - \sum_{k=1}^{K-1}\sum_{s=0}^{N_{k-1}} \nu_s^{(k)} \\
& \cdot \left[\sum_{j=0}^{N_{k-1}} D_{sj}^{(k)} \boldsymbol{W}_j^{(k)} + D_{sN_k}^{(k)} \boldsymbol{W}_0^{(k+1)} - (t_k - t_{k-1}) \boldsymbol{F}\left(\boldsymbol{W}_s^{(k)}(\tau), \boldsymbol{U}_s^{(k)}(\tau), \tau\right)\right] \\
& - \sum_{s=0}^{N_{k-1}} \nu_s^{(K)} \cdot \left[\sum_{j=0}^{N_{k-1}} D_{sj}^{(K)} \boldsymbol{W}_j^{(K)} + D_{sN_k}^{(K)} \boldsymbol{W}_{N_k}^{(K)}\right. \\
& \left. - (t_K - t_{K-1}) \boldsymbol{F}\left(\boldsymbol{W}_s^{(K)}(\tau), \boldsymbol{U}_s^{(K)}(\tau), \tau\right)\right] \\
& - \boldsymbol{v}^{\mathrm{T}} \cdot \boldsymbol{N}\left(\boldsymbol{W}_{N_k}^{(K)}(1)\right) - \alpha \cdot \left[p\left(\boldsymbol{W}_{N_k}^{(K)}(1), \boldsymbol{U}_{N_k}^{(K)}(1)\right) - 1\right].
\end{aligned}
$$

(4-30)

其中, $\boldsymbol{v} \in \mathbb{R}^N$, $\alpha \in \mathbb{R}^n$, $\nu \in \mathbb{R}^{n_w}$ 为拉格朗日乘子向量.

对增广指标求关于各个变量的导数, 令导数等于零, 即可得到 KKT 最优条件. 通过求解 KKT 最优条件, 即可得到最优解.

4.2.3.2 基于有理 Haar 函数近似

采用文献 [123] 给出的有理 Haar 函数近似的方法将每一个子区间的最优控制问题离散化为非线性规划. 在子区间 k, 系统每一个状态关于时间的导数 $\dot{w}$ 和每一

4.2 基于自适应正交函数近似的最优控制求解方法

个控制变量 u 均可以近似为如下形式:

$$\frac{1}{t_k - t_{k-1}} \dot{w}_i^{(k)}(\tau) = \Phi_H^{\mathrm{T}}(\tau) W_i^{(k)}, \tag{4-31}$$

$$u_j^{(k)}(\tau) = \Phi_H^{\mathrm{T}}(\tau) U_j^{(k)}, \tag{4-32}$$

其中, $\Phi_H^{\mathrm{T}}(\tau) \in \mathbb{R}^{r \times 1}$ 表示操作矩阵, $i = 1, 2, \cdots, m$ 和 $j = 1, 2, \cdots, n$ 分别表示状态和控制的数量, W, U 表示有理 Haar 函数的系数.

推广到所有状态和控制, 假设 $\hat{\Phi}_w(\tau) = \boldsymbol{I}_n \otimes \Phi_H(\tau), \hat{\Phi}_u(\tau) = \boldsymbol{I}_m \otimes \Phi_H(\tau)$, 则

$$\frac{1}{t_k - t_{k-1}} \dot{\boldsymbol{w}}^{(k)}(\tau) = \hat{\Phi}_{\boldsymbol{w}}^{\mathrm{T}}(\tau) \boldsymbol{W}^{(k)}, \tag{4-33}$$

$$\boldsymbol{u}^{(k)}(\tau) = \hat{\Phi}_{\boldsymbol{u}}^{\mathrm{T}}(\tau) \boldsymbol{U}^{(k)}, \tag{4-34}$$

其中, $\boldsymbol{I}_n \in \mathbb{R}^{n \times n}, \boldsymbol{I}_m \in \mathbb{R}^{m \times m}$ 表示正定矩阵, $\otimes$ 为克罗内克积, $\boldsymbol{w}$ 表示系统所有的状态, $\boldsymbol{u}$ 表示系统所有的控制.

子区间 k 上系统的初始状态为

$$\boldsymbol{w}^{(k)}(0) = \hat{\Phi}_{\boldsymbol{w}}^{\mathrm{T}}(\tau) \boldsymbol{d}^{(k)}, \tag{4-35}$$

其中, $\boldsymbol{d}$ 是一个 $nr \times 1$ 的向量.

对公式 (4-20) 中系统的状态方程从 0 到 τ 进行积分, 可得

$$\boldsymbol{w}^{(k)}(\tau) = \hat{\Phi}_{\boldsymbol{w}}^{\mathrm{T}}(\tau) \left[\boldsymbol{d}^{(k)} + (t_k - t_{k-1}) \hat{P}^{\mathrm{T}} \boldsymbol{W}^{(k)} \right], \tag{4-36}$$

其中, $\hat{P}$ 表示积分操作矩阵.

系统的状态方程可以写为如下形式:

$$\hat{\Phi}_{\boldsymbol{w}}^{\mathrm{T}}(\tau) \boldsymbol{W}^{(k)} = \hat{\boldsymbol{f}}\left(\boldsymbol{W}^{(k)}, \boldsymbol{d}^{(k)}, \boldsymbol{U}^{(k)}, \tau\right) = \Phi_H^{\mathrm{T}}(\tau) \boldsymbol{F}^{(k)}, \tag{4-37}$$

其中,

$$\boldsymbol{F}^{(k)} = \left(F_1^{(k)}, F_2^{(k)}, \cdots, F_n^{(k)}\right)^{\mathrm{T}}, \left(F_i^{(k)}\right)^{\mathrm{T}} = \left[\hat{f}_1\left(\boldsymbol{W}^{(k)}, \boldsymbol{d}^{(k)}, \boldsymbol{U}^{(k)}, \frac{1}{2r}\right),\right.$$
$$\left.\hat{f}_2\left(\boldsymbol{W}^{(k)}, \boldsymbol{d}^{(k)}, \boldsymbol{U}^{(k)}, \frac{3}{2r}\right), \cdots, \hat{f}_n\left(\boldsymbol{W}^{(k)}, \boldsymbol{d}^{(k)}, \boldsymbol{U}^{(k)}, \frac{2r-1}{2r}\right)\right]^{\mathrm{T}} \hat{\Phi}_{r \times r}^{-1}.$$

由于同一个变量在 $\boldsymbol{w}^{(k)}(1)$ 和 $\boldsymbol{w}^{(k+1)}(0)$ 被计算了两次, 剔除重复计算部分, 系统的状态方程可以写成

$$\hat{\Phi}_{\boldsymbol{w}}^{\mathrm{T}}(\tau) \boldsymbol{W}^{(k)} + \hat{\Phi}_{\boldsymbol{w}}^{\mathrm{T}}(0) \boldsymbol{W}^{(k+1)} - \Phi_H^{\mathrm{T}}(\tau) \boldsymbol{F}^{(k)} = 0, \quad 1 \leqslant k \leqslant K-1,$$

$$\hat{\Phi}_{\boldsymbol{w}}^{\mathrm{T}}(\tau)\boldsymbol{W}^{(K)} - \Phi_{H}^{\mathrm{T}}(\tau)\boldsymbol{F}^{(K)} = 0. \tag{4-38}$$

综上所述,公式 (4-20) 的最优控制问题通过有理 Haar 函数近似为如下非线性规划:

$$\max_{\boldsymbol{U}^{(k)}(\tau), t_k} J\left(\boldsymbol{U}^{(k)}(\tau), t_k\right) = \theta\left(\boldsymbol{W}^{(K)}, \boldsymbol{d}^{(K)}, 1\right) + q\left(\boldsymbol{W}^{(K)}, \boldsymbol{d}^{(K)}, \boldsymbol{U}^{(K)}, 1\right),$$

$$\text{s.t.} \begin{cases} \hat{\Phi}_{\boldsymbol{w}}^{\mathrm{T}}(\tau)\boldsymbol{W}^{(k)} + \hat{\Phi}_{\boldsymbol{w}}^{\mathrm{T}}(0)\boldsymbol{W}^{(k+1)} - \Phi_{H}^{\mathrm{T}}(\tau)\boldsymbol{F}^{(k)} = 0, & 1 \leqslant k \leqslant K-1, \\ \hat{\Phi}_{\boldsymbol{w}}^{\mathrm{T}}(\tau)\boldsymbol{W}^{(K)} - \Phi_{H}^{\mathrm{T}}(\tau)\boldsymbol{F}^{(K)} = 0, \\ p\left(\boldsymbol{W}^{(K)}, \boldsymbol{d}^{(K)}, \boldsymbol{U}^{(K)}, 1\right) - 1 \leqslant 0, \\ \boldsymbol{N}\left(\boldsymbol{W}^{(K)}, \boldsymbol{d}^{(K)}, 1\right) \leqslant 0, \\ \boldsymbol{W}^{(1)}(0) = [\boldsymbol{x}_0, 0, 0]^{\mathrm{T}}, \\ \boldsymbol{W}^{(k)}(1) = \boldsymbol{W}^{(k+1)}(0). \end{cases}$$
$$\tag{4-39}$$

引入拉格朗日乘子向量,构造公式 (4-39) 中非线性规划的增广性能指标如下:

$$\begin{aligned} \tilde{J}_f = & \theta\left(\boldsymbol{W}^{(K)}, \boldsymbol{d}^{(K)}, 1\right) + q\left(\boldsymbol{W}^{(K)}, \boldsymbol{d}^{(K)}, \boldsymbol{U}^{(K)}, 1\right) \\ & - \tilde{\nu}_s^{(k)} \cdot \left[\hat{\Phi}_{\boldsymbol{w}}^{\mathrm{T}}(\tau)\boldsymbol{W}^{(k)} + \hat{\Phi}_{\boldsymbol{w}}^{\mathrm{T}}(0)\boldsymbol{W}^{(k+1)} - \Phi_{H}^{\mathrm{T}}(\tau)\boldsymbol{F}^{(k)}\right] \\ & - \tilde{\nu}_s^{(K)} \cdot \left[\hat{\Phi}_{\boldsymbol{w}}^{\mathrm{T}}(\tau)\boldsymbol{W}^{(K)} - \Phi_{H}^{\mathrm{T}}(\tau)\boldsymbol{F}^{(K)}\right] \\ & - \tilde{\boldsymbol{v}}^{\mathrm{T}} \cdot \boldsymbol{N}\left(\boldsymbol{W}^{(K)}, \boldsymbol{d}^{(K)}, 1\right) - \tilde{\alpha} \cdot \left[p\left(\boldsymbol{W}^{(K)}, \boldsymbol{d}^{(K)}, \boldsymbol{U}^{(K)}, 1\right) - 1\right], \end{aligned} \tag{4-40}$$

其中,$\tilde{\boldsymbol{v}} \in \mathbb{R}^N$,$\tilde{\alpha} \in \mathbb{R}^n$,$\tilde{\nu} \in \mathbb{R}^{n_w}$ 为拉格朗日乘子向量.

对增广指标求关于各个变量的导数,令导数等于零,即可得到 KKT 最优条件. 通过求解 KKT 最优条件,即可得到最优解.

4.2.4 自适应策略

在正交函数近似中,正交函数的级数 (如高斯伪谱中插值点个数、有理 Haar 函数中操作矩阵的维数) 选择,对整个求解过程都有很大影响; 若级数选取过小, 无法准确辨识控制变量的不连续性, 得不到最优解; 若级数选取过大, 计算负担则会大大加重. 对于传统的正交函数近似方法, 正交函数的级数往往事先给定, 缺乏合理的调整机制, 本节为正交函数引入自适应调整策略, 科学地权衡精度和计算量之间的矛盾, 从而为正交函数确定合理的级数. 为了统一描述, 下文中用级数表示高斯伪谱中插值点个数和有理 Haar 函数中操作矩阵的维数.

假设在区间 k 内通过正交函数近似获得的系统状态为 $\boldsymbol{W}_i^{(k)}\left(\widehat{\tau}^{(k)}\right)$, 定义如下误差:

$$E_i^{(k)}\left(\widehat{\tau}^{(k)}\right) = \left|\boldsymbol{w}_i^{(k)}\left(\widehat{\tau}^{(k)}\right) - \boldsymbol{W}_i^{(k)}\left(\widehat{\tau}^{(k)}\right)\right|, \tag{4-41}$$

$$e_i^{(k)}\left(\widehat{\tau}^{(k)}\right) = \frac{E_i^{(k)}\left(\widehat{\tau}^{(k)}\right)}{1 + \max\left|\boldsymbol{W}_i^{(k)}\left(\widehat{\tau}^{(k)}\right)\right|}, \tag{4-42}$$

其中, $i = 1, 2, \cdots, n$, $\boldsymbol{w}_i^{(k)}\left(\widehat{\tau}^{(k)}\right)$ 为状态的真实值, 通过公式 (4-42) 中系统的状态方程进行估计, 具体如下:

$$\widehat{\boldsymbol{w}}_i^{(k)}\left(\widehat{\tau}^{(k)}\right) = \boldsymbol{W}_i^{(k)}\left(\widehat{\tau}^{(k)}\right) + (t_k - t_{k-1})\boldsymbol{I} \cdot \boldsymbol{F}\left(\boldsymbol{W}^{(k)}(\tau), \boldsymbol{U}^{(k)}(\tau), \tau\right), \tag{4-43}$$

其中, $\boldsymbol{I}$ 为积分矩阵, 视具体的正交函数而定.

最大相对误差为

$$e_{\max}^{(k)} = \max_{i \in [1,2,\cdots,n_{x+2}], l \in [1,2,\cdots,B_k]} e_i^{(k)}\left(\widehat{\tau}_l^{(k)}\right). \tag{4-44}$$

假设给定的精度为 ε, 对于区间 k, 如果 $e_{\max}^{(k)} \leqslant \varepsilon$, 即可认为当前正交函数的级数是合理的. 如果 $e_{\max}^{(k)} > \varepsilon$, 则采用如下公式更新正交函数级数

$$N_k' = N_k + \mathrm{ceil}\left(\log_{N_k}\left(\frac{e_{\max}^{(k)}}{\varepsilon}\right)\right), \tag{4-45}$$

这里, $\mathrm{ceil}(\cdot)$ 表示向上取整操作.

假设 $N_{\min}, N_{\max}$ 分别为正交函数级数取值的最小值和最大值, 如果更新后的级数 N_k' 满足 $N_k' \leqslant N_{\max}$, 则采用 N_k' 更新正交函数级数; 如果 $N_k' > N_{\max}$, 意味着此时正交函数的级数过高, 应当重新划分子区间. 采用如下公式更新子区间数目,

$$K' = \max\left(\mathrm{ceil}\left(\frac{N_k'}{N_{\min}}\right), 2\right). \tag{4-46}$$

综上可知, 自适应策略不但能根据误差权衡计算精度和计算负担, 调整正交函数级数, 还能调整子区间的划分情况, 更好地识别不连续控制变量的特性, 求出最优解.

4.2.5 具有最优性验证的控制结构检测方法

尽管自适应策略的引入, 已经很大程度上对正交函数近似法进行了改进, 但是, 对于控制策略不连续的情况, 仍然有很大的改进空间, 例如没有科学的理论指导冗余子区间的合并及删除, 迭代停止准则基于状态近似的局部误差分析, 无法测量离散非线性规划的近似解和原最优控制问题真实解之间的距离, 这会导致无法确定最终获得的解是否为最优.

显然, 如果能够合理地移除冗余的子区间, 在不降低解的精度的情况下, 获得阶数更低的解, 这对实际工程应用将有重要意义. 为此, 本章提出一种具有最优性

验证的控制结构检测方法, 基于控制的情况和路径约束信息处理冗余子区间. 根据文献 [124] 可知, 系统的控制情况和路径约束信息可以通过离散点的拉格朗日乘子获得, 每一个乘子都和一个具体的约束相对应, 如果约束为有效约束, 乘子的取值会被强制非零. 根据 4.1 节中给出的控制不连续的具体情况, 可以分为以下三种情形:

(a) 带有在上下边界控制的子区间, 例如 $u_{i,\max}$ 和 $u_{i,\min}$, 能够被控制路径约束的非零乘子侦测, 即公式 (4-9) 中 $\dot{p} = f_p$ 对应的拉格朗日乘子;

(b) 包含有效路径约束的子区间, 例如 $u_{i,\text{path}}$, 能够被状态路径约束的非零乘子侦测, 即公式 (4-13) 中 $\dot{q} = f_q$ 对应的拉格朗日乘子;

(c) 其余子区间表示为灵敏度探寻弧, 例如 $u_{i,\text{sens}}$, 通过系统的状态方程标识, 即公式 (4-1) 中的状态方程 $\dot{x}(t) = f(\cdot)$ 对应的拉格朗日乘子.

由于在本章的处理过程中, 为了处理约束简化模型, 定义了新的变量 $w = [x, p, q]^\mathrm{T}$, $F = [f, f_p, f_q]^\mathrm{T}$, 经过正交函数近似后, 三种情形的拉格朗日乘子被整合到一个乘子向量中, 即 4.2.3 节中高斯伪谱法中的 $\nu^{(k)}$ 和有理 Haar 函数中的 $\tilde{\nu}^{(k)}$, 其中 $1 \leqslant k \leqslant K$. 这里统一用 $\hat{\nu}^{(k)}$ 表示该拉格朗日乘子, 在该乘子向量中定义与 (a) 情形对应的部分乘子为 $\hat{\nu}_p^{(k)}$, 与 (b) 对应的部分乘子为 $\hat{\nu}_q^{(k)}$, 与 (c) 对应的部分乘子为 $\hat{\nu}_x^{(k)}$, 则可知 $\hat{\nu}_p^{(k)} + \hat{\nu}_q^{(k)} + \hat{\nu}_x^{(k)}$ 等于 $\hat{\nu}^{(k)}$ 的总维数.

结构检测的基本原理为: 根据子区间类型重新调整区间划分, 将相邻的属于同一种类型的子区间合并为一个, 将冗余的区间移除, 产生新的区间分割方案后, 根据新的区间采用本章求解方法进行求解.

在通过以上操作对区间结构进行调整后, 为了评价解的最优性, 提出一种基于哈密顿函数变化的算法停止准则. 由 Hager 等[125] 的推理可知, 经正交函数近似求解的最优控制问题具有如下特性: 连续 Bolza 最优控制问题经正交函数近似得到的非线性规划的 KKT 条件与原问题的离散一阶必要条件严格等价. 这个特点为通过非线性规划的 KKT 乘子对伴随变量的估计提供了一种简单的方法, 对问题 (4-1) 中的伴随变量 $\tilde{\lambda}$ 作如下估计:

$$\tilde{\lambda}_j^{(k)} = \frac{\hat{\nu}_{x,j}^{(k)}}{\hat{\nu}_{q,j}^{(k)}}, \quad \tilde{\mu}_j^{(k)} = \frac{1}{t_k - t_{k-1}} \frac{\hat{\nu}_{p,j}^{(k)}}{\hat{\nu}_{q,j}^{(k)}}, \quad 1 \leqslant k \leqslant K, \quad 1 \leqslant j \leqslant N_k. \quad (4\text{-}47)$$

其中, N_k 表示离散点数.

基于公式 (4-47), 定义子区间 k 上正交函数近似的公式 (4-1) 离散哈密顿函数如下:

$$H_j^{(k)} = -\phi\left(X_j^{(k)}, U_j^{(k)}\right) + \left\langle \tilde{\lambda}_j^{(k)}, f\left(X_j^{(k)}, U_j^{(k)}\right) \right\rangle + \left\langle \hat{\nu}_{p,j}^{(k)}, h\left(X_j^{(k)}, U_j^{(k)}\right) \right\rangle, \quad (4\text{-}48)$$

其中，$\langle \cdot, \cdot \rangle$ 表示标准内积，$X_j^{(k)}, U_j^{(k)}$ 分别表示采用正交函数对公式 (4-1) 中状态和控制的近似.

一旦非线性规划收敛，公式 (4-48) 的最后两项等于零. 由最优控制理论可知，当控制为最优时，哈密顿函数应当为常数，即

$$H_j^{(k)} = H(t_f) = \text{constant.} \tag{4-49}$$

如果获得的解在所有子区间满足公式 (4-49)，则该解即为最优控制，如果哈密顿函数在所有子区间上不为常数，则相应的解不是最优解，应当对区间进一步划分. 然而，在实际计算机仿真中，上述条件很难精确成立，为此，定义如下均方误差，估计计算的解和真实最优解之间的距离：

$$\sigma_H = \sqrt{\frac{1}{K \times N_k} \sum_{k=1}^{K} \sum_{j=1}^{N_k} \left(H_j^{(k)} - m_H \right)^2}, \quad m_H = \frac{1}{K \times N_k} \sum_{k=1}^{K} \sum_{j=1}^{N_k} H_j^{(k)}. \tag{4-50}$$

$$|\sigma_H| \leqslant \text{tol}, \tag{4-51}$$

其中，tol 为给定精度. 在迭代过程中，如果公式 (4-51) 成立，说明得到的解满足误差要求，即可确定为最优解.

4.3 基于序列二次规划的优化求解

4.3.1 算法步骤

序列二次规划算法[126] 将原始问题转化为一系列二次规划子问题进行求解，是一种非常有效的非线性约束优化算法. 本章采用序列二次规划算法对 4.2.3 节中正交函数近似后得到的非线性规划进行求解，具体步骤如下[127]：

(1) 参数初始化：正交函数级数参数 $N_k, N_{\max}, N_{\min}$，子区间数目 K，初始状态 $\boldsymbol{W}^{(1)}(0) = \boldsymbol{0}$，初始控制 $\boldsymbol{U}^{(1)}(0) = \boldsymbol{0}$，收敛精度 $\varepsilon_J, \varepsilon, \text{tol}$，置当前迭代次数为 $l = 1$；

(2) 采用约束凝聚法处理约束；

(3) 采用当前区间数，将初始最优控制问题转化为多阶段问题；

(4) 应用正交函数近似将最优控制问题转化为非线性规划；

(5) 在第 l 次迭代，采用当前正交函数级数根据系统方程计算每一个子区间的状态和性能指标 J_l；

(6) 计算误差参数 $e_{\max}^{(k)}$：如果 $e_{\max}^{(k)} \leqslant \varepsilon$，执行步骤 (7)，否则，按照公式 (4-45) 更新正交函数级数；

(7) 评价自区间划分数目：如果 $N_k' \leqslant N_{\max}$，执行步骤 (8)，否则，按照公式 (4-46) 更新子区间数目；

(8) 确定搜索方向和搜索步长,将非线性规划转化为二次规划子问题,求解该子问题,计算相应的最优控制 $U_{l+1}^{(k)}$、状态 W_{l+1} 和性能指标 J_{l+1};

(9) 如果 $|J_{l+1} - J_l| < \varepsilon_J$,执行步骤 (10),存储最优控制 U_{l+1} 和指标 J_{l+1};否则,令 $l = l+1$,转到步骤 (3) 继续执行算法,直到算法满足给定精度;

(10) 根据 4.2.5 节中具有最优性验证的控制结构检测方法调整区间情况,估计每个子区间哈密顿函数 $H^{(k)}$ 的值,如果 $|\sigma_H| \leqslant \text{tol}$,结束整个过程并输出最优控制问题的最优解;否则,重新划分子区间,并令 $l = 1$,返回步骤 (3),继续执行算法.

4.3.2 算法测试

例 4.1 Bang-Bang 最优控制问题[128]

针对如下 Bang-Bang 最优控制:

$$\min \quad J = t_f,$$
$$\text{s.t.} \begin{cases} \dot{u}_1(t) = u_2(t), \\ \dot{u}_2(t) = v_2(t), \\ u_1(0) = 1, \quad u_2(0) = 1, \\ u_1(t_f) = 0, \quad u_2(t_f) = 0, \\ |v(t)| \leqslant 1. \end{cases} \quad (4\text{-}52)$$

采用极大值原理求解得到解析解:

$$u_1(t) = \begin{cases} -t^2/2 + t + 1, & t \leqslant t_s, \\ t^2/2 - t_f \cdot t + t_f^2/2, & t > t_s, \end{cases}$$
$$u_2(t) = \begin{cases} -t + 1, & t \leqslant t_s, \\ t - t_f, & t > t_s, \end{cases} \quad v(t) = \begin{cases} -1, & t \leqslant t_s, \\ 1, & t > t_s, \end{cases} \quad (4\text{-}53)$$

其中,$t_s = 1 + \sqrt{3/2}$,$t_f = 1 + 2\sqrt{3/2}$.

为了测试本章提出的自适应高斯伪谱法和自适应有理 Haar 函数近似方法的效果,分别采用两种方法求解上述 Bang-Bang 最优控制. 算法参数设置:$N_{\min} = 4$,$N_{\max} = 20$,$\varepsilon_s = 10^{-3}$,$\varepsilon_J = 10^{-4}$,$\text{tol} = 10^{-4}$. 求解结果如图 4-3~图 4-5 所示,具体数值见表 4-1.

通过对比可知,本章算法得到的最优控制、状态和性能指标均与解析解基本一致,从而说明了本章提出方法的有效性,可以用于求解控制变量不连续的最优控制问题. 而且,自适应有理 Haar 函数近似求解比自适应高斯伪谱近似求解用时短,具有更好的效率.

4.3 基于序列二次规划的优化求解

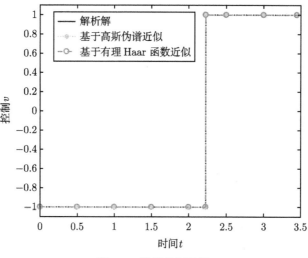

图 4-3 最优控制轨迹

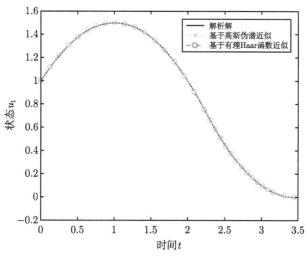

图 4-4 状态 u_1 轨迹

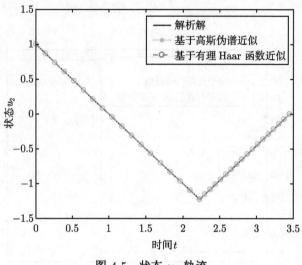

图 4-5 状态 u_2 轨迹

表 4-1 求解结果

方法	解析解	自适应高斯伪谱	自适应有理 Haar 函数
切换时间 t_s	$1+\sqrt{\dfrac{3}{2}}$	2.2247	2.2247
性能指标 J	$1+2\sqrt{\dfrac{3}{2}}$	3.4495	3.4495
仿真时间	—	17.4	15.9

4.4 基于自适应正交函数近似的三元复合驱最优控制求解

三元复合驱最优控制问题是一种典型的控制变量不连续的最优控制问题, 在实际生产中的段塞式注入方式, 使得三元复合驱的注入策略具有分段函数的特性, 控制变量存在间断点. 通过第 3 章中给出的全隐式有限差分法, 对状态进行空间离散, 将 3.3 节中的最优控制问题的状态方程由偏微分转化为常微分形式, 使三元复合驱最优控制模型完全符合式 (4-1) 中给出的最优控制描述. 从而, 采用本章提出的基于自适应正交函数近似的最优控制方法求解. 先后采用高斯伪谱法求解一维三元复合驱最优控制模型, 采用有理 Haar 函数法求解三维三元复合驱最优控制问题.

4.4.1 基于高斯伪谱法的一维三元复合驱最优控制求解

4.4.1.1 油藏描述

针对第 2 章中的一维三元复合驱模型, 考虑三元复合驱的一维岩心驱替, 岩心呈圆柱状, 直径为 d, 长为 L, 流体从岩心一端以速度 v_w 缓慢匀速注入, 从另一端

4.4 基于自适应正交函数近似的三元复合驱最优控制求解

采出, 保持注采平衡. 岩心的数学模型如 3.1.4 节, 取 $d = 0.3$ m, 部分油藏数据如表 4-2 所示.

表 4-2 三元复合驱部分油藏数据

符号	数值	符号	数值	符号	数值
S_w^0	0.35	S_{or}	0.02	ϕ	0.4728
D_{OH}	1.5×10^{-5}	D_s	0.9×10^{-5}	D_p	1×10^{-5}
ρ_o	950	μ_w	0.458	μ_o	20
v_w	0.0045	ρ_r	2.0	ρ_s	1.0
ρ_w	1000	L	1	A	0.077
Q	100	p^0	1	c_Θ^0	0

4.4.1.2 仿真结果

采用三段塞注入方式, 基于 Matlab R2011b 进行仿真. 总共有十二个优化变量: $u_{\Theta 1}$, $u_{\Theta 2}$, $u_{\Theta 3}$, T_Θ(分别为三元驱替剂碱、表面活性剂和聚合物在各个段塞的注入浓度, 以及每个段塞的长度). 设置 $t_f = 2$, $t_P = 0.5$, $u_{\text{OH max}} = 2$(g/L), $u_{s\max} = 0.5$(g/L), $u_{p\max} = 1.5$(g/L), $P_p = 6.85$(美元/kg), $P_s = 8.31$(美元/kg), $P_{\text{OH}} = 2.86$(美元/kg), $M_{\text{OH}} = 10$, $M_s = 5$, $M_p = 5$, 原油生产成本 $P_{\text{cost}} = 500$(美元/d), 忽略折现, 即 $\chi = 0$, 原油价格为 0.346(美元/L). 其中 t_f 的单位采用 PV, 即注入溶液体积与油藏孔隙体积的比值, 可以用来描述总注入量随时间的变化.

采用本章提出的基于自适应高斯伪谱近似求解的方法求解一维三元复合驱最优控制问题, 保持三种驱替剂的段塞相同, 优化注入浓度和段塞长度. 为了说明算法效果, 分别引入指标对比法[35] 和非均匀控制向量参数化方法[85] 进行求解. 指标对比法是一种在工程实践中广泛采用的策略优化方法, 主要依赖于操作者的经验, 通过人为给定不同的注入策略, 通过数学模型计算相应的状态参数和性能指标, 从所有得到的指标中, 选择结果最优那个对应的策略即为优化后的最优注采策略. 由于驱替剂注入周期 $t_p = 0.5$, 所有的段塞的和为 0.5. 通过指标对比法优化的结果为: 三元驱替剂最优注入浓度 $c_{\text{OHin}}^* = (1.2, 1, 0.8)$ (g/L), $c_{\sin}^* = (0.5, 0.4, 0.2)$ (g/L), $u_{\text{pin}}^* = (1, 0.6, 0.4)$ (g/L), 段塞长度 $T^* = (0.2, 0.2, 0.1)$ (PV), 无量纲处理后的性能指标 $J^* = 0.2538$.

非均匀控制向量参数化采用非均匀策略, 能在一定程度上处理控制不连续问题. 为了简化描述, 下文中简写为控制向量参数化. 采用控制向量参数化和本章提出的自适应高斯伪谱近似法求解该最优控制问题, 算法参数设置: $N_{\min} = 4$, $N_{\max} = 25$, $\varepsilon_s = 10^{-3}$, $\varepsilon_J = 10^{-4}$, $\varepsilon_J = 10^{-4}$, tol $= 10^{-4}$, $K = 3$. 优化的具体结果如图 4-6~图 4-9 所示.

采用控制向量参数化优化的结果为: 三元驱替剂最优注入浓度 $c_{\text{OHin}}^* = (1.862,$

$0.982, 0.826)(\text{g/L})$, $c_{\text{sin}}^* = (0.461, 0.350, 0.403)(\text{g/L})$, $c_{pin}^* = (1.415, 1.171, 1.024)(\text{g/L})$, 段塞长度 $T^* = (0.22, 0.21, 0.07)(\text{PV})$, 无量纲处理后的性能指标为 $J^* = 0.26385$.

采用本章提出的基于自适应高斯伪谱近似求解的结果为: 三元驱替剂最优注入浓度 $c_{\text{OHin}}^* = (1.869, 0.981, 0.829)(\text{g/L})$, $c_{\text{sin}}^* = (0.463, 0.35, 0.402)(\text{g/L})$, $c_{pin}^* = (1.418, 1.168, 1.024)(\text{g/L})$, 段塞长度 $T^* = (0.23, 0.19, 0.08)(\text{PV})$, 无量纲处理后的性能指标为 $J^* = 0.26467$.

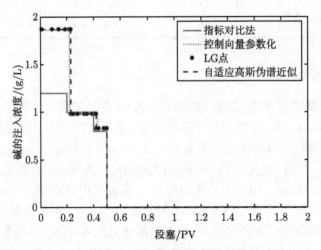

图 4-6 碱的注入浓度对比 (后附彩图)

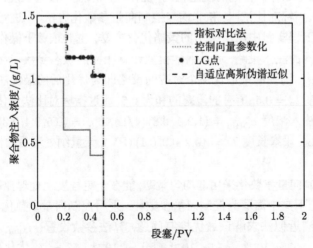

图 4-7 聚合物注入浓度对比 (后附彩图)

4.4 基于自适应正交函数近似的三元复合驱最优控制求解

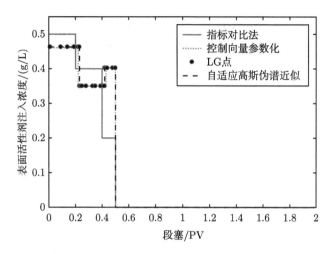

图 4-8 表面活性剂注入浓度对比 (后附彩图)

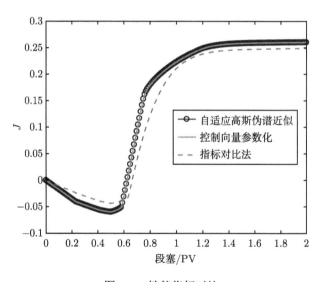

图 4-9 性能指标对比

在图 4-6~图 4-8 中,蓝色的点为 LG 插值点,在不连续点附近,LG 插值点明显变得密集,能更有效地识别控制的不连续性. 通过对比可知,本章提出的方法获得的最优解和控制向量参数化的结果十分接近,无论对于三元驱替剂的注入浓度还是性能指标,二者的数值都基本一致,均比指标对比法效果好. 通过本章的自适应高斯伪谱近似求解后,性能指标较指标对比法的结果提高了 0.01005,这充分说明了提出方法的有效性.

优化的段塞切换时间点和运行时间数据如表 4-3 所示. 相对于控制向量参数

化, 自适应高斯伪谱近似虽然多用时 23.21s, 但是获得的指标要更大, 比控制向量参数化提高了 0.00082. 两者的优化效果均明显优于指标对比法.

表 4-3　三种方法优化结果对比

—	切换时间			性能指标	仿真时间/s
	T_1	T_2	T_3		
自适应高斯伪谱近似	0.23	0.42	0.5	0.26467	69.57
控制向量参数化	0.22	0.43	0.5	0.26385	46.36
指标对比法	0.2	0.4	0.5	0.2538	—

为了进一步分析本章提出方法的性能, 分别给定不同的精度限制, 采用自适应高斯伪谱近似求解一维三元复合驱最优控制问题, 优化结果如表 4-4 所示. 通过分析表中数据可知, 随着计算精度的增加, LG 插值点的数目、迭代次数和运行时间都显著增加, 在每一步计算中误差的最大值减小. 这是由于随着要求的精度越高, 需要选取越多的插值点构造更为准确的插值多项式实现状态和控制的近似, 以及不连续点的处理, 同时, 也需要更多的迭代搜索最优值, 这会大大增加计算负担, 但是性能指标的变化并不明显. 因此, 在最优控制求解中, 不能一味追求求解精度, 需要对精度和运行时间做出合理的权衡, 在一定精度下, 基本就可以得到最优指标.

表 4-4　不同精度下提出算法的结果比较

精度 ε	LG 点数目	迭代次数	$e_{\max}^{(k)}$	性能指标	仿真时间/s
10^{-3}	20	15	4.78×10^{-4}	0.26467	89.57
10^{-4}	23	16	5.19×10^{-5}	0.26467	99.32
10^{-5}	29	19	2.97×10^{-6}	0.26468	127.11
10^{-6}	38	23	7.08×10^{-7}	0.26468	184.59

注: 对于表中仿真保持 $N_{\min} = 4$ 不变.

4.4.2　基于有理 Haar 函数的三维三元复合驱最优控制求解

4.4.2.1　油藏描述

对于第 2 章中的三维三元复合驱模型, 假设三元复合驱油藏由四口注入井和九口采出井构成, 所有的井均匀分布, 在每四口采出井中心有一口注入井, 具体井位分布如图 4-10 所示. 其中 I 表示注入井, S 表示采出井. 三维油藏参数: 长 630 m, 宽 630 m, 厚 19.990 m, 总共有七层, 每层厚 2.857 m, 净厚度为 1.4286 m, 油层上表面距地表 2420 m, 每层的孔隙度为 0.3, 孔隙体积为 1.1097×10^6 m^3.

4.4 基于自适应正交函数近似的三元复合驱最优控制求解

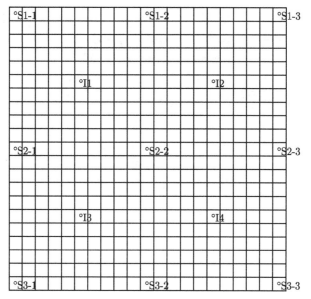

图 4-10 井位分布

油藏中三种驱替剂 (碱、表面活性剂和聚合物) 的初始网格浓度为 0 g/L. 初始渗透率、初始压力和初始含水饱和度如图 4-11~图 4-13 所示. 整个油藏分为 x, y, z 三个方向, 其中 x, y 方向各等分为 21 个网格, z 方向 7 个网格, 总网格数为 $21 \times 21 \times 7$. 每口注入井的注入率 q_{in} 为 83 m³/d, 采出井的采出率 q_{out} 如表 4-5 所示, 部分油藏参数见表 4-6.

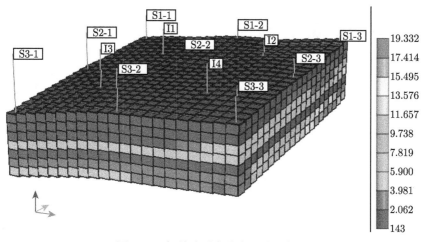

图 4-11 初始渗透率分布 (后附彩图)

·72· 第 4 章 基于正交函数近似的控制变量不连续最优控制求解

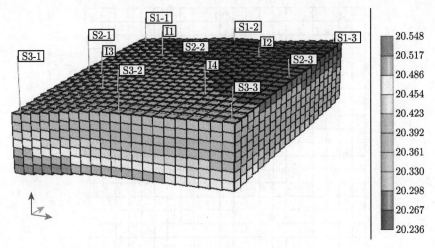

图 4-12 初始压力分布 (后附彩图)

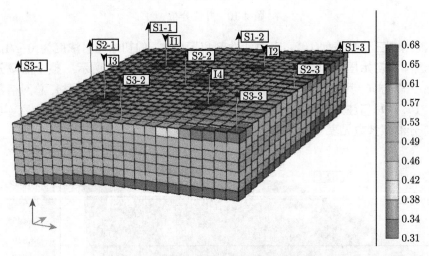

图 4-13 初始含水饱和度分布 (后附彩图)

表 4-5 采出井采液量

生产井位号	S1-1	S1-2	S1-3	S2-1	S2-2	S2-3	S3-1	S3-2	S3-3
产液量/(m³/d)	20.75	41.5	20.75	83	41.5	41.5	20.75	41.5	20.75

4.4 基于自适应正交函数近似的三元复合驱最优控制求解

表 4-6 三元复合驱部分油藏参数

符号	数值	符号	数值	符号	数值
$c_{\text{OH max}}$	2	$c_{s\,\text{max}}$	0.5	$c_{p\,\text{max}}$	1.5
S_w^0	0.35	S_{or}	0.02	D_p	1×10^{-5}
D_{OH}	1.5×10^{-5}	D_s	0.9×10^{-5}	μ_o	20
ρ_o	950	μ_w	0.458	ρ_s	1000
ρ_w	1000	ρ_r	2000	—	—

注: 变量的单位为 $c_{\Theta\,\text{max}}$——g/L, ρ——kg/m³, D——m²/s, μ——mPa·s, S——[-].

4.4.2.2 仿真结果

针对 3.3 节中的三元复合驱最优控制问题, 这里采用三段塞注入策略, 控制变量不连续, 采用本章提出的基于自适应有理 Haar 函数近似的最优控制求解方法求解该最优控制问题, 保持每口井的三元驱替剂段塞相同, 优化四口井的注入浓度和段塞长度. 所有的仿真基于 Matlab R2011b 和油藏数值模拟软件 CMG2010 进行.

整个驱油过程持续 96 个月, 前 48 个月为三元复合驱, 后 48 个月为水驱. 设置 $P = 3$, $P_p = 6.85$(美元/kg), $P_s = 8.31$(美元/kg), $P_{\text{OH}} = 2.86$(美元/kg), 原油生产成本 $P_{\text{cost}} = 500$(美元/d), 折现率 $\chi = 1.5 \times 10^{-3}$, 原油价格根据 WTI 价格, 定为 $P_{\text{oil}} = 55$(美元/barrel), 即近似为 0.346(美元/L), $u_{\Theta\,\text{max}} = 4$(g/L), $\Theta = \{\text{OH}, s, p\}$, $M_{\text{OH}} = 1400$ t, $M_s = 800$ t, $M_p = 800$ t.

由于非均匀控制向量参数化引入了非均匀策略, 能在一定程度上处理控制不连续问题, 这里引入非均匀控制向量参数化[85] 和工程中广泛采用的指标对比法[35] 优化三维三元复合驱最优控制问题, 以对比说明自适应有理 Haar 函数近似求解的效果. 为了简化描述, 下文中将非均匀控制向量参数化简写为控制向量参数化. 算法参数为: $N_{\min} = 4$, $N_{\max} = 32$, $\varepsilon = 10^{-4}$, $\varepsilon_J = 10^{-4}$, tol $= 10^{-4}$, $K = 3$.

三种方法优化的最优注入策略结果如图 4-14~4-16 所示. 其中 OH, s, p 分别表示碱、表面活性剂和聚合物. 为了清晰地显示段塞长度, 分别用蓝色的 △、红色的 □ 和黑色的 * 表示指标对比法、控制向量参数化和基于自适应有理 Haar 函数近似的段塞切换点. 为了说明不连续变量的处理情况, 即段塞长度的优化结果, 将优化的段塞结果统计在表 4-7 中.

由图 4-14~图 4-16 和表 4-7 可知, 基于自适应有理 Haar 函数近似的结果与控制向量参数化的结果基本一致, 仅有微小的不同, 但是在段塞长度 T_i 上, 差别相对较大. 这是由于本章中的自适应策略以及具有最优性验证的控制结构检测方法, 将子区间多次划分, 辨识控制变量的不连续情况, 确保解的最优性. 指标对比法基于操作者的经验进行优化, 缺乏科学理论的指导, 优化结果在三种方法中最差, 也无法对段塞长度进行合理的优化.

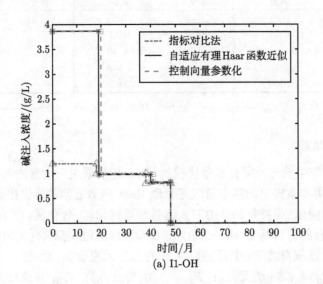

(a) I1-OH

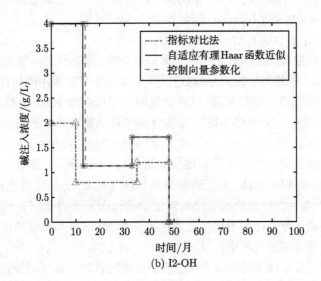

(b) I2-OH

4.4 基于自适应正交函数近似的三元复合驱最优控制求解

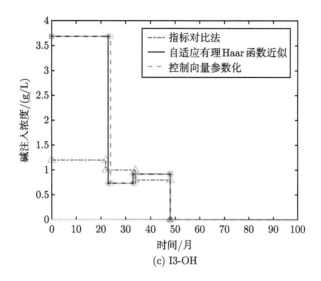

(c) I3-OH

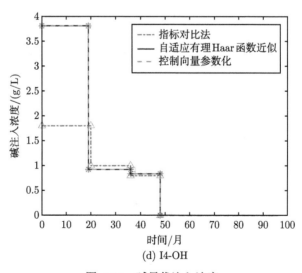

(d) I4-OH

图 4-14 碱最优注入浓度

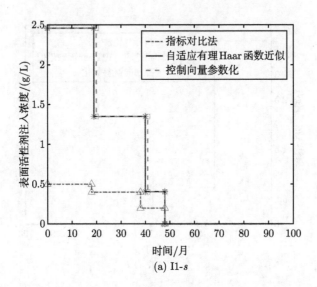

(a) I1-s

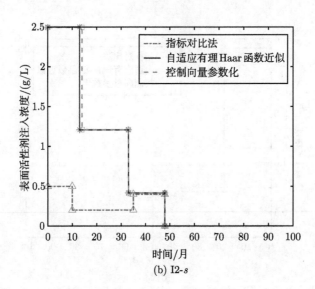

(b) I2-s

4.4 基于自适应正交函数近似的三元复合驱最优控制求解

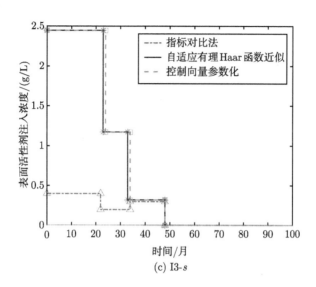

(c) I3-s

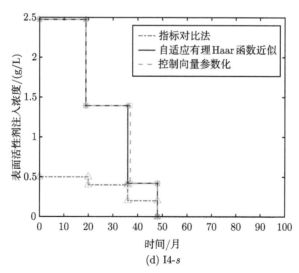

(d) I4-s

图 4-15 表面活性剂最优注入浓度

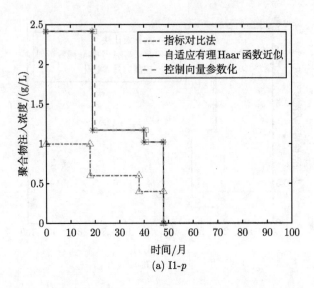

(a) I1-p

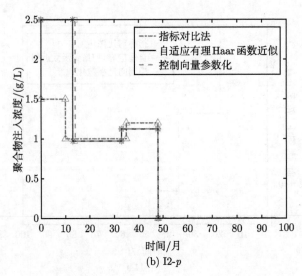

(b) I2-p

4.4 基于自适应正交函数近似的三元复合驱最优控制求解

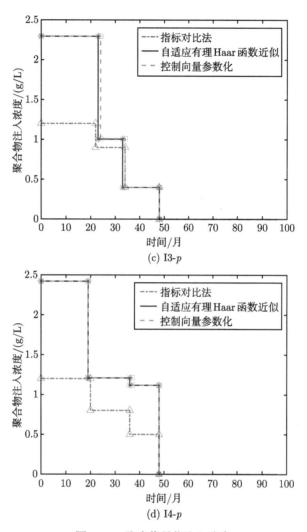

图 4-16 聚合物最优注入浓度

表 4-7 九口注入井优化的段塞长度

段塞长度	I1	I2	I3	I4
指标对比法	(18, 20, 10)	(10, 25, 13)	(22, 12, 14)	(20, 16, 12)
控制向量参数化	(19.9, 21.1, 7)	(14.1, 18.8, 15.1)	(23.9, 9.8, 14.3)	(19, 17.9, 11.1)
自适应有理 Haar 函数近似	(19.1, 21.1, 7.8)	(13.1, 19.9, 15)	(23.2, 9.9, 14.9)	(19.1, 17.1, 11.8)

为了比较三种方法优化的原油产量和净现值结果, 将九口采出井的结果显示在图 4-17 中. 计算九口采出井的平均含水率, 如图 4-18 所示. 将三种方法的优化结果列入表 4-8 中.

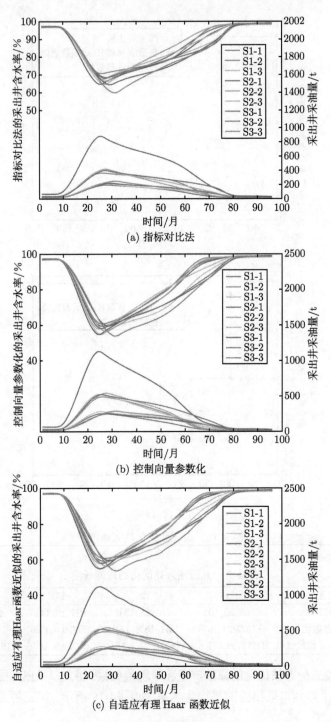

图 4-17 九口采出井最优含水率和采油量

4.4 基于自适应正交函数近似的三元复合驱最优控制求解

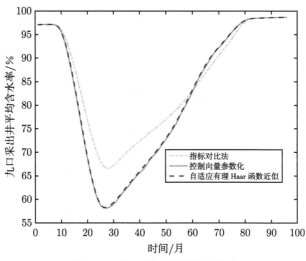

图 4-18 九口采出井平均含水率

表 4-8 优化结果统计

九口采出井	指标对比法	控制向量参数化	自适应有理 Haar 函数近似
碱消耗量/t	572.700	1088.725	1067.505
表面活性剂消耗量/t	180.774	778.799	763.178
聚合物消耗量/t	462.891	794.181	781.960
累积采油量/t	1.3592×10^5	1.6590×10^5	1.6527×10^5
净现值/美元	4.1753×10^7	4.3957×10^7	4.4002×10^7
仿真时间/s	—	304	337

通过比较可知,本章中提出的基于自适应有理 Haar 函数近似的方法和控制向量参数化的含水率和采油量结果十分接近,两者的优化结果大致相同. 相对于控制向量参数化,虽然采用本章方法求解用的时间稍长,但是净现值增加了 0.0045×10^7 美元. 这是由于本章中自适应策略和具有最优性验证的控制结构检测方法的引入,使得算法对控制的不连续性辨识更准确,对最终的最优解搜索更精确. 虽然优化后的三种驱替剂的注入总量有一定差异,但是驱替剂的注入浓度基本一致,这是由于整个采油时间过长,注入浓度微小的差异,经过长时间累积后变大,并不影响控制效果. 因此,本章提出的自适应有理 Haar 函数近似法能够更接近问题的理论最优解. 相对于指标对比法,采用本章提出的基于自适应有理 Haar 函数近似的方法优化后,采油量增加了 0.2935×10^7 t,九口采出井的总净现值增加了 0.2249×10^7 美元,净现值得以明显提升.

综上所述,本章提出的基于自适应正交函数近似的方法在求解带有不连续控制的最优问题时,能够有效地辨识控制的不连续情况,确保最终解的最优性. 虽然会损失一定的计算时间,但是计算精度较高.

4.5 本章小结

针对控制变量不连续的最优控制问题, 本章提出了一种基于自适应正交函数近似的最优控制求解方法, 对两种常见的正交函数 (高斯伪谱和有理 Haar 函数) 进行研究. 首先, 采用约束凝聚法, 将最优控制问题的路径约束转化为终端约束, 简化模型. 为了更好地识别控制的不连续性, 采用非均匀控制向量参数化, 通过子区间的划分对控制的不连续进行初步辨识, 将原始问题变换为多阶段优化问题进行求解. 其次, 分别采用高斯伪谱和有理 Haar 函数近似多阶段优化问题的控制和状态, 将原始问题转化成非线性规划, 进一步采用序列二次规划算法进行求解. 最后, 引入自适应策略, 根据误差对正交函数的级数进行自适应调整、合理的权衡求解精度和计算负担; 引入具有最优性验证的控制结构检测方法, 进一步划分子区间, 辨识不连续控制, 确保解的最优性.

三元复合驱最优控制是一种典型的控制变量不连续的最优控制问题, 由于段塞式的注入策略限制, 控制具有分段函数的特性. 基于本章提出的方法, 先后采用基于自适应高斯伪谱近似的方法求解一维三元复合驱最优控制问题, 采用基于自适应有理 Haar 函数近似的方法求解三维三元复合驱最优控制问题, 仿真结果表明, 本章提出的算法能有效地提高净现值, 获取最优注采策略, 虽然会损失一定的计算时间, 但是提高了计算精度.

第 5 章 基于动态规划的最优控制求解

第 4 章提出的基于正交函数近似的最优控制求解方法需要进行大量的支配方程求解运算,虽然能避免求解 HJB 方程,较好地得到问题的近似最优解,但是,计算量大,计算效率低,且求解效果受正交函数基函数的选取影响较大. 因此, 需要寻找一种既稳定, 求解效率又高的数值求解方法.

20 世纪 50 年代, Bellman[60] 提出了最优性原理, 其核心思想为: 对于一个多段决策问题, 无论其初始状态和初始策略如何, 对于先前的决策所导致的状态而言, 余下的决策一定能构成最优决策序列. 随后 Bellman 基于该理论提出了动态规划, 其基本思路是: 将决策过程分成多个阶段, 先求最后一个阶段的最优决策, 再根据下一级的决策逆向求出上一级的最优策略, 直到达到最初时间段. 该方法能够很好地得到全局最优解, 求解过程能够反映动态过程演变的联系和特征, 可以利用实际经验知识提高求解效率.

然而, 常规的动态规划算法在求解最优控制过程中, 需要尽可能遍历所有的状态点, 从而确定最优策略. 计算复杂度随系统状态维度呈指数增长, 当系统维度较高时, 往往存在 "维数灾" 问题. 迭代动态规划和近似动态规划能够避免求解复杂的伴随方程和梯度, 能够很好地解决 "维数灾" 问题. 因此, 本章分别从迭代动态规划和近似动态规划入手, 提出了动态尺度混合整数迭代动态规划和基于执行-评价框架的近似动态规划算法, 用于三元复合驱最优控制的求解.

5.1 基于迭代动态规划的混合整数最优控制求解

迭代动态规划算法不需要进行复杂的伴随方程求解和梯度计算, 极大地减少了支配方程的求解运算, 能够明显地提高计算效率, 获得全局最优解. 在实际的三元复合驱开采中, 三元驱替剂注入的段塞长度是一个时间变量, 通常以天为单位, 段塞注入的生产方式要求, 使得该时间变量具有整数限制, 难以用常规的优化方法进行求解. 针对这一问题, 本章提出了一种动态尺度混合整数迭代动态规划算法, 通过引入整数截断策略, 处理整数变量, 同时引入动态调整策略, 改善算法的计算效率. 最后, 将该算法用于求解三元复合驱提高原油采收率最优控制问题.

5.1.1 动态尺度混合整数迭代动态规划算法

针对 4.3 节中给出的三元复合驱最优控制模型, 这里选取驱替剂的注入浓度、段塞长度和驱油结束时间作为优化变量, 考虑段塞长度的整数限制, 该问题可以看作是一个终端时间不固定的混合整数最优控制问题. 为了求解此类问题, 本章提出了一种动态尺度混合整数迭代动态规划算法 (DSMI-IDP), 算法的基本思想为: 首先引入标准化时间变量, 将原问题转变为终端时间固定的最优控制问题; 其次, 在标准迭代动态规划算法的基础上引入整数截断策略, 对整数变量进行处理; 最后, 为了提高算法的计算精度和效率, 引入动态调整策略, 主要包括收缩因子的动态调整和调整因子的动态选取, 这也是动态尺度的具体实现.

5.1.1.1 时间变量标准化处理

为了简化运算, 我们将 4.3 节最优控制模型中的支配方程替换为 3.1.3 节中简化的三元复合驱二维模型, 则支配方程 (3-32)~(3-36) 可以写为如下一般形式:

$$\frac{\partial \boldsymbol{\beta}(\boldsymbol{x})}{\partial t} = \boldsymbol{f}(\boldsymbol{x}, \boldsymbol{x}_x, \boldsymbol{x}_y, \boldsymbol{x}_{xx}, \boldsymbol{x}_{yy}, \boldsymbol{u}), \tag{5-1}$$

其中, $\boldsymbol{x} = (p, S_w, c_\Theta)^{\mathrm{T}}$ 为系统的状态, 包括压力、含水饱和度和驱替剂网格浓度, 下标 $\Theta = \{\mathrm{OH}, s, p\}$ 表示三元驱替剂碱、表面活性剂和聚合物, 其他变量在第 3 章已给出.

针对该最优控制问题, 由于三元复合驱采用段塞式注入, 对于 P 个段塞, 整个时间域 $[0, t_f]$ 被离散为 P 个长度不相等的时间段, 每段的长度定义如下:

$$s(k) = t_k - t_{k-1}, \quad k = 1, 2, \cdots, P, \tag{5-2}$$

其中, $s(k)$ 是整数变量, 单位是天, 且 $s(k) \geqslant 0$.

为了简化运算, 引入标准化时间变量 τ, 在第 k 个段塞的时间域 $[t_{k-1}, t_k]$ 上定义

$$\partial t = s(k) P \partial \tau. \tag{5-3}$$

对上式等号两边进行积分, 得

$$t_k - t_{k-1} = s(k) P (\tau_k - \tau_{k-1}). \tag{5-4}$$

此时, 每一个标准化的段塞长度为

$$\tau_k - \tau_{k-1} = 1/P. \tag{5-5}$$

令 $\tau_0 = 0$, 则终端时间 $\tau_P = 1$. 标准化后的切换时间为

$$\tau_k = k/P, \quad k = 1, 2, \cdots, P. \tag{5-6}$$

这样，整个时间域由 $[0, t_f]$ 变为 $[0,1]$. 在新的时间域上，第 k 个段塞上的支配方程由式 (5-3) 变为

$$\frac{\partial \boldsymbol{\beta}(\boldsymbol{x})}{\partial \tau} = s(k) P \boldsymbol{f}(\boldsymbol{x}, \boldsymbol{x}_x, \boldsymbol{x}_y, \boldsymbol{x}_{xx}, \boldsymbol{x}_{yy}, \boldsymbol{u}). \tag{5-7}$$

性能指标 (3-71) 变为

$$\max J = \sum_{n=0}^{N-1} P s(k) (1+\chi)^{-t/t_a} \Delta \tau^n \left\{ \iiint_{\Omega} [P_{\text{oil}}(1-f_w) \tilde{q}_{\text{out}}(t) \right.$$
$$\left. - \sum_{\Theta} P_{\Theta} \tilde{q}_{\text{in}} \boldsymbol{u}_{\Theta}(t) \right] d\sigma - P_{\text{cost}} \right\}. \tag{5-8}$$

这样，初始的时间段不固定、终端时间自由的最优控制问题就被转化为一个新的时间段长度相等、终端时间固定的问题. 可以采用本章提出的迭代动态规划方法进行求解.

5.1.1.2 算法过程

动态尺度混合整数迭代动态规划算法[48] 的基本原理和具体步骤如下：

(1) 参数初始化：将整个三元复合驱采油过程分为 P 段，在标准化时间域 $\tau \in [0,1]$ 上，每段长为 $1/P$，优化变量包括：驱替剂注入浓度 $\boldsymbol{u}_{\Theta}(k), k=1,\cdots,P, \Theta = \{\text{OH}, s, p\}$ 和段塞长度 $s(k)$，其中 $\boldsymbol{u}_{\Theta}(k) = [u_{\Theta 1}(k), u_{\Theta 2}(k),\cdots, u_{\Theta N_{\text{in}}}(k)]^{\text{T}}$，$N_{\text{in}}$ 为注入井的数目. 初始化离散状态网格 M，选取每个网格的容许控制数 R，设置动态收缩因子 γ 和收敛精度 ε，给出注入浓度的初始控制可行域 $\boldsymbol{r}_{\Theta \text{in}}$ 和控制 θ_{in} 给出段塞长度的初始控制可行域 $\boldsymbol{u}^{(0)}(k)$ 和控制 $s^{(0)}(k)$. 初始迭代次数 $l=1$.

(2) 设置当前的控制可行域 $\boldsymbol{r}_{\Theta}^{(l)} = \boldsymbol{r}_{\Theta \text{in}}, \theta^{(l)} = \theta_{\text{in}}$.

(3) 在当前可行域内，采用均匀生成策略从上一次迭代获得的最优控制生成 $M-1$ 个注入浓度和段塞长度，均匀生成策略如下式所示：

$$\boldsymbol{u}_{\Theta i}^{(l)}(k) = \boldsymbol{u}_{\Theta}^{*(l-1)}(k) \pm \left(\frac{2i}{M-1}\right) \boldsymbol{r}_{\Theta}^{(l-1)}(k), \quad i=1,2,\cdots,\left\lfloor\frac{M-1}{2}\right\rfloor, \tag{5-9}$$

$$s_i^{(l)}(k) = s^{*(l-1)}(k) \pm \left(\frac{2i}{M-1}\right) \theta^{(l-1)}(k), \quad i=1,2,\cdots,\left\lfloor\frac{M-1}{2}\right\rfloor, \tag{5-10}$$

其中，$\lfloor \cdot \rfloor$ 表示向下取整，$\boldsymbol{u}_{\Theta}^{*(l-1)}(k)$，$s^{*(l-1)}(k)$ 表示上一次迭代获得的最优值. 采用 3.2 节中所述的全隐式有限差分法在标准化时间域 $\tau \in [0,1]$ 上依次求解系统支配方程，得到 M 条状态轨迹. 这样，在每个阶段的开始，都有含有 M 个状态网格，每个状态网格都包括 M 个状态值 $\boldsymbol{x}(k-1), k=1,\cdots, M$.

(4) 从第 P 阶段开始,也就是说,从标准化时间变量 $\tau_{P-1} = (P-1)/P$ 起,采用式 (5-13) 对每个状态网格产生 R 个段塞长度,

$$s^{(l)}(P) = s^{*(l-1)}(P) + \lambda\theta^{(l-1)}(P), \tag{5-11}$$

其中,λ 表示在 $[-1,1]$ 上产生的随机数. 由上式得到的段塞长度是实数,并不能满足段塞长度的整数限制. 为了保证段塞长度是整数,我们引入了如下的整数截断策略:

令 $s^{(l)}(P) = \bar{s}^{(l)}(P) + \Delta s$,其中 $\bar{s}^{(l)}(P)$ 表示段塞长度的整数部分,Δs 表示小数部分. 则整数截断策略可以表述为

$$s^{(l)}(P) = \begin{cases} \bar{s}^{(l)}(P), & 0 \leqslant \Delta s < 0.7, \\ \bar{s}^{(l)}(P) + 1, & 0.7 \leqslant \Delta s < 1. \end{cases} \tag{5-12}$$

这里截断概率取 0.7,能在一定程度上反映驱替剂的昂贵价格对性能指标的影响. 整数截断策略,能有效地解决当一个实数介于两个相邻整数之间,总是取同一个整数的问题,使算法更快地搜索到最优解.

另外,需要注意 $u_\Theta(P) \equiv 0$,利用全隐式有限差分法基于每个状态网格 $x(P)$ 的 R 个驱替剂注入浓度和获得的整数段塞长度,从 τ_{P-1} 到 τ_P 求解公式 (4-9). 计算本阶段的性能指标,比较选择最优指标并保存相应的最优解 (注入浓度和段塞长度).

(5) 从第 $P-1$ 阶段开始,也就是说,从标准化时间点 $\tau_{P-2} = (P-2)/P$ 起,根据公式 (5-15) 和 (5-16) 为每个状态网格 $x(P-2)$ 产生 R 个驱替剂注入浓度和段塞长度,

$$u_\Theta^{(l)}(P-1) = u_\Theta^{*(l-1)}(P-1) + \zeta r_\Theta^{(l-1)}(P-1), \tag{5-13}$$

$$s^{(l)}(P-1) = s^{*(l-1)}(P-1) + \omega\theta^{(l-1)}(P-1), \tag{5-14}$$

其中,ζ 表示 $N_{in} \times N_{in}$ 的对角阵,$u_\Theta^{*(l-1)}(P-1)$ 表示上一次迭代获得的最优注入浓度,ζ 和 ω 表示相应的调整因子. 段塞长度按照步骤 (4) 中的整数截断策略处理成整数变量. 为了扩大算法的寻优能力,避免陷入局部极值,我们引入调整因子的动态选取策略如下:

$$\{\zeta, \omega\} = \begin{cases} \text{rand}(-1, 1), & 0 \leqslant l \leqslant 0.3l_{\max}, \\ \text{rand}(-0.5, 0.5), & 0.3l_{\max} < l \leqslant 0.7l_{\max}, \\ \text{rand}(-0.2, 0.2), & 0.7l_{\max} < l \leqslant l_{\max}, \end{cases} \tag{5-15}$$

其中,$\text{rand}(a, b)$ 表示产生区间 $[a, b]$ 内的随机数操作. 由于驱替剂价格昂贵,为了确保性能指标尽可能的最优,调整因子随着迭代过程动态选取: 在迭代初始阶段,调

整因子相对较大,确保算法快速搜索极值点,在迭代后期,调整因子相对较小,能提高搜索精度.

当产生的注入浓度不满足约束条件 (3-77) 时,对注入浓度进行如下处理,使其满足约束条件:

$$\boldsymbol{u}_\Theta(P-1) = \begin{cases} 0, & \boldsymbol{u}_\Theta(P-1) < 0, \\ \boldsymbol{u}_{\Theta\max}, & \boldsymbol{u}_\Theta(P-1) > \boldsymbol{u}_{\Theta\max}, \end{cases} \quad i=1,2,\cdots,N_{\text{in}}. \quad (5\text{-}16)$$

在已获得的每个状态点的 R 个驱替剂注入浓度和整数段塞长度基础上,利用全隐式有限差分法从 τ_{P-2} 到 τ_{P-1} 求解系统支配方程 (5-9). 然后从 τ_{P-1} 起,从之前存储的状态网格和控制策略中选取距离终端点最近的状态网格 $\boldsymbol{x}(P-1)$ 及上一步存储的相应的最优控制策略 $\boldsymbol{u}_\Theta^*(P)$ 和 $s^*(P)$,求解 (5-9) 式直到 $\tau_f=1$,计算并比较 τ_{P-2} 至 τ_f 的性能指标,选取性能指标最优的策略,存储相应的状态网格、最优注入浓度和段塞长度.

(6) 向前迁移一个时间段,重复执行步骤 (5),直到初始时间点,即 $\tau_0=0$,计算并选取整个时间域上的最优性能指标,保存相应的最优注入浓度和段塞长度.

(7) 根据如下公式收缩控制可行域

$$\boldsymbol{r}_\Theta^{(l+1)}(k) = \gamma^{(l+1)}\boldsymbol{r}_\Theta^{(l)}(k), \quad k=1,2,\cdots,P, \quad (5\text{-}17)$$

$$\theta^{(l+1)}(k) = \gamma^{(l+1)}\theta^{(l)}(k), \quad k=1,2,\cdots,P, \quad (5\text{-}18)$$

其中,$\gamma^{(l+1)}$ 表示动态收缩因子. 把步骤 (6) 中得到的最优注入浓度和段塞长度作为下次迭代的可行域中心.

标准的动态规划算法收缩因子是固定的,在搜索过程中,可能会跳过最优解,这限制了算法对最优解的搜索能力. 为了合理地调整可行域,提高搜索能力,定义如下动态调整策略来调整收缩因子:

$$\gamma^{(l+1)} = \gamma_0 + (\gamma_{\max} - \gamma_0)\frac{l+1}{l_{\max}}, \quad (5\text{-}19)$$

其中,$\gamma_{\max}$ 和 γ_0 表示动态收缩因子的最大值和最小值,由经验给定,通常取 0.9 和 0.7. 在搜索初期,γ 的取值相对较小,控制可行域收缩较快,从而增大搜索速度;随着迭代进行,γ 的取值逐渐变大,控制可行域收缩变慢,可以有效地提高搜索精度.

(8) 更新迭代次数,令 $l=l+1$,重复执行步骤 (4)~步骤 (7),直到算法满足给定精度,即 $|J_{\text{new}} - J_{\text{old}}| < \varepsilon$,保存最优策略 (注入浓度和段塞长度),结束运算.

对于三元复合驱最优控制问题中的约束条件,我们采用罚函数法构造增广性能指标进行处理,其余求解过程保持不变,罚函数法处理约束最优控制问题可参考文献 [129].

5.1.1.3 算法测试

本章提出的动态尺度混合整数迭代动态规划的特征体现在整数截断策略和动态调整两方面. 由于经典的且被广泛认可的混合整数算例很难寻找, 另外, 若不考虑整数截断策略, 本章提出的算法仍然适用于一般最优控制问题. 因此, 为了测试本章算法的性能, 我们忽略算法的整数截断策略, 基于 Matlab R2011b 软件, 采用两个经典的最优控制问题进行测试.

例 5.1 Bang-Bang 最优控制问题[128]

针对例 4.1 中的 Bang-Bang 最优控制问题, 令分段数 $P = 2$, 容许控制数 $R = 3$, 收缩因子的最小值和最大值分别为 $\gamma_0 = 0.7$, $\gamma_{\max} = 0.9$, 网格数 $M = 1$, 收敛精度 $\varepsilon = 1 \times 10^{-4}$. 采用本章提出的动态尺度混合整数迭代动态规划算法进行求解, 得到最优性能指标为 $J = 3.4495$, 最优控制曲线如图 5-1 所示. 通过对比可知, 本章算法得到的最优控制与解析解基本一致. 因此, 本节提出的动态尺度混合整数迭代动态规划算法对于求解 Bang-Bang 最优控制问题, 具有很好的求解效果.

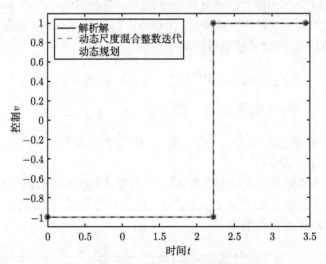

图 5-1 Bang-Bang 控制问题最优控制轨迹

例 5.2 连续搅拌釜反应器 (CSTR) 最优控制问题[130]

CSTR 最优控制问题的支配方程由两个非线性微分方程构成:

$$\dot{u}_1 = -(2+v)(u_1 + 0.25) + (u_2 + 0.5)\exp\left(\frac{25u_1}{u_1 + 2}\right), \tag{5-20}$$

$$\dot{u}_2 = 0.5 - u_2 - (u_2 + 0.5)\exp\left(\frac{25u_1}{u_1 + 2}\right), \tag{5-21}$$

其中, u_1 和 u_2 表示状态变量, u_1 为无因次平衡温度的偏差, u_2 为无因次平衡浓度

5.1 基于迭代动态规划的混合整数最优控制求解

的偏差, $v(t)$ 表示控制变量, 为注入反应器的冷却液流量. 以上两个方程描述了连续搅拌釜反应器中进行的一阶不可逆传热传质平衡过程.

性能指标为

$$\min \quad J = \int_0^{t_f} \left(u_1^2 + u_2^2 + 0.1v^2 \right) \mathrm{d}t, \tag{5-22}$$

其中, 终端时间 $t_f = 0.78$, 初始状态为 $u(0) = [0.09, 0.09]^{\mathrm{T}}$, 控制变量的变化区间为 $0 \leqslant v(t) \leqslant 5.0$.

采用本章提出的动态尺度混合整数迭代动态规划算法求解该最优控制问题. 为了说明算法的性能, 我们引入文献 [37] 提出的改进迭代动态规划算法和文献 [131] 提出的改进遗传算法求解 CSTR 问题进行对比, 具体参数设置如下:

动态尺度混合整数迭代动态规划算法和改进迭代动态规划算法的参数设置相同: 分段数 $P = 13$, 容许控制数 $R = 3$, 收缩因子的最小值和最大值分别为 $\gamma_0 = 0.7$, $\gamma_{\max} = 0.9$, 网格数 $M = 1$, 收敛精度 $\varepsilon = 1 \times 10^{-4}$.

改进遗传算法: 分段数 $P = 13$, 种群数 20, 交叉概率 0.9, 变异概率 0.4, 收敛精度 $\varepsilon = 1 \times 10^{-4}$.

将三种算法的优化结果列入表 5-1 中, 控制曲线如图 5-2 所示. 根据图 5-2 可以很明显地看到, 对于本节算法的搜索过程, 整个搜索过程被分为三个阶段. 其中, 第一阶段的搜索速度最快, 能够尽快地找到最优解的粗略范围. 而第三阶段的搜索速度最慢, 这样, 在搜索末期, 才能更精细地寻找最优解, 精度高. 这是由于本章算法中动态调整策略的影响. 在表 5-1 中, 通过对比可以发现, 无论对于性能指标还是运行时间, 在三种方法中动态尺度混合整数迭代动态规划算法都能用最小的时间获得最优的性能指标. 改进遗传算法的控制曲线同本章算法的控制曲

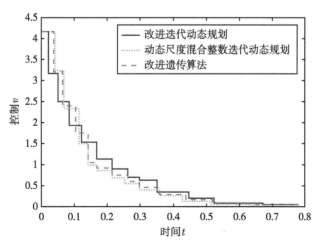

图 5-2 CSTR 最优控制轨迹比较

线十分接近, 但是, 会消耗更多时间. 对于改进迭代动态规划算法, 由于缺少动态调整机制, 在寻优能力和效率上都不如本章提出的算法. 综上所述, 动态尺度混合整数迭代动态规划算法能够有效地得到全局最优解, 可以用来求解三元复合驱最优控制问题.

表 5-1 CSTR 最优控制问题结果

算法名称	性能指标	运行时间/s	收敛精度 ε
改进迭代动态规划	0.1338	10.6	1×10^{-4}
改进遗传算法	0.1330	42.8	1×10^{-4}
动态尺度混合整数迭代动态规划	0.1326	9.2	1×10^{-4}

5.1.2 三元复合驱最优控制问题求解

5.1.2.1 油藏描述

针对长 630 m、宽 630 m 的二维油藏区域, 在 x 方向和 y 方向的网格均为 21, 油藏仅有一层, 厚 5 m. 孔隙度为 0.3, 孔隙体积为 3.8881×10^5 m^3. 油藏开采采用四注九采方式 (四口注入井, 九口采出井), 井位分布如图 5-3 所示, 其中 I 表示注入井, S 表示采出井. 油藏渗透率、初始含水饱和度分布和初始压力分布如图 5-4~图 5-6 所示. 三元复合驱部分流体数据见表 4-6.

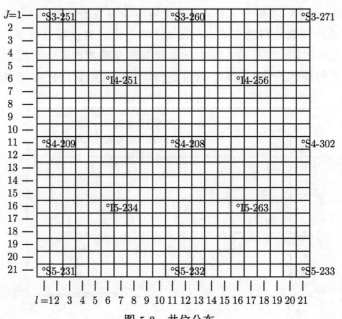

图 5-3 井位分布

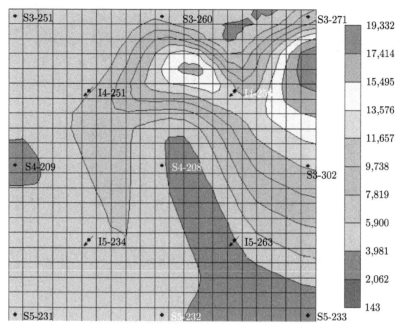

图 5-4 渗透率分布 (后附彩图)

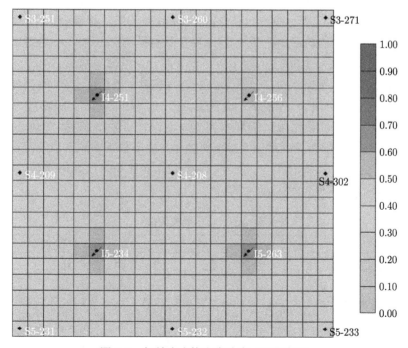

图 5-5 初始含水饱和度分布 (后附彩图)

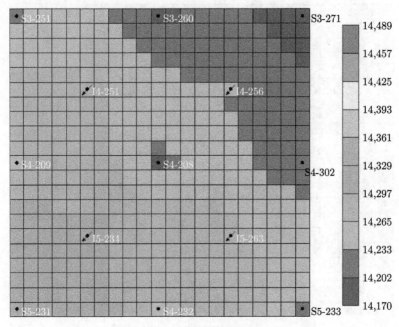

图 5-6 初始压力分布

整个驱油过程分为三段: 水驱、三元复合驱、水驱. 当第一段水驱进行到含水率 $f_w = 97\%$ 时, 开始第二段, 即三元复合驱; 当三元复合驱进行到含水率 $f_w = 98\%$ 时, 三元复合驱结束, 继续水驱. 整个三元复合驱的最长生产时间为 3000 d, 驱替剂通过四口注入井采用三段塞注入, 即 $P = 4$, 最后一个段塞为水驱.

每口注入井的注水速率 $\tilde{q}_{in}$ 为 $83 (\text{m}^3/\text{d})$. 采出井的采出率 q_{out} 如表 5-2 所示. 假设所有驱替剂的价格为 $P_{OH} = 2.86(美元/\text{kg})$, $P_s = 8.31(美元/\text{kg})$, $P_p = 6.85(美元/\text{kg})$, $P_{cost} = 500(美元/\text{d})$, 折现率为 $\chi = 1.5 \times 10^{-3}$, 参考 WTI 原油价格 $55(美元/\text{barrel})$, 单位换算后近似于 $0.346(美元/\text{L})$. 驱替剂的注入浓度范围为 $c_p \in [0,3] (\text{g/L})$, $c_{OH} \in [0,2] (\text{g/L})$, $c_s \in [0,1] (\text{g/L})$. 驱替剂的最大用量为 $M_{p\max} = 1000$ t, $M_{OH\max} = 500$ t, $M_{s\max} = 500$ t.

表 5-2 采出井采液量

采出井位号	S3-251	S3-260	S3-271	S4-209	S4-208	S4-302	S5-231	S5-232	S5-233
产液量/(m^3/d)	20.75	41.5	20.75	83	41.5	41.5	20.75	41.5	20.75

5.1.2.2 仿真结果

采用动态尺度混合整数迭代动态规划算法基于 Matlab R2011b 对三元复合驱最优控制进行求解. 为了说明本章提出算法的效果, 这里采用例 5.2 中涉及的改进

5.1 基于迭代动态规划的混合整数最优控制求解

迭代动态规划[37]和改进遗传算法[131],以及指标对比法、优化三元复合驱最优控制问题. 保持四口注入井的三元驱替剂段塞相同, 仅优化注入浓度、段塞长度和终端驱油时间. 为了将改进遗传算法用于求解本章的混合整数问题, 将 5.1.2.2 节中的整数截断策略用于改进遗传算法中处理整数变量.

由于三段塞变量较多, 指标对比法时人为计算结果过于繁琐, 这里指标对比法仅采用一段塞进行优化, 通过优化可得, 最优注入浓度为 $c_{pin}=1.5(\text{g/L})$, $c_{OHin}=1(\text{g/L})$, $c_{sin}=0.5(\text{g/L})$.

算法参数设置:

动态尺度混合整数迭代动态规划: 网格数量 $M=3, R=15, \gamma_0=0.7, \gamma_{\max}=0.9, \varepsilon=1\times10^{-4}, \boldsymbol{r}_{\Theta in}(r_{pin}=1, r_{OHin}=0.7, r_{sin}=0.4), \theta_{in}=100, r=0.12$.

改进迭代动态规划: $M=3, R=15, \gamma=0.8, \varepsilon=1\times10^{-4}, \boldsymbol{r}_{\Theta in}(r_{pin}=1, r_{OHin}=0.7, r_{sin}=0.4), \theta_{in}=100, r=0.12$.

改进遗传算法: $M=3$, 种群数 20, 交叉概率 0.9, 变异概率 0.4, $\varepsilon=1\times10^{-4}$.

优化结果如图 5-7~图 5-10 所示.

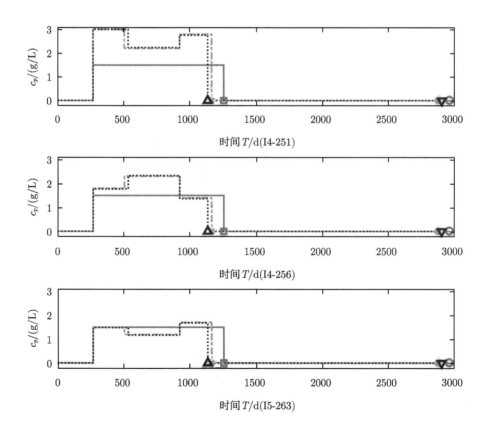

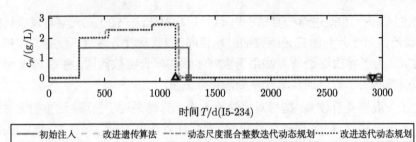

图 5-7 聚合物注入浓度比较 (后附彩图)

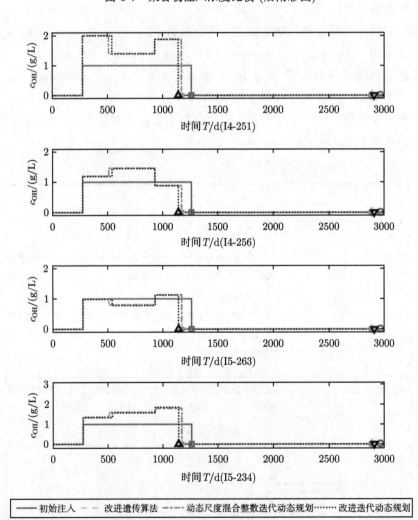

图 5-8 碱注入浓度比较 (后附彩图)

5.1 基于迭代动态规划的混合整数最优控制求解

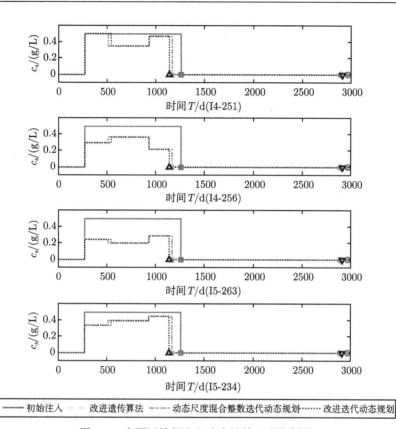

图 5-9 表面活性剂注入浓度比较 (后附彩图)

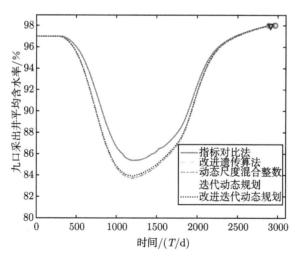

图 5-10 九口采出井平均含水率比较 (后附彩图)

在图 5-7∼ 图 5-10 中, 红色的 ∗、蓝色的 ○、黑色的 ▽ 和蓝绿色的 ◇ 分别表示动态尺度混合整数迭代动态规划、指标对比法、改进迭代动态规划和改进遗传算法的终端驱油时间. 红色的 ×、蓝色的 □、黑色的 △ 和蓝绿色的 ☆ 分别表示上述相应算法的驱替剂终端注入时间.

通过对比分析可知, 除指标对比法外, 其余三种方法的三种驱替剂的注入浓度优化结果基本一致. 对于四口注入井, 动态尺度混合整数迭代动态规划、改进迭代动态规划和改进遗传算法的优化结果在段塞长度和注入浓度上只有微小的差异, 而指标对比法的优化效果最差. 本章提出的动态尺度混合整数迭代动态规划在三种优化方法中具有最短的终端驱油时间和最长的驱替剂注入时间. 为了进一步说明结果的差异, 我们计算九口采出井的平均含水率, 相应的仿真曲线如图 5-10 所示.

在图 5-10 中, 对于九口采出井的平均含水率, 指标对比法的优化效果明显比其余三种方法差. 本章提出的动态尺度混合整数迭代动态规划算法在所有方法中, 具有最小的平均含水率, 终端驱油时间最短, 驱油效果最好. 而改进遗传算法的优化结果与本章提出算法的结果最为接近, 这是由于智能算法在搜索最优解上的优势. 对于文献 [37] 的改进迭代动态规划算法, 收缩因子和调整因子不能动态调整, 优化效果不如本章提出的算法和改进遗传算法.

为了进一步分析优化结果, 我们将相关优化结果列入表 5-3 中. 经对比可知, 在所有的方法中, 动态尺度混合整数迭代动态规划用时最短, 相对于改进遗传算法, 多采出了 296.62 t 原油, 净现值增加了 0.114×10^6 美元, 获得的净现值明显提高. 因此, 本章提出的动态尺度混合整数迭代动态规划算法能很好地处理三元复合驱最优控制问题的混合整数问题, 得到最优注入策略和段塞长度, 具有较高的计算精度和计算效率.

表 5-3 优化结果比较

方法	指标对比法	动态尺度混合整数迭代动态规划	改进迭代动态规划	改进遗传算法
驱油结束时间/d	2970	2880	2910	2889
三元驱替剂注入结束时间/d	1260	1170	1140	1165
聚合物消耗量/t	493.02	619.01	596.46	619.11
碱消耗量/t	328.68	407.66	392.10	408.22
表面活性剂消耗量/t	164.34	102.19	98.86	102.08
累积采油量/t	69477.33	77034.05	76164.15	76737.43
净现值/$\times 10^6$ 美元	27.080	31.351	31.135	31.237
仿真时间/s	—	203	209	633

5.2 基于近似动态规划的最优控制求解

虽然迭代动态规划避免了复杂伴随方程的求解和梯度计算, 能在一定程度上解决 "维数灾" 问题, 但是, 当系统过于复杂时, 如存在耦合、分布参数特性、偏微分、多变量等, 支配方程的求解依然十分困难.

为了解决上述问题, Werbos[132] 提出了近似动态规划算法, 该算法对值函数和控制策略进行近似, 通过求解近似最优控制问题得到最优策略, 能有效地解决 "维数灾" 问题. 然而, 如何根据近似值函数, 在控制可行域中确定最优解, 往往很难实现, 仍然是许多学者研究的热点. Barto 等[133] 提出了一种执行-评价自适应评价算法, 能够同时对值函数和控制策略进行近似, 很好地实现了控制策略的寻优问题.

因此, 本节提出了一种基于执行-评价框架的近似动态规划算法, 通过基于谱共轭梯度法的执行-评价框架对最优控制策略进行搜索. 为了提高精度, 采用基于系统特征的线性基函数近似系统的值函数和策略, 基函数的权重系数由时间差分学习算法更新. 最后, 将该算法用于求解三元复合驱的最优控制问题, 得到最优的注采策略.

5.2.1 最优控制问题描述

针对 3.3 节中给出的三元复合驱最优控制模型, 为了方便表述, 本章中采用 x 表示系统所有的状态, 采用 u 表示系统所有的控制变量. 结合净现值指标 (3-71), 定义时间 t 系统的立即回报为

$$Q(\boldsymbol{x}_t, \boldsymbol{u}_t) = \int_0^{t_f} \left\{ \iiint_\Omega \left[P_{\text{oil}}(1-f_w)\tilde{q}_{\text{out}}(t) - \sum_\Theta P_\Theta \tilde{q}_{\text{in}} \boldsymbol{u}_t(t) \right] \mathrm{d}\sigma - P_{\text{cost}} \right\} \mathrm{d}t, \quad \Theta = \{\text{OH}, s, p\}, \quad (5\text{-}23)$$

其中, $\boldsymbol{x}_t$ 和 $\boldsymbol{u}_t$ 分别表示 t 时刻的状态和控制. 其余变量定义参见第 3 章.

采用净现值 (NPV) 最大作为系统的性能指标, 结合立即回报函数, 可得本章三元复合驱最优控制的性能指标为

$$\text{NPV}^* = \max_{\{\boldsymbol{u}_t, t \geqslant 0\}} \int_{t=0}^T e^{-\alpha \tau} \cdot Q(\boldsymbol{x}_\tau, \boldsymbol{u}_\tau) \mathrm{d}\tau, \quad (5\text{-}24)$$

其中, $\alpha \geqslant 0$ 表示连续时间折现率, 能够把将来的收益折现为当前收益, T 表示整个采油周期, 即 t_f.

对于一个一般的最优控制问题, 动态规划通常将原始问题划分为一系列的子问题进行求解. 各个子问题通过值函数反映当前控制策略对未来的影响. 定义时间 t

的值函数如下:
$$V(\boldsymbol{x}_t) = \max_{\boldsymbol{u}_t} \int_t^\infty e^{-\alpha\tau} \cdot Q(\boldsymbol{x}_\tau, \boldsymbol{u}_\tau) \mathrm{d}\tau. \tag{5-25}$$

根据 Bellman 原理,将原始问题转化为一个多阶段优化问题. 引入时间步长 Δ 对整个时间域进行离散, 公式 (5-25) 可以写成

$$\begin{aligned}V(\boldsymbol{x}_t) &= \max_{\boldsymbol{u}_t} \left\{ \int_t^{t+\Delta} e^{-\alpha\tau} \cdot Q(\boldsymbol{x}_\tau, \boldsymbol{u}_\tau) \mathrm{d}\tau + \int_{t+\Delta}^\infty e^{-\alpha\tau} \cdot Q(\boldsymbol{x}_\tau, \boldsymbol{u}_\tau) \mathrm{d}\tau \right\} \\ &= \max_{\boldsymbol{u}_t} \left\{ \int_t^{t+\Delta} e^{-\alpha\tau} \cdot Q(\boldsymbol{x}_\tau, \boldsymbol{u}_\tau) \mathrm{d}\tau + V(\boldsymbol{x}_{t+1}) \right\}. \end{aligned} \tag{5-26}$$

其中, 下标 $t+1$ 表示时刻 $t+\Delta$.

由于时间步长 Δ 相对于整个采油周期 T 足够小, 根据积分中值定理, 我们可以用时间 t 的值进行近似,

$$\int_t^{t+\Delta} e^{-\alpha\tau} \cdot Q(\boldsymbol{x}_\tau, \boldsymbol{u}_\tau) \mathrm{d}\tau \approx e^{-\alpha t} \cdot Q(\boldsymbol{x}_t, \boldsymbol{u}_t) \Delta. \tag{5-27}$$

另外, 采用基函数近似的方法将值函数分解成如下时间组分和空间组分乘积的形式:

$$V(\boldsymbol{x}_t) = e^{-\alpha t} \cdot V^*(\boldsymbol{x}_t), \quad V(\boldsymbol{x}_{t+1}) = e^{-\alpha(t+\Delta)} \cdot V^*(\boldsymbol{x}_{t+1}), \tag{5-28}$$

其中, $e^{-\alpha t}$ 表示时间组分, $V^*(\boldsymbol{x}_t)$ 表示空间组分 (即状态 $\boldsymbol{x}_t$ 的最优值函数).

那么, 公式 (5-28) 可以变换为

$$e^{-\alpha t} \cdot V^*(\boldsymbol{x}_t) = \max_{\boldsymbol{u}_t} \left\{ e^{-\alpha t} \cdot Q(\boldsymbol{x}_t, \boldsymbol{u}_t) \Delta + e^{-\alpha(t+\Delta)} \cdot V^*(\boldsymbol{x}_{t+1}) \right\}. \tag{5-29}$$

对于所有可能的系统状态 $\boldsymbol{x}_{t+1}$, 如果每一个系统状态的最大值函数的空间组分 $V^*(\boldsymbol{x}_{t+1})$ 已知, 则状态 $\boldsymbol{x}_t$ 的最优值函数为

$$V^*(\boldsymbol{x}_t) = \max_{\boldsymbol{u}_t} \left\{ Q(\boldsymbol{x}_t, \boldsymbol{u}_t) \Delta + e^{-\alpha\Delta} \cdot V^*(\boldsymbol{x}_{t+1}) \right\}. \tag{5-30}$$

这样, 原来的值函数 $V(\boldsymbol{x}_t)$ 就被转换成关于 $V^*(\boldsymbol{x}_t)$ 的迭代形式. 最优控制 $\boldsymbol{u}_t^*$ 可以通过如下公式获得

$$\boldsymbol{u}_t^* = \arg\max_{\boldsymbol{u}_t} \left\{ Q(\boldsymbol{x}_t, \boldsymbol{u}_t) \Delta + e^{-\alpha\Delta} \cdot V^*(\boldsymbol{x}_{t+1}) \right\}. \tag{5-31}$$

公式 (5-32) 和 (5-33) 即为动态规划的迭代过程. 为了克服 "维数灾" 问题, 我们可以根据近似动态规划, 通过近似值函数从前向后顺序求解每一个阶段的子问题, 通过迭代得到最优的值函数和控制策略.

对于本章的三元复合驱最优控制问题, 立即回报函数 $Q(\boldsymbol{x}_t, \boldsymbol{u}_t)$ 是一个分段连续积分函数. 由于整个采油周期为 T (即经过时间 T 后停止采油), 立即回报函数满足当 $t > T$ 时, $Q(\boldsymbol{x}_t, \boldsymbol{u}_t) = 0$. 由于三元复合驱开采周期长的特性, 相对于每个时间微元, 可以近似认为 $T \sim \infty$, 因此, $\int_0^\infty e^{-\alpha\tau} \cdot Q(\boldsymbol{x}_\tau, \boldsymbol{u}_\tau) \mathrm{d}\tau = \int_0^T e^{-\alpha\tau} \cdot Q(\boldsymbol{x}_\tau, \boldsymbol{u}_\tau) \mathrm{d}\tau$. 基于以上理论, 三元复合驱的最优控制问题可以用近似动态规划方法进行求解.

5.2.2 基于执行-评价框架的近似动态规划算法

5.2.2.1 算法基本原理

采用近似动态规划递归求解最优控制的基本思路为: 首先根据公式 (5-33) 计算时间 t 的最优控制 $\boldsymbol{u}_t$, 然后根据公式 (5-32) 计算时间 $t+1$ 的状态 $\boldsymbol{x}_{t+1}$, 并计算当前时刻的最优控制 $\boldsymbol{u}_{t+1}$, 迭代计算最优控制和状态, 直到获得整个时域的最优控制. 由于最优值函数 $V^*(\boldsymbol{x}_{t+1})$ 的精确近似形式很难直接给出, 需要通过迭代的形式逐步逼近最优值函数和最优控制策略. 近似动态规划的基本原理如图 5-11 所示.

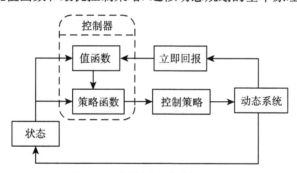

图 5-11 近似动态规划原理图

参照图 5-11, 本章提出的基于执行-评价框架的近似动态规划算法主要包括以下几部分[49]:

(1) 采用特征正交分解构造基函数来近似值函数和控制策略;
(2) 采用时间差分学习算法计算值函数的权重系数;
(3) 将时间差分误差和高斯分布相结合, 实现控制策略的权重计算和更新;
(4) 采用执行-评价框架将近似的值函数和控制策略结合成一个整体, 并通过谱共轭梯度法迭代求解最优控制的权重系数. 从而确定最优控制策略、最优值函数和相应的状态参数.

5.2.2.2 值函数近似

1. 基函数构造

线性基函数具有收敛速度快、形式简单、可调参数少、反映系统特征等优点,

被广泛用于逼近近似动态规划的值函数. 采用线性基函数近似的值函数[16] 如下:

$$V^*(\boldsymbol{x}) \approx \tilde{V}(\boldsymbol{x}) = \sum_{k=0}^{K} \varphi_k(\boldsymbol{x})\xi_k = \boldsymbol{\varphi}(\boldsymbol{x})^{\mathrm{T}}\boldsymbol{\xi}, \qquad (5\text{-}32)$$

其中, $\varphi_k(\cdot), k = 0, \cdots, K$ 表示线性基函数, ξ_k 表示权重系数. 近似动态规划旨在通过合理的近似值函数获取一个邻近最优策略 $\tilde{\boldsymbol{u}}$.

常规的线性基函数构造方法不能充分反映系统信息, 在近似过程中往往在精度和泛化能力上存在缺陷. Wen 等[16] 提出了一种基于系统特征构造基函数的方法, 通过利用线性系统特征的各个基函数的相互组合, 构造新的基函数集, 可以根据需要选取基函数的数目, 极大地扩大了基函数的选择范围. 和常规的基函数构造方法相比, 该方法具有如下优点:

(1) 基函数能够充分反映系统的全部信息, 具有更好的近似效果;
(2) 能够灵活地构造基函数, 数学结构简单, 具有较好的收敛性, 且基函数具有正交性, 便于计算.

鉴于上述优点, 本章基于系统特征构造基函数, 具体的结构如图 5-12 所示.

图 5-12 基于系统特征的线性函数近似

在图 5-13 中, 特征提取模块用于实现通过状态分解获取系统特征的功能; 函数近似模块用于实现特征选取和构造最终的基函数的功能. 在本章中, 我们针对三元复合驱最优控制问题, 通过构造基函数实现值函数和控制策略的近似. 由于未来的利润与整个油藏的全局状态和井附近的局部状态直接相关, 我们基于这些信息构造线性基函数.

特征正交分解是一种有效的提取特征方法, 能够在捕获系统最大能量的前提下尽可能降低系统维度. 因此, 本章采用特征正交分解来提取系统特征, 构造近似动态规划的基函数. 下面对基函数的具体构造过程作简单介绍.

假设系统在时间 $t = t_0, t_1, \cdots, t_{l-1}$ 的全局状态和局部状态的采样轨迹分别为 $\boldsymbol{x}_G(t)$, $\boldsymbol{x}_L(t)$. 定义全局状态的均值为 $\bar{\boldsymbol{x}}_G$, 局部状态的均值为 $\bar{\boldsymbol{x}}_L$.

采用如下方式对全局状态和局部状态的快照矩阵[150] 进行标准化处理:

$$\boldsymbol{X}_G = [\boldsymbol{x}_G(t_0) - \bar{\boldsymbol{x}}_G, \boldsymbol{x}_G(t_1) - \bar{\boldsymbol{x}}_G, \cdots, \boldsymbol{x}_G(t_{l-1}) - \bar{\boldsymbol{x}}_G], \qquad (5\text{-}33)$$

$$\boldsymbol{X}_L = [\boldsymbol{x}_L(t_0) - \bar{\boldsymbol{x}}_L, \boldsymbol{x}_L(t_1) - \bar{\boldsymbol{x}}_L, \cdots, \boldsymbol{x}_L(t_{l-1}) - \bar{\boldsymbol{x}}_L]. \qquad (5\text{-}34)$$

采用奇异值分解 (SVD) 对上述状态进行特征化处理, 则有 $\boldsymbol{X}_G = \boldsymbol{U}_G\boldsymbol{\Sigma}_G\boldsymbol{V}_G$, $\boldsymbol{X}_L = \boldsymbol{U}_L\boldsymbol{\Sigma}_L\boldsymbol{V}_L$, 其中, $\boldsymbol{\Sigma}$ 表示对角阵, 对角线元素按降序排列. 分别定义 $\boldsymbol{\Phi}_G =$

5.2 基于近似动态规划的最优控制求解

$U_G(1:N_G)$ 和 $\Phi_L = U_L(1:N_L)$ 表示 U_G 的前 N_G 列和 U_L 的前 N_L 列. 构造投影矩阵 $\Phi = \begin{bmatrix} \Phi_G & 0 \\ 0 & \Phi_L \end{bmatrix}$. 那么, $\text{span}(\Phi)$ 可以反映系统的绝大部分能量.

然后, 采用定义在 $\text{span}(\Phi)$ 上的多项式构造系统基函数, 主要过程为:

假设 ϕ_i 代表 Φ 的第 i 列, 则基函数按如下形式构造:

$$\varphi_k(\boldsymbol{x}) = M_k \prod_{i=1}^{I} \left(\phi_{k_i}^{\mathrm{T}} \boldsymbol{x}\right)^{m_i}, \tag{5-35}$$

其中, M_k 表示标准化的常数, m_i 表示非负整数, I 表示基函数所包含的项数. 当 $I=1$ 时, φ_k 为一项多项式. 很明显, 可以通过这种方法构造出大量的基函数. 然而, 基函数的数目太多, 会导致计算量剧增, 或者产生过拟合导致性能缺失. 若基函数数目过少, 会无法达到要求的精度. 在应用中, 只需从所有候选基函数中选取部分用于近似值函数. 因此, 我们只需选择合理的基函数数目即可.

另外, 为了保证数值稳定性, 获得更好的近似性能, 我们通常人为地将常数项 $\varphi_0(\boldsymbol{x}) = 1$ 加入到基函数集中. 将所有的基函数进行标准化, 使其满足 $|\varphi_k(\boldsymbol{x}_0)| = 1, k = 1, \cdots, K$, 其中, $\boldsymbol{x}_0$ 表示初始状态.

综上所述, 基函数集包括: ① 一个常数基函数 $\varphi_0(\boldsymbol{x}) = 1$; ② 平均全局状态 $\bar{x}_G$(整个油藏的含水饱和度均值) 的一到三阶一项多项式; ③ 平均局部状态 $\bar{x}_L$(生产井附近区域的含水饱和度) 的一到三阶一项多项式; ④ 定义在 $\text{span}(\Phi)$ 上的所有多项式交叉相乘直到三阶多项式. 假设所有基函数的总数为 $\tilde{K}$, 通常为一个很大的数. 由于在实际应用中, 我们只需要满足要求精度即可, 没有必要使用所有的基函数, 而且, 基函数过多, 还会增加运算的复杂度. 因此, 我们只需根据精度要求在每一类基函数中选择部分有代表性的 K 个作为最终的基函数. 例如, 如果 $N_G=2, N_L=1$, $I=1$, 那么最终得到的函数集合为 $\{1, \phi_i^{\mathrm{T}}\boldsymbol{x}, \phi_i^{\mathrm{T}}\phi_j\boldsymbol{x}^{\mathrm{T}}\boldsymbol{x}, \phi_i^{\mathrm{T}}\phi_j\phi_k^{\mathrm{T}}\boldsymbol{x}\boldsymbol{x}^{\mathrm{T}}\boldsymbol{x}\}$ $(i, j, k = 1, 2, 3)$, 从中选取 K 个元素作为最终的基函数用于近似. 需要注意的是, 为了确保绝大多数特征被涵盖, 所有的一阶多项式必须被选取到最终的基函数集中, 即 $K \geqslant 1 + N_G + N_L$.

为了确定基函数的数目, 首先需要确定全局状态 N_G 和局部状态 N_L 的维数. 通过系统的特征值来描述系统的能量函数, 具体如下:

$$E_i = \frac{\lambda_i}{\sum_{j=1}^{K} \lambda_j}, \tag{5-36}$$

公式 (5-36) 的值越大, 基函数所反映的系统能量越多. 一般来说, 当该比例大于 99% 时, 我们认为此时的系统维度能够反映绝大部分能量, 选取相应的维度构造 $\text{span}(\Phi)$.

下一步需要做的工作就是如何从基函数集中选取 K 个元素. 类似地, 我们定义如下误差函数:

$$\text{RMSE} = \sqrt{\frac{\iiint \sum (Y_i - \bar{Y}_i)^2 \, d\sigma}{\iiint \sum \Delta t \, d\sigma}}, \tag{5-37}$$

其中, $\bar{Y}$ 表示实际输出, Y 表示预测输出. 对每一类基函数调整选取的基函数数目, 计算上述误差函数, 直至 RMSE 满足给定要求, 例如 $\text{RMSE} \leqslant 0.01$. 每一类的基函数数目的和就是最终选取的基函数数目 K, 相应的基函数全体就是最终的基函数.

2. 时间差分学习

基函数确定之后, 还需要计算权重系数 $\boldsymbol{\xi}$, 才能完成值函数近似. 对于一般的训练预测问题, 值函数近似的目标通常为最小化预测值和实际值之间的误差. 假设在某一点上的系统状态为 $\boldsymbol{x}$, 实际系统的值函数为 $V(\boldsymbol{x})$, 且值函数可以近似为 $\tilde{V}_{\boldsymbol{\xi}}(\boldsymbol{x}) = \boldsymbol{\varphi}(\boldsymbol{x})^{\mathrm{T}} \boldsymbol{\xi}$, 那么误差的平方和可以定义为

$$\text{MSE}(\boldsymbol{\xi}) = \sum_{\boldsymbol{x}} \left(V^*(\boldsymbol{x}) - \tilde{V}_{\boldsymbol{\xi}}(\boldsymbol{x}) \right)^2. \tag{5-38}$$

这里值函数近似的目标为寻找最优的权重系数 $\boldsymbol{\xi}^*$, 使得如下条件成立:

$$\text{MSE}(\boldsymbol{\xi}^*) \leqslant \text{MSE}(\boldsymbol{\xi}). \tag{5-39}$$

为了求解该优化问题, 我们采用梯度下降法确定最优权重 $\boldsymbol{\xi}^*$. 将控制动作 $\boldsymbol{u}_t$ 施加给状态为 $\boldsymbol{x}_t$ 的系统, 为了获取最小的误差, 对误差求关于参数 $\boldsymbol{\xi}$ 的导数, 可以得到如下的值函数权重递推公式:

$$\boldsymbol{\xi}_{t+1} = \boldsymbol{\xi}_t - \frac{1}{2} \alpha_t \frac{\partial}{\partial \boldsymbol{\xi}_t} \left[V^*(\boldsymbol{x}_t) - \tilde{V}(\boldsymbol{x}_t) \right]^2 = \boldsymbol{\xi}_t + \alpha_t \left[V^*(\boldsymbol{x}_t) - \tilde{V}(\boldsymbol{x}_t) \right] \frac{\partial}{\partial \boldsymbol{\xi}_t} \tilde{V}(\boldsymbol{x}_t), \tag{5-40}$$

其中, α_t 表示学习率. 由于实际的值函数的值 $V^*(\boldsymbol{x}_t)$ 不能事先获得, 这里采用如下公式进行估计:

$$V^*(\boldsymbol{x}_t) \approx \max_{\boldsymbol{u}_t} \left\{ Q(\boldsymbol{x}_t, \boldsymbol{u}_t) \Delta + e^{-\alpha \Delta} \cdot \tilde{V}(\boldsymbol{x}_{t+1}) \right\}. \tag{5-41}$$

定义时间差分误差如下:

$$\delta_t(\boldsymbol{x}_t, \boldsymbol{u}_t) = Q(\boldsymbol{x}_t, \boldsymbol{u}_t) \Delta + e^{-\alpha \Delta} \cdot \boldsymbol{\varphi}(\boldsymbol{x}_{t+1})^{\mathrm{T}} \boldsymbol{\xi}_t - \boldsymbol{\varphi}(\boldsymbol{x}_t)^{\mathrm{T}} \boldsymbol{\xi}_t, \tag{5-42}$$

则我们可以获得如下值函数的权重系数 $\boldsymbol{\xi}$ 的迭代公式:

$$\boldsymbol{\xi}_{t+1} = \boldsymbol{\xi}_t + \alpha_t \left[Q(\boldsymbol{x}_t, \boldsymbol{u}_t) \Delta + e^{-\alpha \Delta} \cdot \boldsymbol{\varphi}(\boldsymbol{x}_{t+1})^{\mathrm{T}} \boldsymbol{\xi}_t - \boldsymbol{\varphi}(\boldsymbol{x}_t)^{\mathrm{T}} \boldsymbol{\xi}_t \right] \boldsymbol{\varphi}(\boldsymbol{x}_t). \tag{5-43}$$

这就是时间差分学习算法[134].

5.2.2.3 基于执行-评价框架的控制策略搜索

在给出了值函数线性近似结构、基函数构造方法和时间差分学习算法后,下一步任务就是如何搜索最优控制策略. 执行-评价框架[135] 是一种有效的策略搜索机制,其主要思想如图 5-13 所示,主要包括两部分: 实现控制策略近似的执行网络和实现值函数近似的评价网络. 当该机制用于控制系统时,执行网络产生控制动作, 作用在被控系统, 评价网络接收到被控系统的立即回报, 并且基于该立即回报更新值函数. 然后计算时间差分误差, 将该误差反馈到执行网络中. 另外, 执行网络也可以根据时间差分误差调整策略对控制动作进行调整, 使得效果好的控制具有更大的概率被选中.

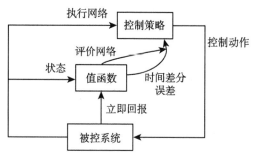

图 5-13 执行-评价算法原理图

评价网络的近似已经在 5.2.2.2 节中给出, 即为值函数的近似过程, 如公式 (5-32) 所示. 这里, 执行网络也采用基于系统特征构造的线性基函数进行近似, 如公式 (5-37) 所示. 控制策略可以近似为

$$A(\boldsymbol{x}) = \boldsymbol{\varphi}(\boldsymbol{x})^{\mathrm{T}} \boldsymbol{\zeta}, \tag{5-44}$$

其中, $\boldsymbol{\zeta} = (\zeta_1, \cdots, \zeta_n)^{\mathrm{T}}$ 表示权重系数.

对于一般的搜索过程, 控制策略必须具有在控制可行域中搜索更好解的能力, 以便求得最优控制. 本章中, 引入高斯函数选择控制策略. 在迭代过程中, 按照 $u_t \sim N(\mu, \sigma)$ 的高斯分布产生新的控制, 具体生成策略如下:

$$\boldsymbol{u}_t = \boldsymbol{\varphi}^{\mathrm{T}}(\boldsymbol{x}) \boldsymbol{\zeta} \exp\left\{-\frac{1}{2\sigma^2}(\boldsymbol{u} - \mu)^2\right\}, \tag{5-45}$$

其中, $\sigma > 0$ 表示搜索深度.

在构造了线性基函数后, 计算值函数和控制的权重系数 $\boldsymbol{\xi}$ 和 $\boldsymbol{\zeta}$. 假设在时间 t 施加控制动作 $\boldsymbol{u}_t$ 后, 系统的状态从 $\boldsymbol{x}_t$ 变化为 $\boldsymbol{x}_{t+1}$, 产生的立即回报为 $Q(\boldsymbol{x}_t, \boldsymbol{u}_t)$, 相应的值函数权重为 $\boldsymbol{\xi}_t$, 控制策略的权重为 $\boldsymbol{\zeta}_t$. 根据 5.2.2.2 节中给出的时间差分

学习算法可得，值函数的权重系数更新公式为

$$\boldsymbol{\xi}_{t+1} = \boldsymbol{\xi}_t + \alpha_t \delta_t \boldsymbol{\varphi}(\boldsymbol{x}_t), \tag{5-46}$$

其中，$\delta_t = Q(\boldsymbol{x}_t, \boldsymbol{u}_t)\Delta + e^{-\alpha\Delta} \cdot \tilde{V}(\boldsymbol{x}_{t+1}) - \tilde{V}(\boldsymbol{x}_t)$ 表示时间差分误差，α_t 表示迭代步长。

为了计算控制策略的权重系数 $\boldsymbol{\zeta}_t$，这里引入时间差分误差的 sigmoid 函数，建立误差函数。假设将控制动作 $\boldsymbol{u}_1$ 和 $\boldsymbol{u}_2$ 分别施加至相同系统，系统的状态分别从 $\boldsymbol{x}$ 变化为 $\boldsymbol{x}_1$ 和 $\boldsymbol{x}_2$，产生的立即回报分别为 $Q(\boldsymbol{x}, \boldsymbol{u}_1)$ 和 $Q(\boldsymbol{x}, \boldsymbol{u}_2)$，相应的时间差分误差分别为 $\delta(\boldsymbol{x}, \boldsymbol{u}_1)$ 和 $\delta(\boldsymbol{x}, \boldsymbol{u}_2)$。假设 $\delta(\boldsymbol{x}, \boldsymbol{u}_1) > \delta(\boldsymbol{x}, \boldsymbol{u}_2)$，则

$$Q(\boldsymbol{x}, \boldsymbol{u}_1)\Delta + e^{-\alpha\Delta} \cdot \tilde{V}(\boldsymbol{x}_1) - \tilde{V}(\boldsymbol{x}) > Q(\boldsymbol{x}, \boldsymbol{u}_2)\Delta + e^{-\alpha\Delta} \cdot \tilde{V}(\boldsymbol{x}_2) - \tilde{V}(\boldsymbol{x}). \tag{5-47}$$

整理，得

$$Q(\boldsymbol{x}, \boldsymbol{u}_1)\Delta + e^{-\alpha\Delta} \cdot \tilde{V}(\boldsymbol{x}_1) > Q(\boldsymbol{x}, \boldsymbol{u}_2)\Delta + e^{-\alpha\Delta} \cdot \tilde{V}(\boldsymbol{x}_2). \tag{5-48}$$

显然，当系统的状态为 $\boldsymbol{x}$ 时，控制动作 $\boldsymbol{u}_1$ 比控制动作 $\boldsymbol{u}_2$ 效果好。为了获得更好的控制动作，应当让 $\boldsymbol{u}_1$ 被选中的概率比 $\boldsymbol{u}_2$ 大。也就是说，在权重系数 $\boldsymbol{\zeta}$ 调整过程中，应当使控制策略函数 $A(\boldsymbol{x}) = \boldsymbol{\varphi}(\boldsymbol{x})^{\mathrm{T}}\boldsymbol{\zeta}$ 更接近 $\boldsymbol{u}_1$。类似地，如果 $\delta(\boldsymbol{x}, \boldsymbol{u}_1) < \delta(\boldsymbol{x}, \boldsymbol{u}_2)$，意味着 $\boldsymbol{u}_2$ 比 $\boldsymbol{u}_1$ 效果好，$\boldsymbol{\zeta}$ 的调整应当使控制策略函数更接近 $\boldsymbol{u}_2$。

根据以上分析，建立如下误差函数：

$$\overline{\mathrm{MSE}}(\boldsymbol{\zeta}) = \frac{1}{2}\int_U s(\delta(\boldsymbol{x}, \boldsymbol{u}))\left(\boldsymbol{\varphi}(\boldsymbol{x})^{\mathrm{T}}\boldsymbol{\zeta} - \boldsymbol{u}\right)^2 \mathrm{d}\boldsymbol{u}\mathrm{d}\boldsymbol{x}, \tag{5-49}$$

其中，$\delta(\boldsymbol{x}, \boldsymbol{u})$ 表示状态和控制的时间差分误差，$s(\cdot)$ 表示 sigmoid 函数：

$$s(\delta(\boldsymbol{x}, \boldsymbol{u})) = \frac{1}{1 + e^{-\delta(\boldsymbol{x}, \boldsymbol{u})}}. \tag{5-50}$$

sigmoid 函数是单调递增函数，可以将输入映射到 $(0, 1)$ 范围内。因此，$s(\delta(\boldsymbol{x}, \boldsymbol{u}))$ 随着 $\delta(\boldsymbol{x}, \boldsymbol{u})$ 的增加单调增加。当系统状态为 $\boldsymbol{x}$ 时，如果取指标 $s(\delta(\boldsymbol{x}, \boldsymbol{u}))(\boldsymbol{\varphi}(\boldsymbol{x})^{\mathrm{T}}\boldsymbol{\zeta} - \boldsymbol{u})^2$ 的最小值，则时间差分误差越大，控制动作被选中的概率越大，同样地，如果时间差分误差取值越小，控制动作被选中的概率也越小。

5.2.2.4 基于执行-评价框架的谱共轭梯度下降寻优

共轭梯度法避免了 Hessian 矩阵的存储和计算，具有收敛速度快、稳定性高、不需任何外来参数等优点，十分适合求解大规模非线性优化问题。因此，这里采用谱共轭梯度法求指标 (5-51) 的最小值，假设系统在时间 t 的状态为 $\boldsymbol{x}_t$，执行控制动

5.2 基于近似动态规划的最优控制求解

作 u_t, 获得的时间差分误差为 $\delta(x_t, u_t)$. 通过最小化如下指标求最优的控制策略权重 ζ:

$$J_t(\zeta) = \frac{1}{2\left(1 + e^{-\delta(x_t, u_t)}\right)} \left(\varphi(x_t)^{\mathrm{T}} \zeta - u_t\right)^2. \tag{5-51}$$

对公式 (5-51) 求关于 ζ 的导数, 可得

$$g_t = \nabla_\zeta J_t = \frac{1}{\left(1 + e^{-\delta(x_t, u_t)}\right)} \left(\varphi(x_t)^{\mathrm{T}} \zeta - u_t\right) \varphi(x_t). \tag{5-52}$$

由文献 [136] 给出的谱共轭梯度法, 可得控制策略的权重系数迭代更新公式为

$$\zeta_{t+1} = \zeta_t + \beta_t d_t, \tag{5-53}$$

$$d_t = \begin{cases} -g_t, & k = 1, \\ -\dfrac{1}{\lambda_t} g_t + \eta_t d_{t-1}, & k \geqslant 2, \end{cases} \tag{5-54}$$

其中, $\beta_t > 0$ 表示迭代步长, d_t 为搜索方向, λ_t 表示谱系数, η_t 为与谱系数相关的参数.

谱系数定义如下:

$$\lambda_t = \frac{s_{t-1}^{\mathrm{T}} y_{t-1}}{|s_{t-1}|^2}, \quad y_{t-1} = g_t - g_{t-1}, \quad s_{t-1} = \zeta_t - \zeta_{t-1}. \tag{5-55}$$

不同的谱共轭梯度法主要区别在于谱参数不同, 这里采用如下 SNPRP 谱参数[136]:

$$\eta_t^{\mathrm{SNPRP}} = \frac{\lambda_{t-1} \left(\|g_t\|^2 - \dfrac{\|g_t\|}{\|g_{t-1}\|} |g_t^{\mathrm{T}} g_{t-1}|\right)}{\lambda_t \|g_{t-1}\|^2}. \tag{5-56}$$

综上所述, 完整的基于执行-评价框架的梯度寻优算法过程如下:

需要参数 基函数集 $\{\varphi_0 = 1, \varphi_1, \cdots, \varphi_K\}$, 折现率 α, 最大迭代次数 I, 迭代步长 α_t, β_t, 时间步长 Δ, 采油周期 T, 搜索深度系数 σ, 三元复合驱初始状态 x_0;

初始化 $\xi_0 = \mathbf{0}, \zeta_0 = \mathbf{0}, i = 1$;

For $i = 1, 2, \cdots, I$;

Do 从时间 0 到 T, 以步长 Δ 运行三元复合驱模型, 在每一步, 按公式 (5-47) 为当前值函数产生控制动作, 计算立即回报和下一时间的系统状态 x_{t+1};

计算时间差分 $\delta_t \leftarrow Q(x_t, u_t)\Delta + e^{-\alpha\Delta} \cdot \varphi^{\mathrm{T}}(x_{t+1})\xi_t - \varphi(x_t)^{\mathrm{T}}\xi_t$;

$\xi_{t+1} \leftarrow \xi_t + \alpha_t \delta_t \varphi(x_t)$;

$\zeta_{t+1} \leftarrow \zeta_t + \beta_t d_t$, 具体谱系数和谱参数见公式 (5-55) 和 (5-56);

测试值函数的性能, 如果性能满足给定条件, 结束循环, 否则, 设置 $i = i + 1$.
End for
Return $\xi^* = \xi_{t+1}$, $\zeta^* = \zeta_{t+1}$.

5.2.3 算法测试

例 5.3 LQR 最优控制问题[128]

考虑如下 LQR 问题:

$$\begin{aligned} \min \quad & J = \frac{1}{2} \int_0^5 \left(u(t)^2 + v(t)^2 \right) \mathrm{d}t, \\ \text{s.t.} \quad & \begin{cases} \dot{u}(t) = u(t) + v(t), \\ u(0) = \sqrt{2}, \quad u(t_f) = 1. \end{cases} \end{aligned} \tag{5-57}$$

通过求解 Riccati 方程, 可以得到问题的解析解,

$$\begin{aligned} u(t) &= 1.4134 \cdot e^{-\sqrt{2}t} + 8.4831 \times 10^{-4} \cdot e^{\sqrt{2}t}, \\ v(t) &= -3.4122 \cdot e^{-\sqrt{2}t} + 3.5138 \times 10^{-4} \cdot e^{\sqrt{2}t}. \end{aligned} \tag{5-58}$$

算法参数设置: 分段数 $P = 20, \alpha_t = 0.1, \beta_t = 0.01$, 收敛精度 $\varepsilon = 1 \times 10^{-4}$. 采用本节提出的基于执行-评价框架的近似动态规划算法求解 LQR 问题, 得到的最优性能指标为 $J = 2.6367$, 最优控制曲线如图 5-14 和图 5-15 所示. 通过对比可知, 本章算法的性能指标与解析解的最优指标 $J = 2.6180$ 十分接近, 二者的相对误差仅为 0.71%, 而且最优控制曲线也基本一致. 可见, 本章提出的基于执行-评价框架的近似动态规划算法在求解 LQR 问题上, 具有很好的求解效果.

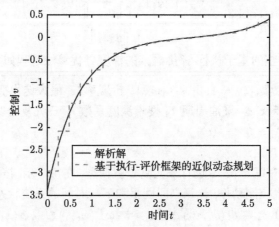

图 5-14 LQR 问题最优控制轨迹

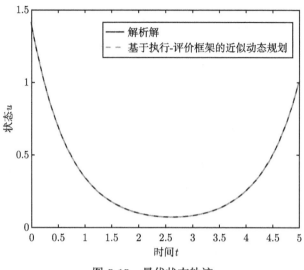

图 5-15 最优状态轨迹

5.2.4 三元复合驱最优控制问题求解

采用基于执行-评价框架的近似动态规划方法求解 3.3 节中所示的三维空间三元复合驱最优控制问题. 算法在 Matlab R2011b 软件上运行, 所有的油藏采样数据由油藏数值模拟软件 CMG 2010 获得. 整个执行过程为: 运行 CMG 软件获取状态样本数据; 特征正交分解生成线性基函数, 近似值函数和控制策略; 应用执行-评价框架迭代获取最优控制策略. 最优控制问题的性能指标如公式 (5-26) 所示. 虽然三元复合驱的状态包括含水饱和度、压力、驱替剂网格浓度, 但是只有空间含水饱和度和系统的输出采出井含水率直接相关. 因此, 本节只针对含水饱和度数据生成基函数, 从而近似值函数和控制策略.

针对 4.4.2.1 节中所述三维三元复合驱油藏区块, 采用三段塞注入策略, 整个三元复合驱的开发周期为 96 个月, 总共分为四段, 前三段每段 16 个月为三元复合驱, 最后一段为水驱. 设置 $P = 3, P_p = 6.85$(美元/kg), $P_s = 8.31$(美元/kg), $P_{OH} = 2.86$(美元/kg), 原油生产成本 $P_{cost} = 500$(美元/d), 折现率 $\chi = 1.5 \times 10^{-3}$, 原油价格根据 WTI 价格, 为 0.346(美元/L), $u_{\Theta \max} = 4$(g/L), $\Theta = \{OH, s, p\}$, $M_{OH} = 1400$ t, $M_s = 800$ t, $M_p = 800$ t. 为了简单处理, 我们为四口注入井设置相同的注入策略, 只优化每个段塞的注入浓度.

采用基于执行-评价框架的近似动态规划算法进行求解, 就是用特征正交分解基于含水饱和度特征化能够反映系统大部分能量的降维数据. 为了确定 N_G 和 N_L 的值, 给定不同的值计算系统全局状态和局部状态的能量, 将具体结果统计在表 5-4 中.

表 5-4　不同维度下系统能量

能量/%	1	2	3	4	5	6	7
N_G	65.15	80.19	94.98	97.94	98.85	99.90	99.93
N_L	67.45	83.48	96.23	98.45	99.90	99.92	99.95

由表 5-4 可知, 当 $N_G = 6, N_L = 5$ 时, 系统的能量 E_i 刚好满足 99% 的要求, 当 $N_G > 6, N_L > 5$ 时, 系统能量随着 N_G 和 N_L 的值增加, 增长缓慢. 因此, 我们选取 $N_G = 6, N_L = 5$. 设置 $I = 1$, 构造基函数集. 选取不同的基函数数目 K 生成最终的基函数, 并根据公式 (5-37) 计算相应的误差 RMSE. 通过对比分析可知, 当构造的基函数数目 $K = 41$ 时, 误差刚好满足要求, 即 RMSE $\leqslant 0.01$. 此时的基函数包括: 6 个通过全局状态信息构造的基函数; 5 个通过局部状态信息构造的基函数; 29 个由上述基函数交叉相乘的多项式构造的基函数; 人为定义的基函数 $\varphi_0(\boldsymbol{x}) = 1$.

由于在迭代求解过程中, 每一步的误差到最后都可能累积为一个非常大的误差, 可能会导致错误解, 因此值函数和控制策略的近似至关重要. 无论在精度和泛化能力上, 对于两者的近似方法都有严格的限制. 近似精度已经通过上述操作实现了, 为了验证本章提出方法的泛化能力, 尤其是值函数和控制策略近似方法的泛化能力, 我们对控制策略的生成效果进行测试.

为了保证持续激励, 我们在区间 $0 \leqslant u_t \leqslant 4$ 内均匀给定 30 个控制策略. 在每一个控制策略附近, 根据公式 (5-47) 在区间 $0 \leqslant u_t \leqslant 4$ 内, 按照 $u_t \sim N(0, 1.4)$ 生成 41 个新的控制策略. 那么, 我们可以得到 30 个样本, 每个样本包括 41 个点. 采用本章提出的方法近似所有样本点的控制策略. 计算近似的误差均方根值 (RMSE) 和误差绝对值的最大值 (MABS). 通过计算可得, 在所有样本中, RMSE = 0.00216, MABS = 0.0107. 为了清晰地说明提出方法的泛化能力, 取测试样本 $u_t = \varphi^{\mathrm{T}}(\boldsymbol{x})\boldsymbol{\zeta} = 3$, 近似结果如图 5-16 所示. 图中, 红线表示实际控制策略, 黑线表示本章方法近似的模型测试输出. 误差结果为 RMSE = 0.0153, MABS = 0.043. 通过比较分析可知, 两个误差参数都小于 0.5%, 满足精度要求. 由此可说明, 本章提出的线性基函数近似方法具有较好的精度和泛化能力.

执行-评价框架的参数设置为: $\alpha_t = 0.1, \beta_t = 0.01, \sigma = 0.1$, 最大迭代次数为 1000. 通过迭代求解, 得到的最优控制为 $c_{\mathrm{OHin}} = (3.49, 2.58, 1.8)(\mathrm{g/L})$, $c_{\mathrm{pin}} = (2.24, 1.17, 0.68)(\mathrm{g/L})$, $c_{\mathrm{sin}} = (2.42, 1.51, 0.5)(\mathrm{g/L})$. 为了说明本章基于执行-评价框架的近似动态规划算法的效果, 引入指标对比法和迭代动态规划算法对该最优控制进行求解, 进行对比.

采用指标对比法[35]进行优化求解, 为了简单处理, 采用单段塞注入, 三元驱替剂的注入过程持续 48 个月. 给定不同的控制策略, 在相应控制策略下运行 CMG 软件得到系统的状态数据, 计算净现值指标, 对比所有策略下的净现值, 最大的那个对应的策略即为指标对比法的最优控制策略. 通过计算可得, 指标对比法的最优控制为 $c_{\text{OHin}} = 2.2(\text{g/L})$, $c_{p\text{in}} = 1.6(\text{g/L})$, $c_{s\text{in}} = 1.3(\text{g/L})$.

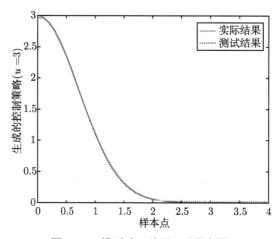

图 5-16 模型验证结果 (后附彩图)

采用文献 [37] 中的迭代动态规划对该问题进行求解, 采用三段塞注入, 驱替剂注入周期为 48 个月, 同样保持四口注入井具有相同的注入策略, 仅优化注入浓度. 通过求解可得最优控制策略为 $c_{\text{OHin}} = (3.5, 2.59, 1.8)(\text{g/L})$, $c_{p\text{in}} = (2.26, 1.17, 0.69)(\text{g/L})$, $c_{s\text{in}} = (2.42, 1.5, 0.49)(\text{g/L})$. 仿真结果如图 5-17~ 图 5-21 所示.

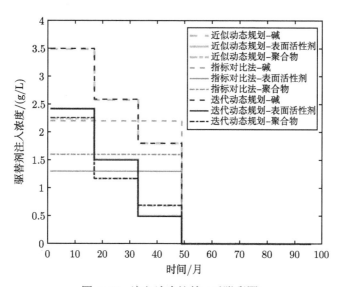

图 5-17 注入浓度比较 (后附彩图)

图 5-17 为三种方法求解三元复合驱最优控制问题得到的最优注入策略对比图,采用绿线、红线和黑线分别表示基于执行-评价框架的近似动态规划、指标对比法和迭代动态规划. 为了使本章方法的结果更清晰,将本章提出方法的优化结果设置的曲线更粗. 图 5-18~图 5-20 为三种方法优化后九口采出井的含水率和采油量. 图 5-21 为计算九口采出井的平均含水率. 通过比较可以发现,无论是最优注入策略,还是采出井的含水率、采油量,本章提出的基于执行-评价框架的近似动态规划算法得到的结果,都与迭代动态规划算法基本一致,且两者的结果明显优于指标对比法. 从而说明了本节提出的近似动态规划算法的有效性.

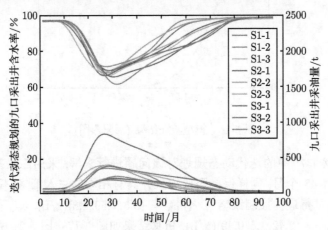

图 5-18 指标对比法的采出井含水率和采油量

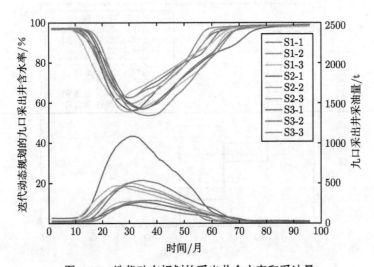

图 5-19 迭代动态规划的采出井含水率和采油量

5.2 基于近似动态规划的最优控制求解

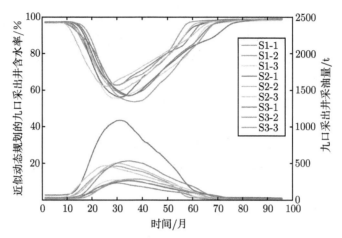

图 5-20 近似动态规划的生产井含水率和采油量

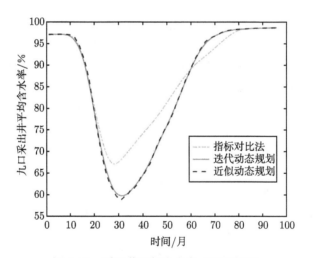

图 5-21 采出井平均含水率 (后附彩图)

为了进一步对比优化结果, 分别计算三种方法的相应指标如表 5-5 所示.

表 5-5 优化结果统计

九口采出井	指标对比法	迭代动态规划	近似动态规划
碱消耗量/t	1051.800	1257.350	1254.219
表面活性剂消耗量/t	621.504	702.777	705.961
聚合物消耗量/t	764.930	656.563	651.782
累积采油量/t	1.1871×10^5	1.5095×10^5	1.5117×10^5
净现值/美元	2.8383×10^7	3.9604×10^7	3.9699×10^7
仿真时间/s	—	297	243

通过比较可以发现, 对于近似动态规划的优化结果和迭代动态规划的结果, 累积采油量和净现值在误差范围内基本一致. 虽然驱替剂的用量有一定差异, 但是得到的最优注入浓度基本一致, 这是由于微小的浓度差异经过长的采油时间累积变大所导致的, 并不影响控制效果. 但是, 由于近似动态规划避免了求解复杂的机理模型, 算法仿真时间变短, 效率更高. 同指标对比法结果相比, 优化之后, 采油量增加了 0.3246×10^5t, 净现值增加了 1.1316×10^7 美元, 采收率和净现值得到明显提高. 因此, 本章提出的基于执行-评价框架的近似动态规划能够有效地求解三元复合驱最优控制问题, 得到最优注采策略.

5.3 本章小结

本章对迭代动态规划和近似动态规划算法进行改进, 并用于求解三元复合驱最优控制问题, 主要包括以下两个方面:

针对三元复合驱最优控制问题中段塞长度的整数限制, 提出了一种动态尺度混合整数迭代动态规划算法. 算法在标准迭代动态规划算法的基础上, 引入整数截断策略处理整数变量, 引入动态调整策略动态调整收缩因子和调整因子, 提高了算法的计算效率和计算精度. 采用 Bang-Bang 控制和 CSTR 对算法的有效性进行验证, 结果表明, 提出的算法能够有效地得到全局最优解. 最后, 将提出的算法用于求解四注九采的三元复合驱最优控制问题. 仿真结果表明, 本章提出的动态尺度混合整数迭代动态规划算法能够有效地得到最优注采策略. 本章提出的算法避免了求解 HJB 方程, 解决了动态规划的 "维数灾" 问题, 极大地提高了计算效率, 能够有效地求解带有整数变量的最优控制问题.

提出了一种基于执行-评价框架的近似动态规划算法, 从近似建模的角度解决了动态规划在求解最优控制问题中遇到的 "维数灾" 问题. 算法基于系统特征完成特征正交分解从而构造基函数, 从而近似值函数和控制策略. 通过时间差分学习算法更新基函数的权重. 引入执行-评价框架, 基于谱共轭梯度法对控制策略进行寻优, 得到最优控制. 将改进的近似动态规划用于求解四注九采的三元复合驱最优控制问题. 通过合理选取基函数个数, 提高近似精度. 采用高斯函数生成控制策略, 对系统进行充分激励, 验证近似模型的泛化能力. 引入指标对比法和迭代动态规划算法, 求解三元复合驱最优控制问题, 通过对比, 表明本章提出算法具有较高的精度和泛化能力, 能有效地求解三元复合驱最优控制问题, 获取最大净现值, 得到最优的注采策略. 新算法避免了求解复杂的支配方程和伴随方程, 能有效地提高计算效率.

第6章 基于螺旋优化的模糊多目标最优控制求解

在实际的三元复合驱采油过程中,由于生产目的的不同,往往存在多个性能指标要求,例如总产量最大、总利润最大、吨油成本最小等.甚至,在国际原油价格低迷的时候,会要求总投资最小.同时满足多个指标最优,往往得不到问题的最优解.在工程中,通常引入模糊指标,通过在一定范围内牺牲掉部分指标,获得多个指标的最佳结合度情况下的最优解.例如,原油的产量必须达到某个最低标准,获取的经济利润必须要大于某个利润水平,生产的总投资不能高于多少资金等等.这些不确定指标的加入,使得油藏开采变成了一个模糊多目标最优控制问题.如何权衡多项指标,在满足生产要求的前提下,制定合理的注采策略,是一项重要的攻关问题.

三元复合驱机理模型的复杂性,大大增加了问题的求解难度,常规的最优控制方法需要大量的梯度运算和支配方程求解,计算效率低.在离散步长选择不合理时,问题甚至会发散.螺旋优化算法 (SOA)[137] 是一种新的多点搜索算法,通过模仿自然界中的螺旋现象,在整个可行域内搜索最优解,能很好解决这一问题.

本章首先提出了一种混合螺旋优化算法 (ISOA),通过引入柯西 (Cauchy) 变异和拉丁超立方采样,改进算法的全局搜索能力.其次,基于对称模型和水平截集法,对三元复合驱模糊多目标最优控制问题进行处理,通过引入隶属度函数,对各个模糊指标进行定量表述.最后,采用混合螺旋优化算法求解三元复合驱模糊多目标最优控制问题,得到最优注采策略.

6.1 改进的螺旋优化算法

6.1.1 经典螺旋优化算法

2011 年 Tamura 和 Yasuda[137] 在旋转变换的基础上提出了螺旋优化算法,其基本思想是:个体围绕中心点旋转搜索全局最优解. n 维正交坐标系中的一个点的旋转,可以由若干次二维旋转构成,其中每次旋转仅改变相应的两个元素,其他元素的位置和数值不变.这里通过介绍空间中的二维旋转给出螺旋操作的基本原理.

定义 n 维空间的二维旋转矩阵如式 (6-1) 所示,其中, I 表示单位矩阵,矩阵中未给出元素均为零.

$$\boldsymbol{T}_{i,j}^{(n)}(\theta) = \begin{array}{c} \\ i \\ \\ j \\ \\ \end{array} \begin{pmatrix} \overset{i}{\boldsymbol{I}} & & \overset{j}{} & \\ & \cos\theta & & -\sin\theta & \\ & & \boldsymbol{I} & & \\ & \sin\theta & & \cos\theta & \\ & & & & \boldsymbol{I} \end{pmatrix}. \tag{6-1}$$

假设中心点为 x^*, 则围绕 x^* 的旋转可以描述为

$$x(k+1) = \gamma T^n(\theta) x(k), \tag{6-2}$$

$$T^{(n)}(\theta) = \prod_{i=1}^{n-1} \left(\prod_{j=1}^{i} T_{n-i,n+1-j}^{(n)}(\theta_{n-i,n+1-j}) \right), \tag{6-3}$$

其中, θ 表示围绕 x^* 的旋转角度, 且 $0 < \theta < 2\pi$, γ 表示收缩系数, 能反应旋转前后与 x^* 的距离变化, 且 $0 < \gamma < 1$, $T^{(n)}(\theta)$ 为旋转矩阵.

对于二维空间中的一个二维旋转, 其旋转矩阵为

$$\boldsymbol{T}_{1,2}^{(2)}(\theta) = \begin{pmatrix} \cos\theta & -\sin\theta \\ \sin\theta & \cos\theta \end{pmatrix}. \tag{6-4}$$

假设坐标系原点为中心点 x^*, 先从点 x_1 围绕 x^* 旋转到 x_2, 再从点 x_2 围绕 x^* 旋转到 x_3. 具体的旋转过程如图 6-1 所示.

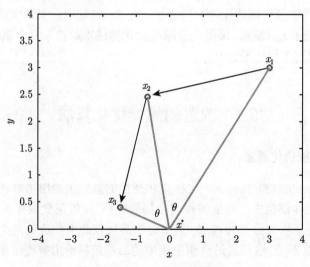

图 6-1 二维空间螺旋图

6.1 改进的螺旋优化算法

相应的旋转参数为: $\gamma = \dfrac{\|x_2 - x^*\|}{\|x_1 - x^*\|} = \dfrac{\|x_3 - x^*\|}{\|x_2 - x^*\|}, \theta = \angle x_1 x^* x_2 = \angle x_2 x^* x_3$.

令 $\boldsymbol{S}_n(\gamma, \theta) = \gamma \boldsymbol{T}^{(n)}(\theta)$, 则

$$x(k+1) = \gamma \boldsymbol{T}^{(n)}(\theta) x(k) = \boldsymbol{S}_n(\gamma, \theta) x(k), \tag{6-5}$$

该旋转操作能够使得空间中任意一点, 通过旋转收敛到中心点. 当中心点为任意点时, 有

$$x(k+1) - x^* = \boldsymbol{S}_n(\gamma, \theta)(x(k) - x^*). \tag{6-6}$$

整理, 可得 n 维空间的旋转方程为

$$x(k+1) = \boldsymbol{S}_n(\gamma, \theta) x(k) - (\boldsymbol{S}_n(\gamma, \theta) - \boldsymbol{I}_n) x^*, \tag{6-7}$$

其中, $\boldsymbol{I}_n$ 表示 n 维单位阵.

为了进一步分析螺旋优化算法的参数对性能的影响, 我们画出在参数 γ 和 θ 不同时, 三维空间旋转过程, 具体如图 6-2 所示, 其中原点为旋转中心点.

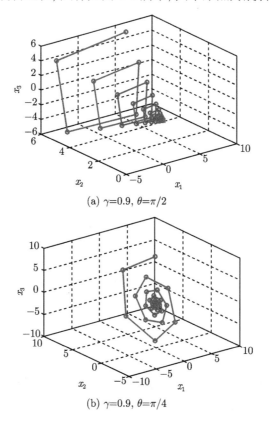

(a) $\gamma=0.9, \theta=\pi/2$

(b) $\gamma=0.9, \theta=\pi/4$

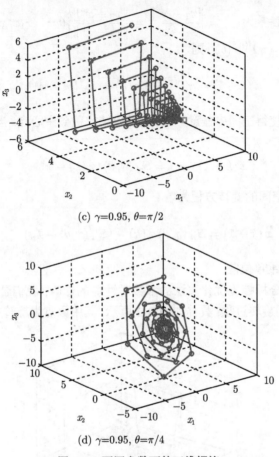

(c) $\gamma=0.95, \theta=\pi/2$

(d) $\gamma=0.95, \theta=\pi/4$

图 6-2 不同参数下的三维螺旋

通过对比可知，γ 越大，每次旋转距离中心点的距离变化越小，在空间搜索的越细致，精度越高，但是收敛速度越慢；θ 越小，旋转前后相邻两个点之间的距离变化越小，收敛速度越快，但是算法的全局搜索能力会降低. 可见，虽然螺旋优化算法的旋转操作，使其具有一定的全局寻优性能，但其受参数的选取影响较大. 而且，由于缺少搜索方向的扰动机制，当问题十分复杂，搜索域很大的情况下，在算法的后期，容易出现积聚在中心点的现象，陷入局部极值. 另外，算法初值的选取没有科学的指导，也会降低算法的全局寻优性能.

6.1.2 自适应柯西变异

在智能优化算法中，引入变异操作是一种有效地跳出局部极值的方法[138]. 通常，采取如下策略进行变异：

6.1 改进的螺旋优化算法

$$X_{ij}(k+1) = X_{ij}(k) + \eta \times G(0,1), \tag{6-8}$$

其中, $X_{ij}(k)$ 表示个体 i 维数 j 的位置, $j=1,2,\cdots,D$, η 是控制变异步长的常数, $G(0,1)$ 表示由高斯 (Gauss) 分布生成的随机数.

Yao 等[139] 于 1999 年提出了一种快速演化规划算法, 采用柯西变异代替传统的高斯变异. 柯西变异的概率密度函数为

$$p(x) = \frac{1}{\pi} \frac{\lambda}{\lambda^2 + (x-\mu)^2}, \tag{6-9}$$

其中 μ 是定义分布峰值位置的位置参数, λ 是峰值一半处的尺度参数.

柯西分布和高斯分布的曲线如图 6-3 所示. 由图可知, 柯西分布在两边的取值比高斯分布稍高, 这可以使得变异的取值范围更广, 更容易跳出局部极值.

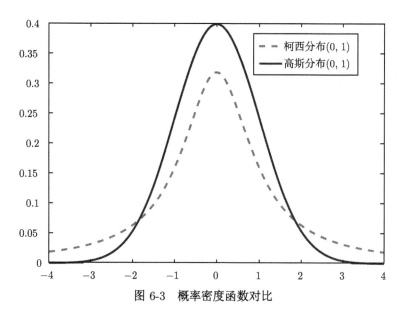

图 6-3 概率密度函数对比

本节中, 我们提出一种自适应柯西变异. 假设种群大小为 pop, 定义每一步迭代过程中存储的个体最佳历史解 $\text{Pbest}_{ij}(k)$ 和全局最优解 $\text{Gbest}_j(k)$. 基于种群整体信息和个体信息, 定义如下参数

$$\chi_j = \sum_{i=1}^{\text{pop}} |\text{Pbest}_{ij}(k) - \text{Gbest}_j(k)|/\text{pop}. \tag{6-10}$$

自适应柯西变异定义如下:

$$X_{ij}(k+1) = X_{ij}(k) + \alpha \times \chi_j \times C(0,1), \tag{6-11}$$

其中, α 表示校正因子, $C(0,1)$ 为由柯西分布生成的随机数.

6.1.3 拉丁超立方采样

为了增加初始样本选取的科学性, 使样本尽可能地反映整个空间信息, 我们引入拉丁超立方采样. 同其他采样方法相比, 拉丁超立方采样[140] 能够随机均匀生成任何大小的样本.

假设在 n 维空间中抽取 m 个样本, 采用拉丁超立方采样的具体步骤为

(1) 将采样空间的每个一维空间分成均匀的 m 段;

(2) 在每个相应的一维空间中的每段内随机抽取一个值;

(3) 随机取出上一步中得到的点, 即为样本点.

这种分层处理的方式可以保证所得到的采样点在各个变量轴上的投影分布均匀.

为了清楚地说明采样的均匀性, 我们针对离散变量为三维时进行讨论:

假设三维空间上的三个坐标轴分别为 x_1, x_2, x_3, 取每一维度的盒子数目为 10. 将采样空间划分为等大小的盒子, 根据拉丁超立方采样, 在三维空间中抽取样本, 抽取结果如图 6-4~ 图 6-6 所示. 由图可知, 此抽样计划在三个坐标轴上的投影分布是均匀的, 能充分反映整个样本空间的信息.

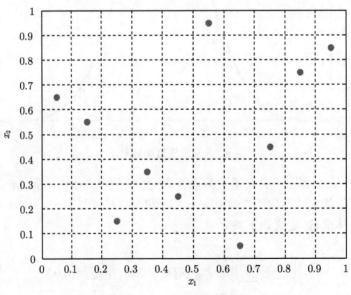

图 6-4 x_1, x_2 方向上的投影

6.1 改进的螺旋优化算法

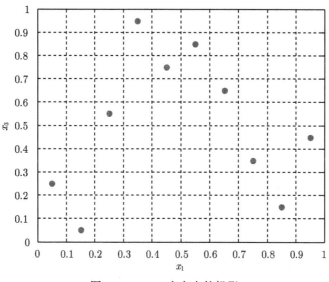

图 6-5　x_1, x_3 方向上的投影

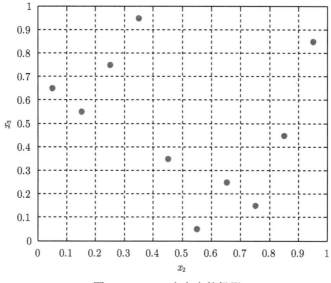

图 6-6　x_2, x_3 方向上的投影

6.1.4　混合螺旋优化算法

本章提出的混合螺旋优化算法, 相比于经典螺旋优化算法的改进主要体现在以下几点: ① 采用拉丁超立方采样, 增加算法初始值的均匀性; ② 采用自适应柯西变异, 使算法跳出局部极值, 增加全局寻优能力.

另外，考虑到收缩系数对寻优能力的影响，引入一种调整策略动态改变收缩系数，使得在算法初期，收缩系数较小，能快速寻找最优解的范围，随着迭代过程的进行，其收缩系数越来越大，同时旋转的距离变化越来越小，后期局部搜索能力得到加强. 收缩系数的调整策略定义如下：

$$\gamma_m(k) = \gamma_0 + (\gamma_{\max} - \gamma_0)\ln[1 + (e-1)k/k_{\max}], \tag{6-12}$$

其中，k 为迭代次数.

在一般的智能优化算法中，为了保证种群的多样性，往往给变异操作设置固定的变异概率，然而，在本算法中，若固定的变异概率设置较大，会干扰迭代初期的个体最优信息和种群最优信息；若设置较小，则在迭代后期可能无法跳出局部极值. 因此，本章采用式 (6-13) 调整变异概率，使得在迭代初期的变异概率较小，在迭代后期相对较大.

$$P_m(k) = P_0 + (P_{\max} - P_0)k/k_{\max}, \tag{6-13}$$

其中，$[P_0, P_{\max}]$ 为变异概率的变化区间.

综上所述，对于无约束优化问题 $\min f(x), x \in \mathbb{R}^n$，采用混合螺旋优化算法的具体步骤如下[117]：

(1) 参数设置：种群大小 pop $\geqslant 2$，决策变量维数 n，初始旋转角度 $0 < \theta < 2\pi$，收缩系数的最大值和最小值 $\gamma_{\max}, \gamma_0$，变异概率的最大值和最小值 $P_{\max}, P_0$，最大迭代次数 $k_{\max}$；

(2) 个体初始化：令迭代次数 $k = 0$，采用拉丁超立方采样在控制可行域 $[\underline{x}, \bar{x}]$ 内，生成初始个体 $x_i(0), i = 1, 2, \cdots, \text{pop}$，并计算每个个体对应的适应度函数值 $f(x_i(0))$；

(3) 中心点初始化：令 $\text{Pbest}_i(0) = x_i(0), \text{Gbest}(0) = x_{i_g}(0)$，中心点 $x^* = x_{i_g}(0)$，其中，$i_g = \arg\min_i f(x_i(0))$；

(4) 旋转操作：为种群中每个个体依据多点搜索螺旋模型执行旋转操作，见式 (6-14)，其中，收缩系数按照公式 (6-12) 进行更新，

$$x_i(k+1) = S_n(\gamma, \theta)x_i(k) - (S_n(\gamma, \theta) - I_n)x^*; \tag{6-14}$$

(5) 变异操作：按照公式 (6-13) 调整变异概率，依据式 (6-11) 执行自适应柯西变异；

(6) 中心点更新：计算每一个个体的适应度函数 $f(x_i(k+1))$，比较选取最优解，并存储相应的 $\text{Pbest}_i(k+1)$ 和 $\text{Gbest}(k+1)$，按如下公式更新中心点：

$$x^* = \text{Gbest}(k+1) = x_{i_g}(k+1),$$
$$i_g = \arg\min_i f(x_i(k+1)), \quad i = 1, 2, \cdots, \text{pop}; \tag{6-15}$$

(7) 判断终止条件: 如果达到最大迭代次数, 即 $k = k_{\max}$, 结束运算, 此时的中心点 x^* 就是所得最优解; 否则, 令 $k = k + 1$, 转到步骤 (4), 继续执行算法.

6.1.5 算法测试

为了测试混合螺旋优化算法的性能, 我们采用本章提出的算法求解三个常用的 benchmark 函数[40], 具体如下:

$$f_1(x) = \sum_{i=1}^{n} x_i^2, \quad x_i \in [-100, 100], \tag{6-16}$$

$$f_2(x) = \frac{1}{4000} \sum_{i=1}^{n} x_i^2 - \prod_{i=1}^{n} \cos\left(\frac{x_i}{\sqrt{i}}\right) + 1, \quad x_i \in [-600, 600], \tag{6-17}$$

$$f_3(x) = \sum_{i=1}^{n-1} \left[100 \left(x_i^2 - x_{i+1} \right)^2 + (x_i - 1)^2 \right], \quad x_i \in [-30, 30], \tag{6-18}$$

其中, 式 (6-16) 为 Sphere 函数, 是单峰函数, 式 (6-17) 与式 (6-18) 分别为 Griewank 函数和 Rosenbrock 函数, 两者都是多峰函数. 以上三个测试函数的理论最小值均为 0.

分别采用混合螺旋优化算法和经典的螺旋优化算法对上述三个优化问题进行求解, 具体参数设置如下:

$\gamma_0 = 0.8$ 和 $\gamma_{\max} = 0.98(\text{ISOA})$, $P_0 = 0$ 和 $P_{\max} = 0.05(\text{ISOA})$, $r = 0.95(\text{SOA})$, $P = 0.04(\text{SOA})$, $\text{pop} = 20$, $\theta = \pi/2$, $k_{\max} = 1000$.

对每个优化问题执行 100 次算法进行求解, 相应的结果如表 6-1 所示.

表 6-1 试验测试结果

函数	维度	经典螺旋优化算法				混合螺旋优化算法			
		均值	最小	最大	标准差	均值	最小	最大	标准差
$f_1(x)$	2	6.4E−12	4.6E−13	2.2E−11	5.3E−12	6.4E−23	5.8E−29	1.1E−19	2.3E−20
	20	3.4E+01	3.2E−04	3.2E+02	6.2E+01	5.8E−04	2.3E−06	8.5E−01	6.7E−03
	40	1.7E+03	3.5E+02	3.8E+03	7.0E+02	0.5E+02	1.1E+01	3.7E+02	5.7E+01
$f_2(x)$	2	1.2E−02	1.0E−12	5.9E−02	1.3E−02	3.8E−04	2.8E−14	2.7E−02	2.6E−04
	20	1.0E+00	3.0E−02	3.3E+00	7.0E−01	3.5E−04	2.7E−05	2.9E−01	7.6E−03
	40	1.7E+01	6.7E+00	3.3E+01	6.9E+00	0.4E+00	1.8E+00	5.9E+00	0.7E+00
$f_3(x)$	2	1.1E+00	5.6E−13	1.1E+01	2.5E+00	8.1E−09	5.7E−14	6.7E−06	6.9E−07
	20	1.3E+02	1.7E+01	8.3E+02	1.5E+02	2.2E+01	0.7E+00	3.6E+02	2.9E+00
	40	3.8E+03	6.2E+02	9.5E+03	2.2E+03	1.9E+02	1.1E+01	4.1E+03	1.0E+01

通过对比两种方法的仿真结果可知,混合螺旋优化算法的求解效果明显优于经典螺旋优化算法.尤其对于低维问题,无论是最优解的均值,还是最大值、最小值,都有明显提高.但是,当维度过高时,无论是经典螺旋优化算法还是本章的混合螺旋优化算法,求解效果都不很理想,但是本章的方法误差较小.为了进一步说明算法性能,将20维情况下的函数值变化曲线画出,如图6-7~图6-9所示,图中纵坐标为函数值的对数值.从图中可以清晰地看出,当经典螺旋优化算法收敛到局部极值后,混合螺旋优化算法仍然可以进一步搜索,跳出局部极值.

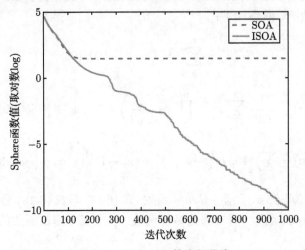

图 6-7 Sphere 函数迭代曲线

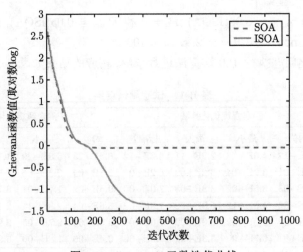

图 6-8 Griewank 函数迭代曲线

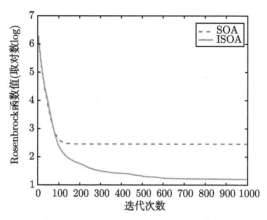

图 6-9 Rosenbrock 函数迭代曲线

综上所述, 混合螺旋优化算法对于求解维度不是特别高的优化问题, 能有效地避免陷入局部极值, 具有较好的全局搜索能力和求解精度.

6.2 基于混合螺旋优化的模糊多目标最优控制问题求解

6.2.1 模糊多目标最优控制描述

考虑三元复合驱模糊多目标最优控制问题, 具体目标如下:

总利润最大:

$$\begin{aligned}&\max\ Z_R(c_{\Theta\text{in}})\\&=\int_0^{t_f}(1+\chi)^{-t/t_a}\left\{\iiint_\Omega\left[P_{\text{oil}}(1-f_w)q_{\text{out}}(t)-\sum_\Theta P_\Theta q_{\text{in}}c_{\Theta\text{in}}(t)\right]\mathrm{d}\sigma-P_{\text{cost}}\right\}\mathrm{d}t,\end{aligned}$$
(6-19)

原油总产量最大:

$$\max\ Z_Q(c_{\Theta\text{in}})=\int_0^{t_f}\iiint_\Omega(1-f_w)q_{\text{out}}\mathrm{d}\sigma\mathrm{d}t, \tag{6-20}$$

吨油成本最小:

$$\min\ Z_C(c_{\Theta\text{in}})=\int_0^{t_f}\frac{\iiint_\Omega\sum_\Theta P_\Theta q_{\text{in}}c_{\Theta\text{in}}(t)\mathrm{d}\sigma+P_{\text{cost}}}{\iiint_\Omega(1-f_w)q_{\text{out}}\mathrm{d}\sigma}\mathrm{d}t, \tag{6-21}$$

总投资最小:

$$\min Z_I(c_{\Theta\text{in}}) = \int_0^{t_f} \left[\iiint_\Omega \sum_\Theta P_\Theta q_{\text{in}} c_{\Theta\text{in}}(t) \mathrm{d}\sigma + P_{\text{cost}} \right] \mathrm{d}t, \tag{6-22}$$

其中, Z 为指标函数, R, Q, C, I 分别表示利润、产量、吨油成本和总投资. 其余参数定义见 3.3 节.

假设总利润不得低于 R_e, 总产量不得低于 Q_e, 吨油成本不得高于 C_e, 总投资不得高于 I_e. 要使得这几个条件同时成立, 求得最优注采策略, 往往会导致该优化问题无解, 因此, 要综合考虑各个目标, 使得在所有目标都满足的情况下, 各目标均达到相对最优水平 (即各目标的最佳结合度), 求得相应的最优注采策略. 根据上述要求, 模糊多目标可以写成

$$\begin{aligned} \max\ &Z_R(c_{\Theta\text{in}}) \gtrsim R_e, \\ \max\ &Z_Q(c_{\Theta\text{in}}) \gtrsim Q_e, \\ \min\ &Z_C(c_{\Theta\text{in}}) \lesssim C_e, \\ \min\ &Z_I(c_{\Theta\text{in}}) \lesssim I_e, \end{aligned} \tag{6-23}$$

其中, $\gtrsim$ 和 $\lesssim$ 分别表示近似大于等于和近似小于等于.

油藏开采一个周期往往五到十年, 很难做到驱替液注入浓度的连续变化. 因此, 在工业生产中, 驱替液通常采用阶梯式的段塞注入方式, 具体形式见式 (3-75). 约束条件和支配方程参见第 3 章.

6.2.2 确定性模型转化

对于 6.2.1 节中的模糊多目标最优控制问题, 需要首先转化成确定性单目标问题才能进行求解. 为了进行确定描述, 为每个指标定义如下隶属度函数:

利润隶属度

$$\mu_R(c_{\Theta\text{in}}) = \begin{cases} 1, & Z_R(c_{\Theta\text{in}}) \geqslant R_e, \\ \dfrac{Z_R(c_{\Theta\text{in}}) - R_l}{R_e - R_l}, & R_l < Z_R(c_{\Theta\text{in}}) < R_e, \\ 0, & Z_R(c_{\Theta\text{in}}) \leqslant R_l; \end{cases} \tag{6-24}$$

产量隶属度

$$\mu_Q(c_{\Theta\text{in}}) = \begin{cases} 1, & Z_Q(c_{\Theta\text{in}}) \geqslant Q_e, \\ \dfrac{Z_Q(c_{\Theta\text{in}}) - Q_l}{Q_e - Q_l}, & Q_l < Z_Q(c_{\Theta\text{in}}) < Q_e, \\ 0, & Z_Q(c_{\Theta\text{in}}) \leqslant Q_l; \end{cases} \tag{6-25}$$

6.2 基于混合螺旋优化的模糊多目标最优控制问题求解

吨油成本隶属度

$$\mu_C(c_{\Theta\text{in}}) = \begin{cases} 1, & Z_C(c_{\Theta\text{in}}) \leqslant C_e, \\ \dfrac{C_u - Z_C(c_{\Theta\text{in}})}{C_u - C_e}, & C_e < Z_C(c_{\Theta\text{in}}) < C_u, \\ 0, & Z_C(c_{\Theta\text{in}}) \geqslant C_u; \end{cases} \quad (6\text{-}26)$$

投资隶属度

$$\mu_I(c_{\Theta\text{in}}) = \begin{cases} 1, & Z_I(c_{\Theta\text{in}}) \leqslant I_e, \\ \dfrac{I_u - Z_I(c_{\Theta\text{in}})}{I_u - I_e}, & I_e < Z_I(c_{\Theta\text{in}}) < I_u, \\ 0, & Z_I(c_{\Theta\text{in}}) \geqslant I_u, \end{cases} \quad (6\text{-}27)$$

其中, R_e, Q_e, C_e, I_e 分别表示总利润、原油总产量、吨油成本、总投资的期望值, R_l, Q_l 分别表示总利润、原油总产量的下限值, C_u, I_u 分别表示吨油成本、总投资的上限值.

为了方便模型处理, 先将 6.1 节中的多目标模糊规划中部分最小化模糊目标进行处理, 将其转化为最大化, 则相应的吨油成本和总投资的性能指标以及隶属度函数可写成如下形式:

$$\max \ Z'_C(c_{\Theta\text{in}}) = -\int_0^{t_f} \dfrac{\iiint_\Omega \sum_\Theta P_\Theta q_{\text{in}} c_{\Theta\text{in}}(t)\mathrm{d}\sigma + P_{\text{cost}}}{\iiint_\Omega (1-f_w)q_{\text{out}}\mathrm{d}\sigma}\mathrm{d}t, \quad (6\text{-}28)$$

$$\max \ Z'_I(c_{\Theta\text{in}}) = -\int_0^{t_f}\left[\iiint_\Omega \sum_\Theta P_\Theta q_{\text{in}} c_{\Theta\text{in}}(t)\mathrm{d}\sigma + P_{\text{cost}}\right]\mathrm{d}t, \quad (6\text{-}29)$$

$$\mu'_C(c_{\Theta\text{in}}) = \begin{cases} 1, & Z'_C(c_{\Theta\text{in}}) \geqslant -C_e, \\ \dfrac{C_u - Z'_C(c_{\Theta\text{in}})}{C_u - C_e}, & -C_u < Z'_C(c_{\Theta\text{in}}) < -C_e, \\ 0, & Z'_C(c_{\Theta\text{in}}) \leqslant -C_u, \end{cases} \quad (6\text{-}30)$$

$$\mu'_I(c_{\Theta\text{in}}) = \begin{cases} 1, & Z'_I(c_{\Theta\text{in}}) \geqslant -I_e, \\ \dfrac{I_u - Z'_I(c_{\Theta\text{in}})}{I_u - I_e}, & -I_u < Z'_I(c_{\Theta\text{in}}) < -I_e, \\ 0, & Z'_I(c_{\Theta\text{in}}) \leqslant -I_u, \end{cases} \quad (6\text{-}31)$$

6.2.3 基于对称模型和水平截集的模糊多目标处理方法

通常在处理多目标优化问题时, 往往采用权重法[141]进行处理, 即根据对每个生产指标的侧重程度, 给定不同的权重, 然后对加权指标求和, 转换成单目标问题. 然而该方法往往求得的是一定综合程度上的最优解, 不能得到所有指标满意度最大的解. 本节中, 我们参考对称模型[142]的对称思想, 结合模糊规划的 λ 水平截集[101]的方法提出了一种将多目标模糊最优控制转化为确定性单目标问题的方法, 该方法能科学地考虑各个指标, 求得满足每个指标的最大满意度解.

在 Werner 的对称模型中, 认为模糊目标和模糊约束的地位是对称的, 结合该思想, 本节模糊多目标规划问题只包含模糊目标, 而约束都是确定的, 因此通过引入权重反映对各个指标的侧重程度, 将地位不均等的各个指标统一映射在对称的 Werner 对称模型中. 结合 λ 水平截集, 可以很好地解决权重法的缺陷.

根据各个指标的重要程度, 引入权重因子, $w_k, k \in \{R, Q, C, I\}$, 则处理后重要程度相同的性能指标为 $w_R Z_R(c_{\Theta in}), w_Q Z_Q(c_{\Theta in}), w_C Z'_C(c_{\Theta in}), w_I Z'_I(c_{\Theta in})$.

由于各个指标是对称的, 不失一般性, 可以将总利润 $w_R Z_R(c_{\Theta in})$ 作为模糊性能指标, 将总产量、吨油成本和总投资 $(w_Q Z_Q(c_{\Theta in}), w_C Z'_C(c_{\Theta in}), w_I Z'_I(c_{\Theta in}))$ 作为模糊约束.

定义模糊目标集 $\underset{\sim}{f}(c_{\Theta in}) = \{w_R Z_R(c_{\Theta in})\}$,

模糊约束集 $\underset{\sim}{g}(c_{\Theta in}) = \{w_Q Z_Q(c_{\Theta in}), w_C Z'_C(c_{\Theta in}), w_I Z'_I(c_{\Theta in})\}$.

采用水平截集迭代法在 $\underset{\sim}{f}(c_{\Theta in})$ 和 $\underset{\sim}{g}(c_{\Theta in})$ 的交集中求得既满足约束又最大限度地达到目标的方案.

设模糊约束 $\underset{\sim}{g}$ 的 λ 水平截集为

$$g_\lambda = \left\{ c_{\Theta in} \in [0, c_{\Theta \max}] \,\bigg|\, \underset{\sim}{g}(c_{\Theta in}) \geqslant \lambda \right\}. \tag{6-32}$$

则 λ 水平截集迭代法的基本步骤如下:

(1) 任给 $\lambda^{(k)} \in [0, 1]$, 收敛精度 ε, 通常为 $\varepsilon = 10^{-3} \sim 10^{-6}$, 初始化 $k = 1$;

(2) 作 λ 水平截集 $g_\lambda^{(k)} = \left\{ c_{\Theta in} \in [0, c_{\Theta \max}] \,|\, \underset{\sim j}{g}(c_{\Theta in}) \geqslant \lambda^{(k)}, j = 1, 2, 3 \right\}$, 将模糊约束变为确定性约束, j 为约束个数;

(3) 在 $g_\lambda^{(k)}$ 上极大化 $\underset{\sim}{f}(c_{\Theta in})$, 求 $c_{\Theta in}$, 即:

$$\begin{aligned} \max \quad & \underset{\sim}{f}(c_{\Theta in}) \\ \text{s.t.} \quad & \begin{cases} \underset{\sim j}{g}(c_{\Theta in}) \geqslant \lambda^{(k)} \quad (j = 1, 2, 3), \\ \text{支配方程}, \\ \text{约束}, \end{cases} \end{aligned} \tag{6-33}$$

得到 $c^{(k)}_{\Theta\text{in}}, \underset{\sim}{f}^{(k)}(c_{\Theta\text{in}})$；

(4) 计算 $\varepsilon^{(k)} = \lambda^{(k)} - \underset{\sim}{f}^{(k)}(c_{\Theta\text{in}})$；

(5) 收敛检查：若 $|\varepsilon^{(k)}| \leqslant \varepsilon$，收敛，转到步骤 (6)，若 $|\varepsilon^{(k)}| > \varepsilon$，不收敛，转到步骤 (7)；

(6) 得到模糊最优解：$c^*_{\Theta\text{in}} = c^{(k)}_{\Theta\text{in}}, \underset{\sim}{f}^*(c_{\Theta\text{in}}) = \underset{\sim}{f}^{(k)}(c_{\Theta\text{in}})$，终止运算；

(7) 执行 $\lambda^{(k+1)} = \lambda^{(k)} - \alpha^{(k)}\varepsilon^{(k)}$，其中，$0 < \alpha^{(k)} < 1, \lambda^{(k+1)} \in [0,1]$；

(8) 令 $k = k+1$，转到步骤 (2)。

6.2.4 混合螺旋优化求解

对于三元复合驱模糊多目标最优控制问题，经过上述处理后转化为求公式 (6-33) 中的确定性单目标最优控制问题。由于支配方程的复杂性，常规的优化方法很难求解，这里采用本章提出的混合螺旋优化算法进行求解。

这里只需将 6.1.4 节中混合螺旋优化算法步骤中的位置 x 替换为驱替剂注入浓度 $c_{\Theta\text{in}}$，将性能指标 $f(x)$ 替换为公式 (6-33) 中由三元复合驱模糊多目标经 6.2.3 节所述方法处理后的指标，约束可采用罚函数法进行处理，其余步骤保持不变。

采用混合遗传算法求解该最优控制问题的流程图如图 6-10 所示。

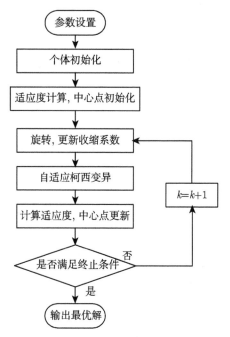

图 6-10 混合螺旋优化求解流程图

6.3 三元复合驱模糊多目标最优控制求解

针对 4.5.2.1 节中的三维三元复合驱油藏,油藏注入策略采用三段塞,即前三个段塞为驱替液驱替,第四段为水驱油藏开发周期为 96 个月,前三个阶段每段为 16 个月. 设置 $P=3, P_p=6.85$(美元/kg), $P_s=8.31$(美元/kg), $P_{OH}=2.86$(美元/kg), 原油生产成本 $P_{cost}=500$(美元/d), 折现率 $\chi=1.5\times 10^{-3}$, 原油价格根据 WTI 价格, 为 0.346(美元/L), $u_{\Theta\max}=4$(g/L), $\Theta=\{OH, s, p\}, M_{OH}=1400$ t, $M_s=800$ t, $M_p=800$ t. 为了简化计算, 设定四口注入井的注入策略相同, 只优化注入浓度.

模糊参数: $R_e=37\times 10^6$ 美元, $Q_e=140000$t, $C_e=120$(美元/t), $I_e=17\times 10^6$ 美元, $R_l=35\times 10^6$ 美元, $Q_l=130000$t, $C_u=130$(美元/t), $I_u=19\times 10^6$ 美元. 各个指标的权重为

$$w_R=0.25, \quad w_Q=0.25, \quad w_C=0.25, \quad w_I=0.25.$$

文献 [143] 提出了一种模糊多目标改进遗传算法, 十分适合求解模糊多目标最优控制问题. 这里为了对比说明本章方法的优化效果, 分别采用本章提出算法、改进遗传算法[143] 和指标对比法[35] 求解三元复合驱模糊多目标最优控制问题. 设定四口注入井的段塞策略相同, 只优化注入浓度. 采用指标对比法优化后的注入策略为 $c_{OHin}=2.8$(g/L), $c_{pin}=1.6$(g/L), $c_{sin}=1.4$(g/L).

本章方法参数设置: 种群大小为 pop = 20, 旋转参数为 $\gamma=0.95, \theta=\pi/2$. 混合螺旋优化算法的变异概率设为 $P_0=0, P_{\max}=0.15(k_{\max}=1000)$.

改进遗传算法参数设置: 种群大小为 pop = 20, 迭代次数为 100, 变异概率设为 0.01, 交叉概率为 0.8.

优化结果如图 6-11~图 6-15 所示. 本章方法所得最优注入浓度为: $c_{OHin}=(3.37, 2.49, 1.91)$(kg/m^3), $c_{pin}=(1.96, 1.67, 1.34)$(kg/m^3), $c_{sin}=(2.37, 1.61, 0.72)$(kg/m^3). 图 6-11 表示三种方法优化得到的最优注入浓度, 图 6-12~图 6-14 分别表示采用指标对比法、改进遗传算法和本章方法优化得到的九口采出井的含水率和采油量, 图 6-15 为三种方法优化的九口采出井平均含水率对比. 通过对比可以发现, 无论是对于最优注入浓度, 还是采出井的含水率、采油量, 本章提出的基于螺旋优化的模糊多目标最优控制求解方法的结果与改进遗传算法基本一致, 均比指标对比法要好. 因此, 本章提出的方法能有效求解模糊多目标最优控制问题, 得到最优控制.

为了进一步分析优化结果, 计算三种驱替剂的用量和净现值等指标, 具体结果如表 6-2 所示. 通过对比可知, 改进遗传算法和本章提出方法的结果基本一致, 虽然三种驱替剂有一定差异 (这是由于段塞策略的限制, 驱替剂注入浓度极其微小的

差异, 经过长时间的累积, 也会增大), 但是, 这相对于驱替剂的总用量以及对驱油效果的影响, 可以忽略. 本章方法优化后, 净现值比改进遗传算法多 0.0074×10^7 美元. 由于智能算法的随机搜索, 整个求解过程耗时较长, 但是, 由于本章提出的方法中改进策略引入, 仿真时间比改进遗传算法缩短了 602 s. 相对于指标对比法, 累积采油量多 0.1449×10^5 t, 净现值增多 0.4717×10^7 美元, 明显提高了采收率, 增大了净利润.

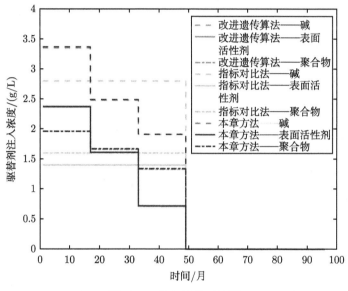

图 6-11 注入浓度对比图

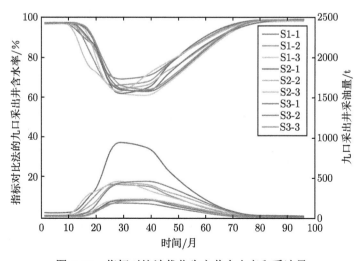

图 6-12 指标对比法优化生产井含水率和采油量

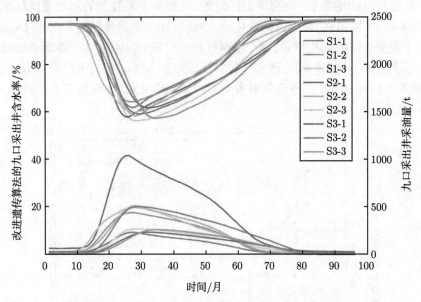

图 6-13 改进遗传算法优化生产井含水率和采油量

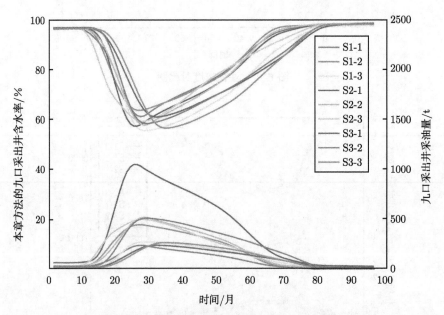

图 6-14 本章方法优化生产井含水率和采油量

6.3 三元复合驱模糊多目标最优控制求解

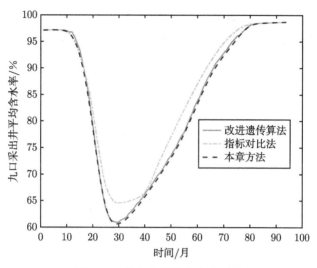

图 6-15 生产井平均含水率对比

表 6-2 优化结果统计

九口采出井	指标对比法	改进遗传算法	混合螺旋优化
碱消耗量/t	1338.624	1233.446	1238.227
表面活性剂消耗量/t	669.312	748.992	748.992
聚合物消耗量/t	764.928	788.832	792.019
累积采油量/t	1.3413×10^5	1.4832×10^5	1.4862×10^5
净现值/美元	3.2781×10^7	3.7424×10^7	3.7498×10^7
仿真时间/s	—	1921	1319

为评价算法对各个指标的权衡情况, 定义违反度综合评价指标

$$v = \frac{\sum_E w_i \mu_i}{N'}, \quad i \in E, \quad E = \{Z_R, Z_Q, Z_C, Z_I\}, \tag{6-34}$$

其中, N' 表示指标数, E 为生产指标集合, μ_i 为第 i 个指标的隶属度, w_i 为指标权重.

为了比较模糊多目标最优控制的优化效果, 保持段塞固定, 只优化注入浓度, 分别在各个目标单独作用下, 采用混合螺旋优化算法优化求解三元复合驱的模糊单目标最优控制问题, 将结果列入表 6-3 和表 6-4 中. 根据违反度评价指标可以发现, 该指标越大, 表明指标越符合要求, 所得的最优注入浓度的满意度越大. 通过对比表 6-3 中数据可以发现, 在所有优化的注入策略中, 本章提出的方法 (最佳结合度) 得到的违反度评价指标最大, 为 1. 通过对比四项模糊指标的结果可以发现, 本章方法优化的结果, 能得到较高的总利润和总产量, 而且消耗的吨油成本和总投资较少，能在所有的模糊指标中，找到最佳结合度. 因此，本章提出的基于螺旋优化的模糊多目标最优控制求解算法能有效地权衡三元复合驱的各个性能指标，求出最佳结合度下的三元复合驱最优注采策略.

表 6-3　模糊多目标最优控制求解结果

目标	总利润 /×10⁶ 美元	总产量 /×10⁴t	吨油成本 /(美元/t)	总投资 /×10⁶ 美元	违反度 评价 v
最佳结合度	37.50	14.86	111.90	16.63	1
总利润最大	39.70	15.12	122.60	18.16	0.79
总产量最大	36.86	16.16	133.49	19.28	0.48
吨油成本最小	35.21	13.72	102.09	15.97	0.71
总投资最小	34.53	13.15	109.31	15.44	0.54

表 6-4　不同准则下优化的最优注入策略

准则		最优水平最大	总利润最大	总产量最大	吨油成本最小	总投资最小
P1	c_{OHin}	3.37	3.62	3.88	3.17	3.17
	c_{sin}	1.96	2.62	2.71	2.26	2.39
	c_{pin}	2.37	2.31	2.52	2.33	2.31
P2	c_{OHin}	2.49	2.66	2.89	2.31	2.53
	c_{sin}	1.67	1.74	1.64	1.22	1.27
	c_{pin}	1.61	1.30	1.44	1.17	1.01
P3	c_{OHin}	1.91	2.11	2.21	1.81	1.91
	c_{sin}	1.34	0.57	0.93	0.47	0.69
	c_{pin}	0.72	0.95	1.06	0.55	0.54

注：P1~P3 表示三段塞，表格中数据为注入井驱替剂注入浓度 $c_{\Theta in}$(g/L).

6.4　本章小结

本章针对经典螺旋优化算法存在的不足进行了改进，提出了一种新的混合螺旋优化算法. 算法通过引入拉丁超立方采样，使个体初始值尽可能反映整个空间信息，引入自适应柯西变异，利用个体最佳历史解和种群全局最优解，使算法跳出局部极值，提高算法的全局搜索能力，通过动态调整收缩系数和变异概率，提高搜索速度和精度. 通过三个 benchmark 函数对算法进行测试，通过与经典螺旋优化算法的优化结果对比，说明了所提出算法的有效性.

针对三元复合驱生产实际中的多个目标不确定问题，结合总利润最大、总产量最大、吨油成本最小、总投资最小，以及第 3 章给出的三元复合驱模型，建立三元复合驱模糊多目标最优控制问题. 并通过隶属度函数对不确定性定量描述，提出了一种基于对称模型和水平截集的模糊多目标最优控制求解方法.

6.4 本章小结

最后, 利用混合螺旋优化算法求解四注九采的三元复合驱模糊多目标最优控制问题, 得到多个指标最佳结合度下的最优注采策略. 同时, 分别求解各个指标情况下的单目标模糊最优控制问题, 通过与本章方法的优化结果对比, 可以发现本章提出的基于螺旋优化的模糊多目标最优控制求解方法明显优于指标对比法, 相对于常规的智能优化算法, 具有较高的求解精度和求解效率.

第 7 章 三元复合驱时空建模及迭代动态规划求解

三元复合驱是一种典型的分布参数系统,其数学模型涉及一系列耦合的偏微分方程,第 3 章中给出的三元复合驱数学模型具有复杂的时空特性、耦合性、系统高度非线性化,加上在求解过程中还需计算大量的物化代数方程,求解难度大,计算效率低,而且在差分计算过程中会存在累积误差,影响最终求解精度. 从基于数据驱动的系统辨识建模的角度出发,对分布参数系统建模,简化模型,求解基于辨识模型的最优控制问题,得到最优解,可以很好地解决这一问题. 然而,传统的建模方法不能很好地描述分布参数系统的时空分布特性和动态特性. 对于三元复合驱这样复杂的系统,建立的模型精度低、泛化能力差,无法用于最优控制求解,因此,本章对三元复合驱的时空建模方法进行研究.

本章首先提出了一种基于动态记忆小波网络的建模方法,并验证了建模的精度,然后提出了一种基于双正交时空 Wiener 建模的迭代动态规划算法. 在基于双正交时空 Wiener 建模的迭代动态规划算法中,首先提出了一种双正交时空 Wiener 建模方法辨识系统的输入和状态之间的关系,以及一种双正交时空分解方法,并推导了基函数求解的必要条件. 其次,采用 ARMA 模型辨识系统的状态和输出之间的关系,通过递推最小二乘辨识未知参数. 最后采用双正交时空 Wiener 建模方法建立三元复合驱的时空模型,并采用迭代动态规划进行基于时空模型的三元复合驱最优控制问题,得到最优注采策略.

7.1 基于动态记忆小波神经网络的建模方法

7.1.1 基本原理

分布参数系统建模方法由于其复杂性和特殊性,一直是许多学者的研究热点. 文献 [144] 提出的时空建模方法是目前一种主流的分布参数系统建模方法,其基本原理如图 7-1 所示. 对于一个输入为 $c_{\Theta in}(t)$,输出为 $y(x,t)$ 的分布参数系统,其中,x 表示空间变量,t 为时间变量,首先通过 K-L 分解,将系统的输出分解成一系列空间基函数 $\varphi(x)$ 和时间系数 $y(t)$ 乘积的形式. 然后采用参数辨识的方法 (如神经网络、带外部输入的自回归模型等) 建立输入和时间系数之间的关系. 最后,通过空间基函数和辨识的时间系数 $\tilde{y}(t)$ 重构系统输出,得到系统的近似模型. 采用该模型代替分布参数系统的机理模型,从而进行最优控制求解、预测控制、非线性控制等操作.

7.1 基于动态记忆小波神经网络的建模方法

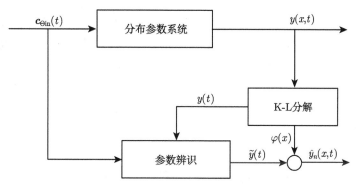

图 7-1 经典时空建模原理图

7.1.2 K-L 分解

K-L 分解是一种基于傅里叶级数思想提出的方法, 它可以将分布参数展开成一系列正交基函数和时间系数的乘积, 从而实现近似建模. 该方法是在最小二乘意义下实现最优, 在系统精度给定下, K-L 分解获得的基函数维度最低, 能够最大程度上反映系统的能量, 是一种有效的分布参数系统建模方法.

由于在三元复合驱的实际应用过程中, 得到的数据是离散的, 因此假设系统的输出采样为 $\{Y(x_i, y_j, z_k, t)\}_{i=1, j=1, k=1, t=1}^{N_x, N_y, N_z, L}$, 其中 $t = 1, 2, \cdots, L$ 表示对输出取 L 个时间均匀采样点, $i = 1, 2, \cdots, N_x$, $j = 1, 2, \cdots, N_y$, $k = 1, 2, \cdots, N_z$ 表示在三维空间上的 $N_x \times N_y \times N_z$ 个输出采样点.

假设系统的时空输出 $Y(x, y, z, t)$ 可以分解成无穷项空间基函数和相应时间系数的乘积之和的形式:

$$Y(x, y, z, t) = \sum_{i=1}^{\infty} \varphi_i(x, y, z) T_i(t). \tag{7-1}$$

在实际的应用中, 不可能取到无穷项, 因此要在一个确定的精度下对 (7-1) 进行有限项截断:

$$Y_n(x, y, z, t) = \sum_{i=1}^{n} \varphi_i(x, y, z) T_i(t), \tag{7-2}$$

其中, 选定的 n 个空间基函数能够近似表示出整个系统的绝大部分能量.

由于所得空间基函数都具有正交特性, 因此具体形式如下所示:

$$(\varphi_i(x, y, z), \varphi_j(x, y, z)) = \iiint_{\Omega} \varphi_i(x, y, z) \varphi_j(x, y, z) \mathrm{d}x \mathrm{d}y \mathrm{d}z = \begin{cases} 0, & i \neq j \\ 1, & i = j. \end{cases} \tag{7-3}$$

因此, 只要求解获得了对应的空间基函数, 就可以通过式 (7-4) 获得其时间系数:

$$T_i(t) = (\varphi_i(x,y,z), Y(x,y,z,t)), \quad i = 1, 2, \cdots, n. \tag{7-4}$$

我们需要获得能够代表原始数据样本 $\{Y(x_i, y_j, z_k, t)\}_{i=1,j=1,k=1,t=1}^{N_x,N_y,N_z,L}$ 的最佳空间结构,因此求解空间基函数的问题可以转化为如下目标函数的最小化问题:

$$\begin{cases} \min\limits_{\varphi_i(x,y)} \left\langle \left\| Y(x,y,z,t) - \sum\limits_{i=1}^{n} \varphi_i(x,y,z) T_i(t) \right\|^2 \right\rangle \\ \text{s.t.} \quad (\varphi_i, \varphi_i) = 1, \quad \varphi_i \in L^2(\Omega), \quad i = 1, 2, \cdots, n, \end{cases} \tag{7-5}$$

其中,$\|f(x,y,z)\| = (f(x,y,z), f(x,y,z))^{1/2}$ 表示范数,$\langle f(x,y,z,t)\rangle = \dfrac{1}{L}\sum\limits_{t=1}^{L} f(x,y,z,t)$ 表示集合平均值.

对于上述最小约束优化问题,可以通过构造拉格朗日函数求解,其形式如下:

$$J = \left\langle \left\| Y(x,y,z,t) - \sum_{i=1}^{n} \varphi_i(x,y,z) T_i(t) \right\|^2 \right\rangle + \sum_{i=1}^{n} \lambda_i \left((\varphi_i(x,y,z), \varphi_i(x,y,z)) - 1 \right). \tag{7-6}$$

式 (7-6) 的优化问题存在极值的必要条件为

$$\begin{cases} \iiint\limits_{\Omega} R((x,y,z),(\xi,\zeta,\varsigma)) \varphi_i(\xi,\zeta,\varsigma) \mathrm{d}\xi \mathrm{d}\zeta \mathrm{d}\varsigma = \lambda_i \varphi_i(x,y,z), \\ (\varphi_i, \varphi_i) = 1, \quad i = 1, 2, \cdots, n, \end{cases} \tag{7-7}$$

其中,$R((x,y,z),(\xi,\zeta,\varsigma)) = \langle Y(x,y,z,t) Y(\xi,\zeta,\varsigma,t)\rangle$ 为三维空间中两点的相关函数. 这样,可以将式 (7-5) 的最小约束优化问题转换为计算积分方程 (7-7) 的解.

当系统输出的离散时间采样点数小于空间采样点数时,可以采用 snapshots 方法对式 (7-7) 积分方程进行求解,该方法可以显著减小求解积分方程 (7-7) 的运算量. 其中, snapshots 方法也被称为快照法,即在离散时间点上,对每一个位置点进行输出采样,采样所得即为快照. 例如,$Y(x,y,z,1)$, $x = 1,2,\cdots,N_x, y = 1,2,\cdots,N_y$, $z = 1,2,\cdots,N_z$, 即表示时间点 $t=1$ 在空间采样点 (x,y,z) 获得的一个输出"快照".

当时间采样数 L 小于空间采样数 N 的时候,假设空间基函数 $\varphi_i(x,y,z)$ 可以由一组快照组合而成,则

$$\varphi_i(x,y,z) = \sum_{t=1}^{L} \gamma_{it} Y(x,y,z,t). \tag{7-8}$$

对于式 (7-7) 的特征值问题:

$$\iiint\limits_{\Omega} R((x,y,z),(\xi,\zeta,\varsigma)) \varphi_i(\xi,\zeta,\varsigma) \mathrm{d}\xi \mathrm{d}\zeta \mathrm{d}\varsigma = \lambda_i \varphi_i(x,y,z)$$

7.1 基于动态记忆小波神经网络的建模方法

$$= \iiint_\Omega \frac{1}{L} \left(Y(x,y,z,1), Y(x,y,z,2), \cdots, Y(x,y,z,L)\right)$$

$$\times \begin{pmatrix} Y(\xi,\zeta,\varsigma,1) \\ Y(\xi,\zeta,\varsigma,2) \\ \vdots \\ Y(\xi,\zeta,\varsigma,L) \end{pmatrix} \varphi_i(\xi,\zeta,\varsigma) \, \mathrm{d}\xi \mathrm{d}\zeta \mathrm{d}\varsigma$$

$$= \lambda_i \varphi_i(x,y,z). \tag{7-9}$$

将式 (7-8) 代入到式 (7-9), 令

$$\bar{Y}(x,y,z,t)^{\mathrm{T}} = (Y(x,y,z,1), Y(x,y,z,2), \cdots, Y(x,y,z,L)),$$
$$\bar{Y}(\xi,\zeta,\varsigma,t) = (Y(\xi,\zeta,\varsigma,1), Y(\xi,\zeta,\varsigma,2), \cdots, Y(\xi,\zeta,\varsigma,L))^{\mathrm{T}},$$
$$\boldsymbol{\gamma}_i = (\gamma_{i1}, \gamma_{i2}, \cdots, \gamma_{iL})^{\mathrm{T}}$$

可得

$$\iiint_\Omega \frac{1}{L} \bar{Y}(x,y,z,t)^{\mathrm{T}} \bar{Y}(\xi,\zeta,\varsigma,t) \begin{pmatrix} Y(\xi,\zeta,\varsigma,1) \\ Y(\xi,\zeta,\varsigma,2) \\ \vdots \\ Y(\xi,\zeta,\varsigma,L) \end{pmatrix}^{\mathrm{T}} \begin{pmatrix} \gamma_{i1} \\ \gamma_{i2} \\ \vdots \\ \gamma_{iL} \end{pmatrix} \mathrm{d}\xi \mathrm{d}\zeta \mathrm{d}\varsigma$$

$$= \iiint_\Omega \frac{1}{L} \bar{Y}(x,y,z,t)^{\mathrm{T}} \bar{Y}(\xi,\zeta,z,t) \bar{Y}(\xi,\zeta,z,k)^{\mathrm{T}} \boldsymbol{\gamma}_i \mathrm{d}\xi \mathrm{d}\zeta \mathrm{d}\varsigma$$

$$= \lambda_i \bar{Y}(x,y,z,t)^{\mathrm{T}} \boldsymbol{\gamma}_i. \tag{7-10}$$

令 $C = \dfrac{1}{L} \iiint_\Omega \bar{Y}(\xi,\zeta,\varsigma,t) \bar{Y}(\xi,\zeta,\varsigma,k)^{\mathrm{T}} \mathrm{d}\xi \mathrm{d}\zeta \mathrm{d}\varsigma$, 则

$$\bar{Y}(x,y,z,t)^{\mathrm{T}} (C\boldsymbol{\gamma}_i - \lambda_i \boldsymbol{\gamma}_i) = 0. \tag{7-11}$$

从而, 式 (7-7) 中 $N \times N$ 的特征值问题可以转化为如下 $L \times L$ 的问题:

$$C\boldsymbol{\gamma}_i = \lambda_i \boldsymbol{\gamma}_i. \tag{7-12}$$

将积分式 (7-7) 的求解问题转化为求解式 (7-12) 的特征值问题, 式中 $\boldsymbol{\gamma}_i$ 为第 i 个特征向量. C 通过对系统进行输出采样得到, λ_i 为 C 的特征值, $\boldsymbol{\gamma}_i$ 为特征向量, 通过计算式 (7-8) 即可得到空间基函数. 由于矩阵 C 是对称半正定的, 因此通过式 (7-12) 得到的空间基函数是正交的, 最后只需对其进行标准化处理即可.

建模时所选用的空间基函数对建模精度有显著影响,对应特征值越大的空间基函数可以越多地表征系统内部信息.因此根据特征值对特征向量进行排序,选择前 n 项对应空间基函数用于建模,一般来说,选用空间基函数越多建模精度越高,但是建模复杂度也会提高.所以,在建模时需要平衡复杂度与精度之间的关系,最终建立理想的模型.

7.1.3 动态记忆小波神经网络

在上一节中,通过 K-L 方法实现了空间基函数 $\varphi(x,y,z)$ 和时间系数 $T(t)$ 的分离,下面需要辨识时间系数 $T(t)$ 和系统输入 $u(t)$ 之间的关系.假设 $T(t)$ 和 $u(t)$ 可以由 NARX 模型描述:

$$y(t) = F[T(t-1),\cdots,T(t-n_T),u(t-1),\cdots,u(t-n_u)], \quad (7\text{-}13)$$

其中, n_u 和 n_T 分别表示系统最大输入和输出滞后. NARX 模型为黑箱模型,建模过程无须知道其内部机理,可以利用输入、输出数据建立数学模型.由于神经网络具有很好的非线性逼近能力、强大的运算能力、较强的容错性和鲁棒性等特点,因而在非线性系统辨识领域有着广泛应用.

对于动态系统建模,常规静态神经网络存在建模精度不高的缺点.动态神经网络通过对动态系统进行特征映射,能够直接反映系统的动态特性,可以很好地解决静态神经网络对动态系统建模中存在的问题,因此被广泛应用于动态系统建模中.

由于常规动态神经网络训练时间长,对外界干扰敏感,网络训练需要神经元多,因此,本书对其进行改进研究提高其动态性能.本书在递归小波神经网络的基础上,通过增加反馈承接层数目,并根据时间顺序设定不同权重,使网络具备更强动态建模能力.基于以上思想,提出了动态记忆小波神经网络 (DRWNN),并推导了其动态梯度下降法.针对动态梯度下降算法在网络初始权值设置不当时,容易陷入局部最优导致训练失败的缺点,本书考虑智能优化算法在优化问题求解时具有良好的全局寻优特性,因此本书首先利用改进果蝇优化算法优化网络权值产生梯度下降法初始搜索权值,然后利用动态梯度下降算法继续训练.通过仿真实例进行算法测试,测试结果表明该算法具有更快的动态调整特性,更好的逼近能力和泛化能力.

7.1.3.1 网络结构

考虑到常规动态神经网络只记忆上一次隐含层输出,因此 DRWNN 网络在递归小波神经网络的基础上,添加多层记忆反馈层,能够实现对隐含层输出数据的多次动态记忆,从而形成了 DRWNN 网络结构.在 DRWNN 网络中,记忆反馈层的数目体现了对历史数据的记忆情况,具体数目大小需要根据数据的滞后性和网络训练精度进行确定,DRWNN 网络结构如图 7-2 所示.

7.1 基于动态记忆小波神经网络的建模方法

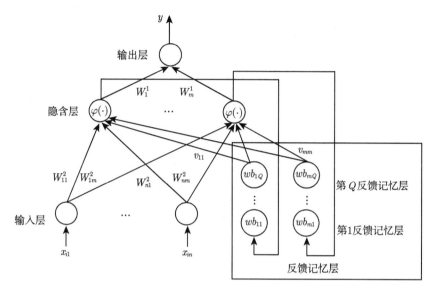

图 7-2　DRWNN 结构图

在图 7-2 中, DRWNN 网络结构包括输入层、隐含层、反馈记忆层和输出层. 该网络包含 n 个输入神经元; 一个输出神经元; m 个隐含层神经元; 每个隐含层神经元对应的反馈承接层数为 Q. $x_i(t) \in \mathbb{R}^n$ 为 t 时刻下神经网络的 n 维输入向量, $y(t) \in \mathbb{R}$ 为 t 时刻下神经网络的一维输出向量. $H_i(t) \in \mathbb{R}^m$ 为隐含层输出, $x_c(t) \in \mathbb{R}^n$ 为记忆反馈层输出.

7.1.3.2　记忆反馈层权值设置

通过在隐含层中增加 Q 层记忆反馈层, 实现对隐含层输出的多次动态记忆, 假设在第 q 层中记忆的隐含层输出数据为 $H(k-q)$, 设记忆反馈层的权值系数为 Wb_q, 其取值介于 0 到 1 之间. 则第 q 层记忆反馈层的权值为 $Wb_q = [wb_{1q}, wb_{2q}, \cdots, wb_{mq}], wb \in (0,1)$, 其中 wb_{iq} 为预先设定权值 wb_i 的 q 次幂即 wb_i^q, 从而使网络具备动态遗忘功能.

由于权值在 0 到 1 之间, 离当前时刻越远的信息, 其 wb^q 的值越小, 越能够对离现时较远的信息进行遗忘. 设反馈增益为 α, 运用下式可得记忆反馈层输出权值:

$$x_{ci}(t) = \alpha \sum_{q=1}^{Q} (wb_{iq} \cdot H_i(t-q)). \tag{7-14}$$

则动态记忆小波神经网络的动态方程可以表示为

$$\begin{cases} y(t) = \sum_{i=1}^{m} W_i^1 H_i(t), \\ H_i(t) = \varphi\left(\dfrac{h_i(t) - b_i(t-1)}{a_i(t-1)}\right), \\ h_i(t) = \sum_{j=1}^{n} W_{ij}^2 x_j(t-1) + \alpha \sum_{k=1}^{m} \sum_{q=1}^{Q} v_{ik} w b_{iq} H_k(t-q), \end{cases} \quad (7\text{-}15)$$

其中, W_i^1 为隐含层神经元 i 与输出层神经元之间的连接权值, W_{ij}^2 为输入层神经元 j 与隐含层神经元 i 之间的连接权值, v_{ik} 为反记忆层 k 与隐含层神经元 i 之间的反馈连接权值, $H_i(t)$ 为隐含层神经元 i 的输出. $\varphi(\cdot)$ 为小波函数, 本书中取 Morlet 小波. 设 a_i 为小波伸缩系数, b_i 为小波平移系数, 令 $t' = \dfrac{h_i(t) - b_i(t-1)}{a_i(t-1)}$, Morlet 小波母函数表达式为

$$\varphi(t') = \cos(1.75t') e^{-t'^2/2}. \quad (7\text{-}16)$$

7.1.3.3 动态记忆小波神经网络训练算法

令 $y(t)$ 和 $y_e(t)$ 分别为网络在 t 时刻的实际输出和期望输出, 则 t 时刻的网络误差为

$$e(t) = y_e(t) - y(t). \quad (7\text{-}17)$$

取代价函数为

$$E(t) = \frac{1}{2}(y_e(t) - y(t))^2 = \frac{1}{2}(e(t))^2. \quad (7\text{-}18)$$

设网络从时间步 1 开始到时间步 N, 则每个周期的总误差函数为

$$E = \sum_{t=1}^{N} \frac{1}{2}(y_e(t) - y(t))^2 = \sum_{t=1}^{N} \frac{1}{2}(e(t))^2, \quad (7\text{-}19)$$

其中, N 为网络输出步数.

神经网络算法的训练目标为通过调节网络结构参数, 实现训练总误差 E 迭代减小. 神经网络常用训练方法为动态梯度法. 由一阶偏导数的链式求导法则, 可得

$$W_i^1(t) = W_i^1(t-1) - \eta_1 \frac{\partial E(t)}{\partial W_i^1(t-1)} = W_i^1(t-1) + \eta_1 e(t) H_i(t), \quad (7\text{-}20)$$

$$W_{ij}^2(t) = W_{ij}^2(t-1) - \eta_2 \frac{\partial E(t)}{\partial W_{ij}^2(t-1)} = W_{ij}^2(t-1) + \eta_2 e(t) W_i^1(t-1) \frac{\partial H_i(t)}{\partial W_{ij}^2(t-1)}, \quad (7\text{-}21)$$

$$v_{ik}(t) = v_{ik}(t-1) - \eta_3 \frac{\partial E(t)}{\partial v_{ik}(t-1)} = v_{ik}(t-1) + \eta_3 e(t) W_i^1(t-1) \frac{\partial H_i(t)}{\partial v_{ik}(t-1)}, \quad (7\text{-}22)$$

$$a_i(t) = a_i(t-1) - \eta_4 \frac{\partial E(t)}{\partial a_i(t-1)} = a_i(t-1) + \eta_4 e(t) W_i^1(t-1) \frac{\partial H_i(t)}{\partial a_i(t-1)}, \quad (7\text{-}23)$$

$$b_i(t) = b_i(t-1) - \eta_5 \frac{\partial E(t)}{\partial b_i(t-1)} = b_i(t-1) + \eta_5 e(t) W_i^1(t-1) \frac{\partial H_i(t)}{\partial b_i(t-1)}, \quad (7\text{-}24)$$

其中, $i, k = 1, 2, \cdots, m$, $j = 0, 1, \cdots, n$, $\eta_1, \eta_2, \eta_3, \eta_4, \eta_5$ 为分别对应于 W^1, W^2, v, a, b 的学习系数.

在上式中,

$$\frac{\partial H_i(t)}{\partial W_{ij}^2(t-1)} = \frac{\partial H_i(t)}{\partial h_i(t)} \left[x_j(t-1) + \alpha \sum_{k=1}^{m} \sum_{q=1}^{Q} v_{ik}(t-1) wb_{iq} \frac{\partial H_k(t-q)}{\partial w_{ij}^2(t-q-1)} \right], \quad (7\text{-}25)$$

$$\frac{\partial H_i(t)}{\partial v_{ik}(t-1)} = \frac{\partial H_i(t)}{\partial h_i(t)} \left[\alpha H_k(t-1) + \alpha \sum_{k=1}^{m} \sum_{q=1}^{Q} v_{ik}(t-1) wb_{iq} \frac{\partial H_k(t-q)}{\partial v_{ik}(t-q-1)} \right], \quad (7\text{-}26)$$

$$\frac{\partial H_i(t)}{\partial a_i(t-1)} = \varphi'(t') \left[\frac{\partial (t')}{\partial a_i(t-1)} + \alpha \sum_{k=1}^{m} \sum_{q=1}^{Q} v_{ik}(t-1) wb_{iq} \frac{\partial H_k(t-q)}{\partial a_i(t-q-1)} \right], \quad (7\text{-}27)$$

$$\frac{\partial H_i(t)}{\partial b_i(t-1)} = \varphi'(t') \left[\frac{\partial (t')}{\partial b_i(t-1)} + \alpha \sum_{k=1}^{m} \sum_{q=1}^{Q} v_{ik}(t-1) wb_{iq} \frac{\partial H_k(t-q)}{\partial b_i(t-q-1)} \right]. \quad (7\text{-}28)$$

在式 (7-27) 和式 (7-28) 中, 由式 (7-16) 可得

$$\varphi'(t') = -1.75 \sin(1.75 t') e^{-t'^2/2} - t' \cos(1.75 t') e^{-t'^2/2}, \quad (7\text{-}29)$$

其中, $\frac{\partial (t')}{\partial a_i(t-1)}$ 和 $\frac{\partial (t')}{\partial b_i(t-1)}$ 可由 $t' = \frac{h_i(t) - b_i(t-1)}{a_i(t-1)}$ 计算得到.

在式 (7-25)~(7-28) 中, 由于在计算当前时刻的偏导数都需要获得前一时刻的偏导数, 因此该算法也被称为动态梯度学习算法. 在算法学习初始时刻, 给定的训练初值为

$$x_{c,i}(t) = 0, \; \frac{\partial H_i(t)}{\partial W_{ij}^2(t-1)} = 0, \; \frac{\partial H_i(t)}{\partial v_{ik}(t-1)} = 0, \; \frac{\partial H_i(t)}{\partial a_i(t-1)} = 0, \; \frac{\partial H_i(t)}{\partial b_i(t-1)} = 0,$$
$\forall i, j, k, t = 1.$

按照时间序列 $t = 2, 3, \cdots, N$ 分别计算出所有的偏导数. 由于该算法是随着迭代循环进行的, 因此系统总误差 E 也将整体下降, 直到满足精度要求.

7.1.3.4 基于改进果蝇优化算法的网络初始权重确定方法

上述基于梯度信息的网络训练算法, 其训练初始权值是随机生成的, 而不同的初始权值对网络学习效果会产生很大影响, 不恰当的初始权值设置容易导致算法陷入局部极小, 造成学习失败. 智能优化算法具有很强的全局搜索能力, 可以考虑使

用改进果蝇优化算法 (IFOA) 对上述网络进行优化,首先给出接近全局极小的网络初始权重,在此基础上再利用具有较快收敛特性的基于梯度信息的学习算法对网络权值进行优化. 通过对两种算法进行结合,融合了各自在寻优上的优势,使得算法更不容易陷入局部最优,同时具有更高的精度和更快的收敛速度.

基于两者的混合算法过程为:将网络的权值作为寻优粒子的位置向量,通过 IFOA 搜索最优位置,当算法达到设定规则时停止. 将此时最优位置对应的各维数据作为网络的初始权值,网络再根据这些权值使用上文中给出的动态梯度下降算法进行训练,当满足设定规则之后算法停止运行.

7.1.3.5 动态记忆小波神经网络仿真测试

为验证提出的动态记忆小波神经网络的建模性能. 本书采用如下单入单出的非线性动态系统进行测试,其动态方程为

$$\begin{cases} y(t+1) = f(t) + g(t) + \omega_y(t+1), \\ f(t) = 3y(t)/(6.2 + 2y(t-1) + y^2(t-2)), \\ g(t) = u^2(t) + u^3(t), \\ u(t) = 1.0 + 0.6\sin(2k\pi/50) + 0.4\sin(2k\pi/75), \end{cases} \quad (7\text{-}30)$$

其中, $u(t)$ 为系统输入, $y(t)$ 为系统输出, $\omega_y(t)$ 为对系统施加的零均值白噪声信号. 在系统输入 $u(t)$ 作用下,系统输出随 $f(t)$ 和 $g(t)$ 变化,同时系统输出与前两个时间步相关联,因此共同构成了该复杂非线性动态系统. 本书构造的 DRWNN 网络包括 3 个反馈记忆层、6 个隐含层、1 个输入层和 1 个输出层,通过对网络进行学习训练,验证该网络的动态建模能力.

系统输入 $u(t)$ 如图 7-3 所示,对系统施加扰动信号 $\omega_y(t)$,取运行时间步为 200 时得到 $u(t)$ 和 $y(t)$ 作为训练样本,本书首先采用改进果蝇优化算法对网络参数进行初始寻优,种群规模为 20,迭代次数 300 后,再采用本书给出的动态梯度下降算法训练网络,经梯度法训练 200 次之后,得到训练结果如图 7-4 所示. 为比较算法性能,本书采用 RWNN[145] 网络相同训练方式训练之后得到的结果也在图 7-4 中显示,从图中可以发现,本书提出 DRWNN 网络比 RWNN 网络具有更好的建模能力. 此外定义最大绝对误差为: $E_m = \max|y_i^* - y_i|, i = 1, 2, \cdots, N$,平均误差

为: $\overline{E} = \dfrac{\sum\limits_{i=1}^{N}|y_i^* - y_i|}{N}$, y_i^* 为真实值,y_i 为计算值,N 为样本个数. 实验训练结果如表 7-1 所示.

7.1 基于动态记忆小波神经网络的建模方法

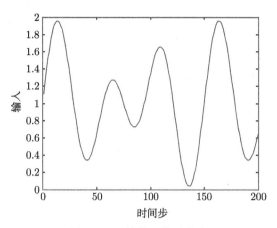

图 7-3 训练输入信号曲线

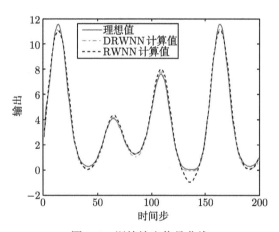

图 7-4 训练输出信号曲线

表 7-1 训练样本误差

	均方误差	最大绝对误差	平均误差
RWNN 网络	0.2549	3.1343	0.3729
DRWNN 网络	0.1924	2.9806	0.3249

训练得到 DRWNN 网络之后, 为验证算法的泛化能力, 取时间步为 $201 \sim 400$ 的输入信号 $u(t)$ 作为测试输入信号 $\tilde{u}(t)$, 如图 7-5 所示, 得到的网络输出为 $\tilde{y}(t)$, 如图 7-6 所示. 由图 7-6 和表 7-2 可知, 泛化误差主要出现在系统峰值处, 但是与系统的真实输出比较可知, DRWNN 输出更接近于真实输出, 误差较小, 验证了本算法具有更好的模型泛化能力, 模型精度更高.

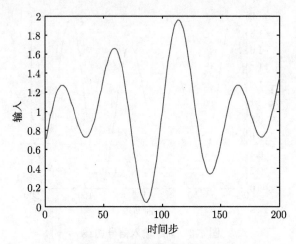

图 7-5 训练输入信号曲线

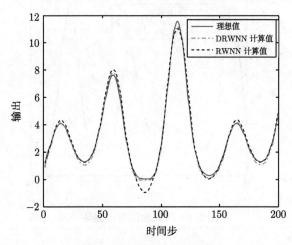

图 7-6 训练输出信号曲线

表 7-2 测试样本误差

	均方误差	最大绝对误差	平均误差
RWNN 网络	0.1700	1.2023	0.2599
DRWNN 网络	0.1075	1.0082	0.3167

7.1.4 基于动态记忆小波网络的三元复合驱近似建模

在第 3 章中所述的三元复合驱系统中, 系统控制输入为注入井三元复合驱浓度值, 系统输出为生产井含水率, 生产过程中注入流量和采出流量固定, 系统主要状态变化体现为网格含水饱和度变化. 因此, 在对三元复合驱进行时空建模时, 对网格含水饱和度进行 K-L 分解, 分别获得空间基函数和时间系数, 通过 DWRNN 模型辨识三元复合驱注入浓度和时间系数之间的关系. 在完成对时间系数的模型辨识之后, 结合 K-L 分解法得到的空间基函数, 即可进行模型重构获得完整的含水饱和度时空降维模型:

$$\begin{cases} \hat{T}_i(t) = \hat{F}_1(\hat{T}_i(t-1), \cdots, \hat{T}_i(t-n_T), \boldsymbol{u}(t-1), \cdots, \boldsymbol{u}(t-n_u)), \\ \hat{S}_w(x,y,z,t) = \sum_{i=1}^{n} \varphi_i(x,y,z) \hat{T}_i(t), \end{cases} \quad (7\text{-}31)$$

其中, $\hat{S}_w$ 表示网格含水饱和度, $\varphi_i(x,y,z)$ 表示空间基函数, $\hat{T}_i(t)$ 表示时间系数, n_T 表示时间系数阶数, n_u 表示输入阶数. 由于最终需要获得注入井的注入浓度和生产井含水率之间的关系, 在油藏中生产井的含水率是含水饱和度的单值函数, 所以可以根据含有生产井的网格含水饱和度来计算生产井含水率. 因此, 以生产井对应的网格含水饱和度为输入, 生产井含水率为输出, 同样使用 DRWNN 进行模型辨识, 得到生产井对应网格含水饱和度和含水率之间的关系, 如下所示:

$$f_w(t) = \hat{F}_2(f_w(t-1), \cdots, \hat{f}_w(t-n_w), \hat{S}_{ow}(t-1), \cdots, \hat{S}_{ow}(t-n_s)), \quad (7\text{-}32)$$

其中, f_w 表示生产井含水率, $\hat{S}_{ow}$ 为生产井对应网格含水饱和度, n_w 表示生产井含水率阶数, n_s 表示生产井对应网格含水饱和度阶数.

通过上文中介绍的方法对三元复合驱进行建模, 为充分激励系统使用不同注入策略运行模型 50 次, 模型每月随机产生不同注入策略, 注入持续时间为 48 个月, 然后利用 K-L 分解法得到 50 组含水饱和度的空间基函数和时间系数. 为了得到能够表征系统特性的最佳空间基函数, 依次对每一组空间基函数都代入到其余 49 组中与时间系数进行模型重构, 然后计算这 49 次所有采样点的平均均方误差, 共执行上述过程 50 次找到具有最小均方误差的一组空间基函数作为模型空间基函数. 辨识得到系统输入与时间系数之间的时域关系, 结合模型空间基函数, 建立网格含水饱和度和注入三元复合驱浓度之间 DRWNN 模型, 同时建立生产井对应网格含水饱和度和含水率之间的 DRWNN 模型. 综合以上两种模型, 即可得到从三元复合驱的注入浓度到生产井含水率之间的关系.

为了比较所取空间基函数个数 n 对建模精度的影响, 定义如下性能指标:

$$\text{RMSE} = \sqrt{\frac{\iiint \sum e(x,y,z,t)^2 \mathrm{d}x \mathrm{d}y \mathrm{d}z}{\iiint \sum \Delta t \, \mathrm{d}x \mathrm{d}y \mathrm{d}z}}, \quad (7\text{-}33)$$

其中, $e(x,y,z,t) = \hat{S}_w(x,y,z,t) - S_w(x,y,z,t)$.

一般来说，建模所用空间基函数越多，就可以更多地反映系统内部信息，模型精度也越高，但是对外部干扰敏感度提高，影响模型泛化能力，此外建模复杂度提高，运行时间变长；若取较少的空间基函数则对系统状态反映不足，建模精度降低，因此需要平衡选择空间基函数个数。为测试空间基函数个数对建模精度的影响，选择不同个数的空间基函数和分解得到的时间系数进行模型重构，计算得到平均 RMSE 如表 7-3 所示。

表 7-3　不同基函数个数的 RMSE 对比

n	1	2	3	4	5
RMSE	0.0751	0.0502	0.0296	0.0209	0.0197

从表 7-3 中可知，建模所取空间基函数个数越多，建模精度就越高，但是当所取空间基函数的个数大于 4 的时候，建模误差变化不再明显，表明当前所取空间基函数可以基本反映整个油藏动态。所以，本章建模所取的空间基函数个数为 4。此外，经多次运行比较后，对时间系数和注入浓度建模的 DRWNN 网络取记忆反馈层个数为 3，隐含层神经元个数为 6，时间系数阶数 $n_T = 4$，输入阶数 $n_u = 3$；对生产井含水率和对应网格含水饱和度建模的 DRWNN 网络取记忆反馈层个数为 2，隐含层神经元个数为 8，含水率阶数 $n_w = 3$，含水饱和度阶数 $n_s = 2$；RWNN 网络设置相同参数。则基于 DRWNN 网络的建模结果为：网格含水饱和度的建模平均 RMSE 为 0.0285，生产井含水率的建模平均 RMSE 为 1.1378%（% 为含水率单位）；基于 RWNN 网络的建模结果：网格含水饱和度的建模平均 RMSE 为 0.0329，生产井含水率的建模平均 RMSE 为 1.5169%。验证了基于 DRWNN 的三元复合驱时空模型具有更高的建模能力。

为了验证基于 DRWNN 的三元复合驱时空模型的泛化能力，随机给定三元复合驱的注入浓度分别为：$u_P = (2.7, 1.4, 1.1)\,(\text{kg/m}^3)$，$u_A = (3.7, 2.8, 1.3)\,(\text{kg/m}^3)$，$u_S = (2.9, 1.3, 0.6)\,(\text{kg/m}^3)$，其中注入时间为 48 个月，每个注入过程持续时间为 16 个月。由于网格含水饱和度为三维空间数据，无法在图中进行直接描述，因此选取第三层中坐标为 $(1,11,3) \sim (21,11,3)$ 的 21 个网格含水饱和度建模结果对比和建模误差进行显示，分别如图 7-7 和图 7-8 所示。

定义式 (7-33) 所示的绝对值误差均值为性能指标分析建模精度：

$$\text{st} = \frac{1}{N}\sum_{i=1}^{N}\left|Y_i - \hat{Y}_i\right|, \tag{7-34}$$

其中，$\hat{Y}_i$ 为建模输出，Y_i 为系统真实输出。通过比较计算可知，基于 DRWNN 的三元复合驱时空模型，生产井含水率的绝对值误差均值为 $\text{st} = 1.2970\%$，其中含水率单位为%，对于网格含水饱和度的绝对值误差均值为 $\text{st} = 0.0318$；另外，基于 RWNN

7.1 基于动态记忆小波神经网络的建模方法

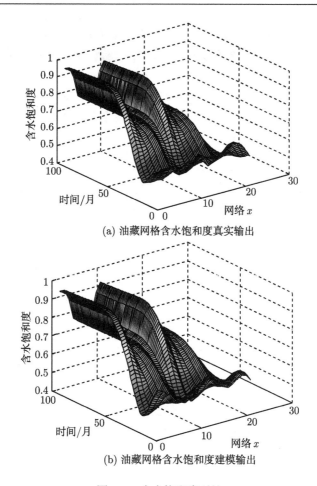

图 7-7 含水饱和度对比

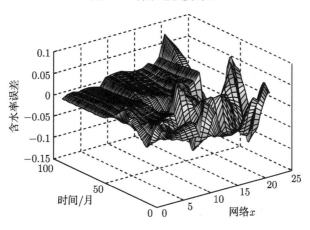

图 7-8 含水饱和度误差

的三元复合驱时空模型,生产井含水率的绝对值误差均值为 st = 1.8253%,对于网格含水饱和度的绝对值误差均值为 st = 0.0547. 验证了本书建立模型具有较好的模型泛化能力.

图 7-9 为基于 DRWNN 的三元复合驱模型真实生产井含水率和建模所得含水率对比曲线图,从图中可知模型误差很小,验证模型具有较好的泛化能力.

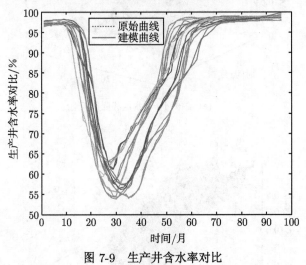

图 7-9 生产井含水率对比

综上所述,本书建立的三元复合驱时空模型不论是对生产井含水率还是对网格含水饱和度,建模值和真实值都非常接近,误差很小,从而验证了本章所提建模方法的准确性和可靠性.

7.2 双正交时空 Wiener 建模方法

上述经典的时空建模方法为分布参数系统建模提供了一种较为有效的理论指导. 然而,该方法只对输出为分布参数的系统有效,当系统的输入和状态为分布参数,输出为集中参数,且状态到输出的关系十分复杂时,该方法就失去了意义. 经典的分布参数建模方法通过输入和时间系数的辨识将系统输入融入辨识模型中,仅将输出时空分解,并没有考虑系统输入、状态参数和过程的分布特性,并不是完全意义上的时空分解. 而且没有考虑系统动态,不能合理地描述系统过程. 另外,上述分解方法只考虑空间特性,并没有考虑时间特性,不利于系统分析. 双正交分解通过将分布参数分解为时间基函数、空间基函数和系数的乘积,能充分反映系统特性. Wiener 模型[146] 能很好地描述系统动态,却仅适用于集中参数系统. 因此,本章对 Wiener 模型和双正交时空分解进行研究,提出了一种双正交时空 Wiener 建模方法.

7.2 双正交时空 Wiener 建模方法

7.2.1 基本原理

三元复合驱系统是一种复杂的分布参数系统, 其输入为注入井三元驱替剂的注入浓度 $c_{\Theta in}$, $\Theta = \{OH, s, p\}$ 是分布参数, 输出的采出井含水率 f_w 是集中参数, 状态为网格浓度 c_Θ、含水饱和度 S_w 和压力 P, 均为分布参数, 采用经典的时空建模方法很难准确描述其驱替过程. 针对这一类输入和状态为分布参数, 输出为集中参数的分布参数系统, 本章提出了一种双正交时空 Wiener 建模方法, 其基本原理如图 7-2 所示. 对于三维三元复合驱系统, 为了简化描述, 采用 $v(x,y,z,t)$ 表示所有的状态变量.

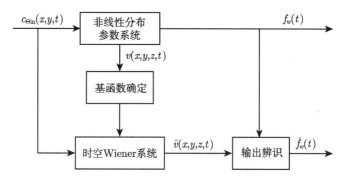

图 7-10 时空双正交 Wiener 建模原理图

根据图 7-10, 这里的建模主要包括三个阶段:

(a) 根据系统状态 $v(x,y,z,t)$ 确定空间基函数和时间基函数;

(b) 辨识双正交时空 Wiener 系统;

(c) 输出辨识, 建立含水率 $f_w(t)$ 和系统状态 $v(x,y,z,t)$ 之间的关系.

7.2.2 时空 Wiener 系统

文献 [147] 给出了传统的 Wiener 模型, 但是该方法只能针对集中参数系统建模, 为了实现本章中的分布参数系统建模, 将 Wiener 模型扩展到分布参数系统, 并加入了输出辨识环节, 具体结构如图 7-11 所示.

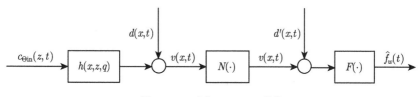

图 7-11 时空 Wiener 系统

时空 Wiener 系统主要包括两部分: 状态的分布参数辨识和含水率的集中参数辨识. 由于正交函数的特性, 三维空间的建模只需将空间拓展到三维, 其余过程与一维空间建模基本一致, 这里只针对一维空间, 给出具体的建模过程.

分布参数辨识包含了一个线性动态模块 $h(x,z,q)$ 和一个静态非线性模块 $N(\cdot)$: $\mathbb{R} \to \mathbb{R}$, 具体描述如下:

$$v(x,t) = N(v(x,t)) = N\left(\sum_{\tau=0}^{t}\int_{\Omega} h(x,z,\tau) c_{\Theta\text{in}}(z,t-\tau)\,\mathrm{d}z + d(x,t)\right), \quad (7\text{-}35)$$

其中, $h(x,z,q)(1\times 1)$ 表示动态模块传递函数, τ 和 t 表示时间变量, x 和 z 表示定义在空间 Ω 上的空间变量, q 为时移算子, $v(x,t)$ 为系统中间变量, $c_{\Theta\text{in}}(z,t) \in \mathbb{R}$ 和 $v(x,t) \in \mathbb{R}$ 分别表示在时间 t 系统的输入和输出, $d(x,t) \in \mathbb{R}$ 表示系统所有的未建模动态和随机扰动. 另外, 积分算子用于对空间的操作, 求和算子用于对时间的操作. 简单起见, 这里只考虑单入单出系统, 对于多入多出系统, 只需将输入换成矩阵, 其余过程不变.

集中参数辨识 (即输出辨识) 包含一个非线性静态模块 $F(\cdot): \mathbb{R} \to \mathbb{R}$, 用于实现系统状态和输出的辨识. 数学表述为

$$\widehat{f}_w(t) = F(v(x,t) + d'(x,t)), \quad (7\text{-}36)$$

其中, $\widehat{f}_w(t) \in \mathbb{R}$ 表示系统输出, $d'(x,t) \in \mathbb{R}$ 表示随机扰动.

综上所述, 整个时空 Wiener 系统的构成已经给出, 采用双正交分解将时空 Wiener 系统在时间基函数和空间基函数上展开, 只要根据输入—状态—输出的采样数据, 辨识出 $h(\cdot)$, $N(\cdot)$ 和 $F(\cdot)$ 即可确定整个模型.

7.2.3 基函数构造

7.2.3.1 双正交时空分解

鉴于 K-L 分解在获取基函数上的优势, 本节采用 K-L 分解根据系统采样数据提取系统主要特征[148]. 对于一个一般系统, 假设系统输出 $\{y(x_i,t)\}_{i=1,t=1}^{N,L}$ 均匀分布在时间域和空间域上, 正交空间基函数为 $\{\varphi_i(x)\}_{i=1}^{\infty}$, 正交时间基函数为 $\{\psi_i(t)\}_{i=1}^{\infty}$, 系数为 $\{\alpha_i\}_{i=1}^{\infty}$, 则通过双正交分解[149] 系统的输出可以表示为如下形式:

$$y(x,t) = \sum_{i=1}^{\infty} \alpha_i \varphi_i(x) \psi_i(t). \quad (7\text{-}37)$$

7.2 双正交时空 Wiener 建模方法

基函数满足正交特性, 即

$$(\varphi_i(x),\varphi_j(x)) = \int_\Omega \varphi_i(x)\varphi_j(x)\,\mathrm{d}x = \begin{cases} 0, & i \neq j, \\ 1, & i = j, \end{cases}$$

$$(\psi_i(t),\psi_j(t)) = \int_T \psi_i(t)\psi_j(t)\,\mathrm{d}t = \begin{cases} 0, & i \neq j, \\ 1, & i = j, \end{cases} \quad (7\text{-}38)$$

其中, $(\cdot,\cdot)$ 表示内积.

在实际应用中, 只需选取主导基函数即可反映系统的绝大部分能量, 假设选取 n 个基函数, 则

$$y_n(x,t) = \sum_{i=1}^n \alpha_i \varphi_i(x)\psi_i(t), \quad \alpha_i = (\varphi_i(x)\psi_i(t), y(x,t)). \quad (7\text{-}39)$$

系统的主导基函数可以通过求解如下最小化问题获得:

$$\begin{cases} \min\limits_{\varphi_i(x),\psi_i(t)} \dfrac{1}{N}\dfrac{1}{L}\int_T\int_\Omega (y(x,t)-y_n(x,t))^2\,\mathrm{d}x\mathrm{d}t, \\ \text{s.t.} \begin{cases} (\varphi_i(x),\varphi_i(x))=1, & \varphi_i(x)\in L^2(\Omega), \quad i=1,\cdots,n, \\ (\psi_i(t),\psi_i(t))=1, & \psi_i(t)\in L^2(T), \quad i=1,\cdots,n. \end{cases} \end{cases} \quad (7\text{-}40)$$

针对上述优化问题, 通过引入拉格朗日乘子转化为无约束优化问题, 即

$$\begin{aligned} J &= \frac{1}{N}\frac{1}{L}\int_T\int_\Omega \left[y(x,t)-\sum_{i=1}^n \alpha_i\varphi_i(x)\psi_i(t)\right]^2 \mathrm{d}x\mathrm{d}t + \sum_{i=1}^n \lambda_i\left((\varphi_i(x),\varphi_i(x))-1\right) \\ &\quad + \sum_{i=1}^n \eta_i\left((\psi_i(t),\psi_i(t))-1\right) \\ &= \frac{1}{N}\frac{1}{L}\int_T\int_\Omega \left\{y^2(x,t)-2y(x,t)\sum_{i=1}^n \alpha_i\varphi_i(x)\psi_i(t)+\Lambda\Lambda^\mathrm{T}\right\}\mathrm{d}x\mathrm{d}t \\ &\quad + \sum_{i=1}^n \lambda_i\left[\int_\Omega \varphi_i^2(x)\,\mathrm{d}x-1\right] + \sum_{i=1}^n \eta_i\left[\int_T \psi_i^2(t)\,\mathrm{d}t-1\right] \end{aligned} \quad (7\text{-}41)$$

$$\boldsymbol{\Lambda} = \begin{bmatrix} \boldsymbol{\alpha}_1 \\ \boldsymbol{\alpha}_2 \\ \vdots \\ \boldsymbol{\alpha}_n \end{bmatrix}^\mathrm{T} \begin{bmatrix} \varphi_1(x) & 0 & \cdots & 0 \\ 0 & \varphi_2(x) & \cdots & 0 \\ \vdots & \vdots & & \vdots \\ 0 & 0 & \cdots & \varphi_n(x) \end{bmatrix} \begin{bmatrix} \psi_1(t) \\ \psi_2(t) \\ \vdots \\ \psi_n(t) \end{bmatrix}, \quad \boldsymbol{\Lambda}\boldsymbol{\Lambda}^\mathrm{T} = \sum_{i=1}^n \boldsymbol{\alpha}_i^2. \quad (7\text{-}42)$$

根据变分法, 对公式 (7-40) 取关于 $\varphi_i(x)$ 和 $\psi_i(t)$ 的变分, 可得

$$\delta J = \frac{1}{N}\frac{1}{L}\int_T \int_\Omega \left\{ \left[-2y(x,t)\sum_{i=1}^n \alpha_i \psi_i(t)\right] \delta\varphi_i(x) \right. \\ \left. + \left[-2y(x,t)\sum_{i=1}^n \alpha_i \varphi_i(x)\right] \delta\psi_i(t) \right\} \mathrm{d}x\mathrm{d}t \\ + \sum_{i=1}^n 2\lambda_i \int_\Omega \varphi_i(x)\delta\varphi_i(x)\mathrm{d}x + \sum_{i=1}^n 2\eta_i \int_T \psi_i(t)\delta\psi_i(t)\mathrm{d}t , \quad (7\text{-}43)$$

整理, 得

$$\delta J = \int_\Omega \left\{ \frac{1}{N}\frac{1}{L}\int_T \left[-2y(x,t)\sum_{i=1}^n \alpha_i\psi_i(t)\right]\mathrm{d}t + \sum_{i=1}^n 2\lambda_i\varphi_i(x) \right\} \delta\varphi_i(x)\mathrm{d}x \\ + \int_T \left\{ \frac{1}{N}\frac{1}{L}\int_\Omega \left[-2y(x,t)\sum_{i=1}^n \alpha_i\varphi_i(x)\right]\mathrm{d}x + \sum_{i=1}^n 2\eta_i\psi_i(t) \right\} \delta\psi_i(t)\mathrm{d}t \quad (7\text{-}44)$$

上述泛函极值存在的必要条件为 $\delta J = 0$, 由于 $\varphi_i(x)$ 和 $\psi_i(t)$ 可以是任意函数, 可得如下必要条件:

$$\frac{1}{N}\frac{1}{L}\int_T \left[y(x,t)\sum_{i=1}^n \alpha_i\psi_i(t)\right]\mathrm{d}t = \sum_{i=1}^n \lambda_i\varphi_i(x), \quad (7\text{-}45)$$

$$\frac{1}{N}\frac{1}{L}\int_\Omega \left[y(x,t)\sum_{i=1}^n \alpha_i\varphi_i(x)\right]\mathrm{d}x = \sum_{i=1}^n \eta_i\psi_i(t). \quad (7\text{-}46)$$

对于时间域和空间域内的所有采样点, 令 $z = 1, 2, \cdots, N$ 对应 $x_1, x_2, \cdots, x_N$, 则可以近似得到

$$\int_T f(x,t)\mathrm{d}t = \sum_{t=1}^L f(x,t) \quad \text{和} \quad \int_\Omega f(x,t)\mathrm{d}x = \sum_{z=1}^N f(x,t).$$

则上述必要条件可以写成

$$\frac{1}{N}\frac{1}{L}\sum_{t=1}^L \left[y(x,t)\sum_{i=1}^n \alpha_i\psi_i(t)\right] = \sum_{i=1}^n \lambda_i\varphi_i(x), \quad (7\text{-}47)$$

$$\frac{1}{N}\frac{1}{L}\sum_{z=1}^N \left[y(x,t)\sum_{i=1}^n \alpha_i\varphi_i(x)\right] = \sum_{i=1}^n \eta_i\psi_i(t). \quad (7\text{-}48)$$

在公式 (7-47) 中, $\alpha_i\psi_i(t)$ 可以视为 $y(x,t)$ 在空间基函数 $\varphi_i(x)$ 上的投影, 即 $\alpha_i\psi_i(t) = (y(x,t), \varphi_i(x))$, 可得

$$\frac{1}{N}\frac{1}{L}\sum_{t=1}^L \sum_{i=1}^n y(x,t)\int_\Omega \varphi_i(\xi)y(\xi,t)\mathrm{d}\xi = \sum_{i=1}^n \lambda_i\varphi_i(x). \quad (7\text{-}49)$$

7.2 双正交时空 Wiener 建模方法

令 $R(x,\xi) = \dfrac{1}{N}\dfrac{1}{L}\sum\limits_{t=1}^{L} y(x,t)y(\xi,t)$，可得

$$\sum_{i=1}^{n}\int_{\Omega} R(x,\xi)\varphi_i(\xi)\,\mathrm{d}\xi = \sum_{i=1}^{n}\lambda_i\varphi_i(x). \tag{7-50}$$

考虑到当 $i=1,\cdots,n$ 时的相互独立性，当且仅当以下条件满足时，公式 (7-49) 成立：

$$\int_{\Omega} R(x,\xi)\varphi_i(\xi)\,\mathrm{d}\xi = \lambda_i\varphi_i(x). \tag{7-51}$$

类似地，令 $R(t,\tau) = \dfrac{1}{N}\dfrac{1}{L}\sum\limits_{z=1}^{N} y(x,t)y(x,\tau)$，由公式 (7-47) 可以得到如下方程：

$$\int_{T} R(t,\tau)\psi_i(\tau)\,\mathrm{d}\tau = \eta_i\psi_i(t). \tag{7-52}$$

综上所述，公式 (7-39) 所述优化问题极值的必要条件为

$$\begin{cases} \displaystyle\int_{\Omega} R(x,\xi)\varphi_i(\xi)\,\mathrm{d}\xi = \lambda_i\varphi_i(x), \\ \displaystyle\int_{T} R(t,\tau)\psi_i(\tau)\,\mathrm{d}\tau = \eta_i\psi_i(t), \quad i=1,\cdots,n. \end{cases} \tag{7-53}$$

上述积分方程采用常规的方法求解十分复杂，针对样本点总是离散分布的，这里采用快照法基于系统的采样数据进行求解，通过离散化将公式 (7-53) 转化为求矩阵特征值问题，从而确定基函数。

7.2.3.2 快照法

假设空间基函数 $\varphi_i(x)$ 和时间基函数 $\psi_i(t)$ 是一系列快照的线性组合[150]，则

$$\varphi_i(x) = \sum_{t=1}^{L} \gamma_{it} y(x,t), \tag{7-54}$$

$$\psi_i(t) = \sum_{z=1}^{N} \omega_{iz} y(x,t). \tag{7-55}$$

将公式 (7-54) 和 (7-55) 代入到公式 (7-53) 中，可得

$$\begin{cases} \dfrac{1}{N}\dfrac{1}{L}\displaystyle\int_{\Omega}\sum_{t=1}^{L} y(x,t)y(\xi,t)\sum_{k=1}^{L}\gamma_{ik} y(\xi,k)\,\mathrm{d}\xi = \lambda_i\sum_{t=1}^{L}\gamma_{it} y(x,t), \\ \dfrac{1}{N}\dfrac{1}{L}\displaystyle\int_{T}\sum_{z=1}^{N} y(x,t)y(x,\tau)\sum_{z=1}^{N}\omega_{iz} y(z,\tau)\,\mathrm{d}\tau = \eta_i\sum_{z=1}^{N}\omega_{iz} y(x,t). \end{cases} \tag{7-56}$$

定义两点之间的相关函数如下：

$$C_{tk} = \frac{1}{NL} \int_\Omega \sum_{k=1}^{L} y(\xi,t)\, y(\xi,k) \mathrm{d}\xi, \tag{7-57}$$

$$C_{xz} = \frac{1}{NL} \int_T \sum_{z=1}^{N} y(x,\tau)\, y(z,\tau) \mathrm{d}\tau. \tag{7-58}$$

则公式 (7-53) 转化为如下矩阵特征值问题：

$$\begin{cases} C_{tk}\gamma_i = \lambda_i \gamma_i, \\ C_{xz}\varpi_i = \eta_i \varpi_i, \end{cases} \tag{7-59}$$

其中，$\gamma_i = [\gamma_{i1}, \cdots, \gamma_{iL}]^{\mathrm{T}}$ 和 $\varpi_i = [\varpi_{i1}, \cdots, \omega_{iN}]^{\mathrm{T}}$ 表示第 i 个特征向量.

根据公式 (7-59) 可以求得一系列的 γ_i 和 ϖ_i，然后将结果代入到公式 (7-54) 和 (7-55)，即可确定空间基函数和时间基函数. 由于矩阵 C 是对称半正定的，γ_i 和 ϖ_i 对应的基函数也分别是正交的. 在经过标准化处理后，即可得到最终的空间基函数和时间基函数形式.

7.2.3.3 维数选取

在基函数的形式确定后，如何选取基函数的维数，直接影响到时空 Wiener 系统的建模效果. 在上述问题中，假设得到的最大非零特征值的总数为 K，满足 $K \leqslant \min(N, L)$. 对所有特征值降序排列，即 $\lambda_1 \geqslant \lambda_2 \geqslant \cdots \geqslant \lambda_K$ 对应基函数 $\varphi_1(x), \varphi_2(x), \cdots, \varphi_K(x)$，$\eta_1 \geqslant \eta_2 \geqslant \cdots \geqslant \eta_K$ 对应基函数 $\psi_1(t), \psi_2(t), \cdots, \psi_K(t)$. 对于基函数维数的选取，选取的主导基函数越多，系统的近似精度越高，但是过多的基函数会增加模型的复杂度，降低模型泛化能力. 因此，需要在保证系统精度的前提下，权衡模型的复杂度，合理选取基函数维度. 由文献 [151] 可知，系统的总能量可以用所有特征值的总和来衡量，特征值的和越大，基函数反映系统能量越多. 对于特征值为 μ_i，由双正交时空分解得到的基函数为 $\phi_i(\cdot)$，则其反映的能量比例为

$$E_i = \frac{\mu_i}{\sum\limits_{j=1}^{K} \mu_j}. \tag{7-60}$$

一般来说，当所有基函数的能量总和大于 99% 时，即可认为这组基函数能反应系统的绝大部分能量. 此时，若基函数所反映的总能量随基函数的增加变化不再明显，相应的维数 n 就是我们需要的维数，在 K 个排好序的基函数集中，选取前 n 个基函数，即可确定最终的基函数.

经验表明，对于大多数时空系统，只需要前几个主导基函数几乎可反映系统全部能量. 对于任意基函数 $\{\theta_i(\cdot)\}_{i=1}^{n}$，可得到如下方程：

$$\sum_{i=1}^{n}\left\langle\left(y\left(x,t\right),\phi_{i}\left(\cdot\right)\right)^{2}\right\rangle=\sum_{i=1}^{n}\mu_{i}\geqslant\sum_{i=1}^{n}\left\langle\left(y\left(x,t\right),\theta_{i}\left(\cdot\right)\right)^{2}\right\rangle. \quad (7\text{-}61)$$

这表明, K-L 分解法相比于其他方法, 可以得到维数更低的模型.

7.2.4 双正交时空 Wiener 系统建模

7.2.4.1 分布参数系统建模与辨识

对于三元复合驱系统, 假设通过分解状态采样信息获得的空间基函数为 $\{\varphi_i(x)\}_{i=1}^n$, 时间基函数为 $\{\psi_i(t)\}_{i=1}^l$, 驱替剂注入浓度信息分解获得的空间基函数为 $\{\phi_i(x)\}_{i=1}^m$, 输入时间基函数为 $\{\psi_i(t)\}_{i=1}^l$, 则双正交时空模型可以基于基函数作如下展开:

系统输入 $c_{\Theta\text{in}}$ 可以表示为

$$c_{\Theta\text{in}}(z,t)=\sum_{i=1}^{m}c_{i}\phi_{i}(z)\psi_{i}(t), \quad (7\text{-}62)$$

其中, $c_i = (c_{\Theta\text{in}}(z,t), \phi_i(z)\psi_i(t))$ 表示系数.

未建模动态和随机扰动误差 $d(x,t)$ 可以表示为

$$d_{n}(x,t)=\sum_{i=1}^{n}d_{i}\varphi_{i}(x)\psi_{i}(t), \quad (7\text{-}63)$$

其中, $d_i(t) = (d(x,t), \varphi_i(x)\psi_i(t))$ 表示系数.

假设公式 (7-35) 中的线性动态模块 $h(x,z,\tau)$ 在时域 $[0,\infty)$ 对于任意空间点 x 和 z 绝对可积, 也就是说, 动态模块是稳定的. 则该模块可描述为

$$h_{n,l}(x,z,\tau)=\sum_{i=1}^{n}\sum_{j=1}^{m}\sum_{k=1}^{l}\alpha_{i,j,k}\varphi_{i}(x)\phi_{j}(z)\psi_{k}(\tau), \quad (7\text{-}64)$$

其中, $\alpha_{i,j,k}\in\mathbb{R}\,(i=1,\cdots,n, j=1,\cdots,m, k=1,\cdots,l)$ 表示基函数 $\varphi_i(x)$, $\phi_j(z)$ 和 $\psi_k(\tau)$ 相应的常系数.

由于在 Wiener 模型中, 在线性动态模块和非线性静态模块之间考虑了未建模动态和随机扰动误差, 无法直接得到输入和状态之间的关系. 通常采用求解反函数的方法来处理, 为了更准确地说明建模过程, 我们提出如下定理处理模型.

引理 7.1[152] 假设函数 $y=f(u)\,(u\in D), u=\varphi(x)\,(x\in Q, u\in\mathbb{Z}, D\cap\mathbb{Z}\neq\varnothing)$, 如果 $y=f(u)$ 和 $u=\varphi(x)$ 均存在反函数, 且反函数分别为函数 $u=f^{-1}(y)$ 和 $x=\varphi^{-1}(u)$, 则复合函数 $y=f[\varphi(x)]$ 也一定存在反函数, 反函数为 $x=\varphi^{-1}[f^{-1}(y)]$.

定理 7.1 对于如图 7-11 所示的双正交时空 Wiener 系统, 假设 $\xi_i(x)$ 为空间基函数, $\varsigma_i(t)$ 为时间基函数, ρ_i 为系数, $P(\cdot):\mathbb{R}\to\mathbb{R}$ 和 $P^{-1}(\cdot):\mathbb{R}\to\mathbb{R}$ 互为反函数. 如果有 $v(x,t)=N(v(x,t))=\sum_{i=1}^{n}\rho_{i}\xi_{i}(x)\varsigma_{i}(t)P(v(x,t))$ 成立, 则对于任意给定

的一组空间基函数 $\varpi_i(x)$ 和时间基函数 $w_i(t)$, 一定存在一组系数 μ_i, 使得公式 (7-65) 成立.

$$v(x,t) = N^{-1}(v(x,t)) = \sum_{i=1}^{n} \mu_i \varpi_i(x) w_i(t) P^{-1}(v(x,t)). \tag{7-65}$$

证明 由反函数的性质可知, 所有的隐函数都存在反函数, 因此函数 $N(\cdot)$ 一定存在反函数. 由于 $v(x,t) = \sum_{i=1}^{n} \xi_i(x) \rho_i(t) P(v(x,t))$, $P(\cdot)$ 和 $P^{-1}(\cdot)$ 互为反函数, 由引理 7.1 可得

$$v(x,t) = P^{-1}\left(\frac{1}{\sum_{i=1}^{n} \rho_i \xi_i(x) \varsigma_i(t)} v(x,t)\right). \tag{7-66}$$

对上式求关于 $v(x,t)$ 的导数,

$$\frac{dv(x,t)}{dv(x,t)} = \frac{dP^{-1}(u)}{du} \cdot \frac{du}{dv(x,t)} = \frac{dP^{-1}(u)}{du} \cdot \frac{1}{\sum_{i=1}^{n} \rho_i \xi_i(x) \varsigma_i(t)}, \tag{7-67}$$

其中, $u = \dfrac{1}{\sum\limits_{i=1}^{n} \rho_i \xi_i(x) \varsigma_i(t)} v(x,t)$.

对于 $v(x,t) = N^{-1}(v(x,t))$, 同样求关于 $v(x,t)$ 的导数,

$$\begin{aligned}\frac{dv(x,t)}{dv(x,t)} &= \sum_{i=1}^{n} \mu_i \varpi_i(x) w_i(t) \cdot \frac{dP^{-1}(u)}{du} \cdot \frac{du}{dv(x,t)} \\ &= \sum_{i=1}^{n} \mu_i \varpi_i(x) w_i(t) \cdot \frac{dP^{-1}(u)}{du}, \end{aligned} \tag{7-68}$$

其中, $u = v(x,t)$.

根据反函数导数的性质可得, 当公式 (7-69) 成立时, 函数 $v(x,t) = N^{-1}(v(x,t))$ 与函数 $v(x,t) = N(v(x,t))$ 互为反函数.

$$\sum_{i=1}^{n} \mu_i \varpi_i(x) w_i(t) = \frac{1}{\sum_{i=1}^{n} \rho_i \xi_i(x) \varsigma_i(t)}. \tag{7-69}$$

显然, 这样的 $w_i(t)$, $\varpi_i(x)$ 和 μ_i 有无穷多组. 令 $\chi = \dfrac{1}{n} \sum\limits_{i=1}^{n} \rho_i \xi_i(x) \varsigma_i(t)$, 则

7.2 双正交时空 Wiener 建模方法

$$\sum_{i=1}^{n}\mu_i\varpi_i(x)w_i(t)=\frac{1}{n\chi}=\underbrace{\frac{1}{n^2\chi}+\frac{1}{n^2\chi}+\cdots+\frac{1}{n^2\chi}}_{n}. \tag{7-70}$$

如果令 $\mu_i\varpi_i(x)w_i(t)\equiv\frac{1}{n^2\chi}$, 则可以找到一组系数 $\mu_i=\frac{1}{n^2\chi w_i(t)\varpi_i(x)}$, 对于任意给定的 $w_i(t)$ 和 $\varpi_i(x)$, 公式 (7-69) 成立. 从而, 公式 (7-65) 成立.

在实际应用中, 没有必要确保公式 (7-69) 精确成立. 在考虑模型精度和模型复杂度的情况下, 我们只需通过选取一组 $w_i(t)$, $\varpi_i(x)$ 和 μ_i, 使得该公式在给定误差精度内近似成立即可. 在所有的组合中, 可以通过双正交时空分解找到一组满足误差要求且维度最低的 $w_i(t)$, $\varpi_i(x)$ 和 μ_i.

假设 $N(\cdot)$ 是可逆的, 则根据定理 7.1, $v(x,t)$ 可以写成

$$v(x,t)=\sum_{i=1}^{n}P^{-1}(v(x,t))B_i\varphi_i(x)\psi_i(t), \tag{7-71}$$

其中, B_i 为辨识参数.

结合 $v(x,t)=h(x,z,q)\mathbf{c}_{\Theta\text{in}}(z,t)+d(x,t)$, 可得

$$v(x,t)=\sum_{\tau=0}^{t}\int_{\Omega}\sum_{i=1}^{n}\sum_{j=1}^{m}\sum_{k=1}^{l}\alpha_{i,j,k}\varphi_i(x)\phi_j(z)\psi_k(t-\tau)\sum_{r=1}^{m}\phi_r(z)\psi_r(\tau)c_r\mathrm{d}z+d(x,t). \tag{7-72}$$

综合公式 (7-63), (7-71) 和 (7-72), 可得

$$\sum_{i=1}^{n}P^{-1}(v(x,t))B_i\varphi_i(x)\psi_i(t)$$
$$=\sum_{\tau=0}^{t}\int_{\Omega}\sum_{i=1}^{n}\sum_{j=1}^{m}\sum_{k=1}^{l}\alpha_{i,j,k}\varphi_i(x)\phi_j(z)\psi_k(t-\tau)\sum_{r=1}^{m}\phi_r(z)\psi_r(\tau)c_r\mathrm{d}z+d(x,t)$$
$$=\sum_{i=1}^{n}\varphi_i(x)\sum_{j=1}^{m}\sum_{k=1}^{l}\alpha_{i,j,k}\sum_{r=1}^{m}\int_{\Omega}\phi_j(z)\phi_r(z)\mathrm{d}z\sum_{\tau=0}^{t}\psi_k(t-\tau)\psi_r(\tau)c_r$$
$$+\sum_{i=1}^{n}d_i\varphi_i(x)\psi_i(t). \tag{7-73}$$

令

$$\phi_{j,r}=\int_{\Omega}\phi_j(z)\phi_r(z)\mathrm{d}z,\quad L_{k,r}(t)=\sum_{\tau=0}^{t}\psi_k(t-\tau)c_r,$$

则

$$\sum_{i=1}^{n} P^{-1}\left(v\left(x,t\right)\right) B_{i} \varphi_{i}\left(x\right) \psi_{i}\left(t\right) = \begin{array}{l} \sum_{i=1}^{n} \varphi_{i}\left(x\right) \sum_{j=1}^{m} \sum_{k=1}^{l} \alpha_{i,j,k} \sum_{r=1}^{m} \psi_{r}\left(\tau\right) \phi_{j,r} L_{k,r}\left(t\right) \\ + \sum_{i=1}^{n} d_{i} \varphi_{i}\left(x\right) \psi_{i}\left(t\right) \end{array}.$$
(7-74)

采用 Galerkin 法[153] 将公式 (7-74) 分别向时间基函数 $\psi_s(t)$ 和空间基函数 $\varphi_h(x)$ 上投影. 由时间基函数的正交特性, 可得

$$\begin{array}{l} \sum_{i=1}^{n} \int_{\Omega} \varphi_{h}\left(x\right) \varphi_{i}\left(x\right) \mathrm{d}x P^{-1}\left(v\left(x,t\right)\right) B_{i} \\ = \sum_{i=1}^{n} \int_{\Omega} \varphi_{h}\left(x\right) \varphi_{i}\left(x\right) \mathrm{d}x \sum_{j=1}^{m} \sum_{k=1}^{l} \alpha_{i,j,k} \sum_{r=1}^{m} \phi_{j,r} L_{k,r}\left(t\right) \\ + \sum_{i=1}^{n} \int_{\Omega} \varphi_{h}\left(x\right) \varphi_{i}\left(x\right) \mathrm{d}x d_{i} \end{array}.$$
(7-75)

根据空间基函数的正交特性, 由公式 (7-75) 可以得到 n 个方程,

$$P^{-1}\left(v\left(x,t\right)\right) B_{i} = \sum_{j=1}^{m} \sum_{k=1}^{l} \alpha_{i,j,k} \sum_{r=1}^{m} \phi_{j,r} L_{k,r}\left(t\right) + d_{i}, \quad i=1,\cdots,n. \quad (7\text{-}76)$$

令

$$\boldsymbol{L}_{j,k}(t) = \sum_{r=1}^{m} \phi_{j,r} L_{k,r}(t) \in \mathbb{R}, \ \boldsymbol{B} = [B_1,\cdots,B_n]^{\mathrm{T}} \in \mathbb{R}^n,$$

$\boldsymbol{d} = [d_1,\cdots,d_n]^{\mathrm{T}} \in \mathbb{R}^n$, $\boldsymbol{\alpha}_{j,k} = [\alpha_{1,j,k},\cdots,\alpha_{n,j,k}]^{\mathrm{T}} \in \mathbb{R}^n$, 可得

$$P^{-1}\left(v\left(x,t\right)\right) \boldsymbol{B} = \sum_{j=1}^{m} \sum_{k=1}^{l} \boldsymbol{\alpha}_{j,k} \boldsymbol{L}_{j,k}(t) + \boldsymbol{d}. \quad (7\text{-}77)$$

不失一般性, 取 $\boldsymbol{\alpha}_{1,1} = \boldsymbol{I}$, 公式 (7-77) 可以整理为

$$\boldsymbol{d} = -L_{1,1}(t) - \boldsymbol{A}^{\mathrm{T}} \bar{\boldsymbol{L}}(t), \quad (7\text{-}78)$$

其中, $\bar{\boldsymbol{L}}(t) = \left[\boldsymbol{L}_{1,2}(t),\cdots,\boldsymbol{L}_{1,l}(t),\boldsymbol{L}_{2,1}(t),\cdots,\boldsymbol{L}_{m,l}(t),-P^{-1}(v(x,t))\right]^{\mathrm{T}} \in \mathbb{R}^{ml}$, $\boldsymbol{A} = [\boldsymbol{\alpha}_{1,2},\cdots,\boldsymbol{\alpha}_{1,l},\boldsymbol{\alpha}_{2,1},\cdots,\boldsymbol{\alpha}_{m,l},\boldsymbol{B}] \in \mathbb{R}^{n \times ml}$.

公式 (7-78) 中唯一未知的参数为 $\boldsymbol{A}$, 可以通过如下二次型预测误差指标获得

$$\hat{\boldsymbol{A}} = \underset{\boldsymbol{A}}{\operatorname{argmin}} \left\{ \frac{1}{L} \sum_{t=1}^{L} \left\| -\boldsymbol{L}_{1,1}(t) - \boldsymbol{A}^{\mathrm{T}} \bar{\boldsymbol{L}}(t) \right\|^{2} \right\}. \quad (7\text{-}79)$$

采用最小二乘估计优化上述问题,即可得到参数 A 的值,具体如下:

$$\hat{A} = \left(\frac{1}{L}\sum_{t=1}^{L}\bar{L}(t)\bar{L}^{\mathrm{T}}(t)\right)^{-1}\left(-\frac{1}{L}\sum_{t=1}^{L}\bar{L}(t)L_{1,1}^{\mathrm{T}}(t)\right). \tag{7-80}$$

自此,已经得到了参数 A,即参数 α 和 B 的值. 参数 c_i 可以通过输入变量的分解获得,是模型的实际输入变量. 这样,所有的未知参数都已经确定,从而完成分布参数辨识环节. 代入参数,即可确定建立的关于输入 $c_{\Theta in}$ 和状态 v 的模型.

7.2.4.2 输出辨识

为了得到系统状态 v 和输出 $f_w(t)$ 的数学描述,采用文献 [154] 给出的多变量 ARMA 辨识进行建模,未知参数通过递推最小二乘获得. 假设分布参数系统中共有 n_s 个状态,则通过双正交时空 Wiener 建模后,可以得到 n_s 个近似状态. 建立的 ARMA 模型为

$$f_w(t)=U_0\left(q^{-1}\right)f_w(t)+U_1\left(q^{-1}\right)v_1(x,t)+U_2\left(q^{-1}\right)v_2(x,t)+\cdots+U_{n_s}\left(q^{-1}\right)v_{n_s}(x,t), \tag{7-81}$$

其中,$U_0\left(q^{-1}\right)=\sum_{i=1}^{N_0}U_{0,i}q^{-i}$, $U_1\left(q^{-1}\right)=\sum_{i=1}^{N_1}U_{1,i}q^{-i}$, $U_2\left(q^{-1}\right)=\sum_{i=1}^{N_2}U_{2,i}q^{-i}$, $U_{n_s}\left(q^{-1}\right)=\sum_{i=1}^{N_{n_s}}U_{n_s,i}q^{-i}$, q^{-1} 表示时移算子,表示向后采样,$U_0,U_1,\cdots,U_{n_s}$ 表示 q^{-1} 的矩阵多项式,N_0 表示时滞,$N_1,\cdots,N_{n_s}$ 表示各个状态的时滞.

将上述问题转化为如下线性回归模型,

$$f_w(t) = \theta \cdot \widehat{F}(x,t), \tag{7-82}$$

其中,

$$\widehat{F}(x,t) = \begin{pmatrix} \left(f_w(t-1)^{\mathrm{T}},\cdots,f_w(t-N_0)^{\mathrm{T}}\right)^{\mathrm{T}} \\ \left(v_1(x,t-1)^{\mathrm{T}},\cdots,v_1(x,t-N_1)^{\mathrm{T}}\right)^{\mathrm{T}} \\ \vdots \\ \left(v_{n_s}(x,t-1)^{\mathrm{T}},\cdots,v_{n_s}(x,t-N_{n_s})^{\mathrm{T}}\right)^{\mathrm{T}} \end{pmatrix},$$

$$\theta = \left(U_{0,1},\cdots,U_{0,N_0},U_{1,1},\cdots,U_{1,N_1},U_{2,1},\cdots,U_{2,N_2},\cdots,U_{n_s,1},\cdots,U_{n_s,N_{n_s}}\right).$$

按照公式 (7-83) 采用递推最小二乘[155] 辨识参数 θ,

$$\begin{cases} \hat{\theta}(t) = \hat{\theta}(t-1) + K(t)\left(f_w(t) - \widehat{F}(x,t)^{\mathrm{T}}\hat{\theta}(t-1)\right), \\ K(t) = P(t-1)\widehat{F}(x,t)\left(\widehat{F}(x,t)^{\mathrm{T}}P(t-1)\widehat{F}(x,t) + \mu\right)^{-1}, \\ P(t) = \dfrac{1}{\mu}\left(I - K(t)\widehat{F}(x,t)^{\mathrm{T}}\right)P(t-1), \end{cases} \quad (7\text{-}83)$$

其中, $K(t)$ 表示权重矩阵, $0 < \mu < 1$ 为遗忘因子, $P(t)$ 表示正定协方差矩阵.

以上就是输出辨识的建模过程, 只要求得 θ, 即可确定由状态到输出的模型. 自此, 整个建模过程结束, 本章所提出的双正交时空 Wiener 建模方法建立的最终模型包括公式 (7-35) 和公式 (7-82) 两部分.

7.2.5 仿真测试

本节主要针对时空 Wiener 系统的分布参数建模部分进行测试, 由于输出辨识环节十分简单, 采用递推最小二乘即可得到很好的效果, 这里不进行测试. 针对化工中常见的如图 7-12 所示的催化反应过程[156], 在管式反应器中有一根细长的催化棒, 反应物 A 从反应器的一端进入, 经过一系列的化学放热反应以后, 生成物质 B, 然后从反应器另一端排出. 整个过程是放热过程, 为了保持反应器温度恒定, 需要向反应器提供冷却剂. 整个系统是分布参数系统, 控制目标是通过调整冷却剂的温度保持系统各个空间点温度恒定.

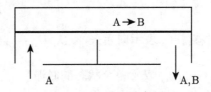

图 7-12 催化反应过程

假设催化棒的密度和热容量保持恒定, 传导性保持不变, 催化棒两端的温度保持不变, 反应器中有充足的反应物 A. 整个反应过程可以通过如下偏微分方程描述[155]:

$$\frac{\partial y(x,t)}{\partial t} = \frac{\partial^2 y(x,t)}{\partial x^2} + \beta_T\left(e^{-\frac{\gamma}{1+y}} - e^{-\gamma}\right) + \beta_u\left(b^{\mathrm{T}}(x)u(t) - y(x,t)\right), \quad (7\text{-}84)$$

系统满足 Dirichlet 边界和初始条件:

$$y(0,t) = 0, \quad y(X,t) = 0, \quad y(x,0) = 0, \quad (7\text{-}85)$$

其中, $y(x,t)$ 表示反应器温度, $u(t)$ 为冷却剂的温度, $b(x)$ 表示执行器的分布函数, β_T 表示反应热量, β_u 为热传导系数, γ 为活化能, X 表示反应器长度.

假设反应器中有四个均匀分布的控制器, 表示为 $u(t) = [u_1(t), \cdots, u_4(t)]^{\mathrm{T}}$, 相

7.2 双正交时空 Wiener 建模方法

应的空间分布函数为 $\boldsymbol{b}(x) = [b_1(x), \cdots, b_4(x)]^{\mathrm{T}}$, 其中 $b_i(x) = H\left(x - \dfrac{(i-1)\pi}{4}\right) - H\left(x - \dfrac{i\pi}{4}\right)$. $H(\cdot)$ 为单位阶跃函数.

为了得到催化反应过程的快照,给系统施加激励信号 $u_i(t) = 1.1 + 5\sin\left(15t + \dfrac{i}{10}\right)$, $i = 1, 2, 3, 4$. 具体参数设置如表 7-4 所示.

表 7-4　参数设置

参数	β_T	β_u	γ	T	X
数值	16	2	2	2	3

通过有限差分法求解系统方程 (7-84) 获得系统的真实输出,具体结果如图 7-13 所示. 以系统的输出为样本点,采用本章提出的双正交时空 Wiener 建模方法,建立输入和输出之间的模型. 这里时间节点数取 $L = 100$, 空间节点数取 $N = 120$, 采样间隔 $\Delta t = 0.01$.

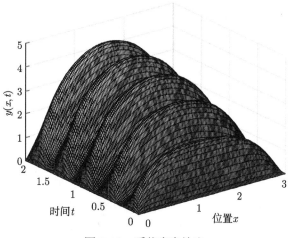

图 7-13　系统真实输出

对样本数据进行双正交时空分解,得到主导时间基函数和空间基函数. 为了确定基函数的数目,从得到的主导基函数中选取不同数目的空间基函数和时间基函数,组成最终的基函数,在确定基函数维数时,采用 7.2.3.3 节中给出的方法,分别计算不同基函数数目下反映系统的能量,列入表 7-5 中,空间基函数和时间基函数的数目总是保持一致.

表 7-5　不同基函数情况下的能量

基函数数目	1	2	3	4	5	6
反映能量/%	94.1151	97.8121	98.8991	99.2301	99.4012	99.5447

由表 7-5 可知, 当基函数数目为 4 时, 反映的系统能量刚好大于 99%, 当基函数大于 4 时, 反映的系统能量随基函数的增加变化不再明显, 因此, 我们选取前四个主导时间基函数和空间基函数, 作为最终的基函数, 代入到双正交时空 Wiener 系统中, 辨识出未知参数, 即可得到具体的模型. 图 7-14 和图 7-15 即为建立模型的预测结果.

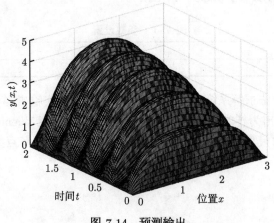

图 7-14 预测输出

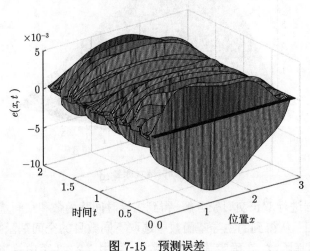

图 7-15 预测误差

为了评价建模结果, 定义如下均方误差 (RMSE) 指标:

$$\text{RMSE} = \left(\frac{\int \sum e(x,y,t)^2 \, \mathrm{d}x}{\int \sum \Delta t \, \mathrm{d}x} \right)^{1/2}. \tag{7-86}$$

该指标能够衡量模型的精度. 在图 7-15 中可以发现, 对于空间所有点, 模型的预测误差均小于 0.01, 通过计算可知, 模型的预测输出与系统真实输出的均方误差为 0.0174, 由此, 说明本章提出的双正交时空 Wiener 建模方法具有较好的建模精度.

为了测试模型的泛化能力, 给催化反应过程一组新的输入 $u_i(t) = 1.1 + 5\sin\left(16t + \dfrac{i}{10}\right)$, $i = 1, 2, 3, 4$, 分析此时模型预测效果. 此时模型的预测输出和误差分别如图 7-16 和图 7-17 所示. 通过对比可知, 预测结果与系统的真实输出基本一致, 预测的最大绝对误差均小于 0.1, 此时的均方误差为 RMSE = 0.0239. 由此说明, 本章提出方法建立的模型具有很好的泛化能力.

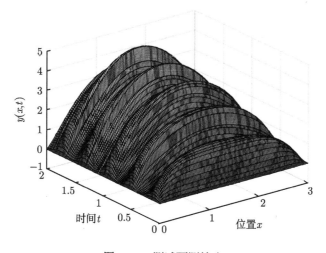

图 7-16　测试预测输出

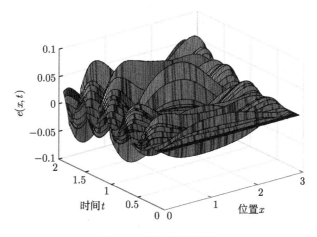

图 7-17　测试预测误差

综上可知,本章提出的双正交时空 Wiener 建模方法具有较好的建模精度和泛化能力,可以用于复杂分布参数系统建模.

7.3 基于双正交时空 Wiener 建模的迭代动态规划算法

对于 3.3 节中所述的三元复合驱最优控制问题,只要采用本章提出的双正交时空 Wiener 建模方法,先后建立注入浓度和状态关系模型、状态和采出井含水率关系模型,采用时空 Wiener 模型替换复杂的支配方程,再结合 3.3.1 节给出的净现值性能指标,构成一个新的基于辨识模型的最优控制问题,最后采用迭代动态规划求解,即可得到最优注采策略.

考虑三维油藏区块,由于采出井的含水率 f_w 与井位置处的含水饱和度直接相关,这里只考虑含水饱和度这一个状态,建立注入浓度和含水饱和度的分布参数模型,以及含水饱和度和含水率的集中参数模型. 由此,可以得到如下最优控制问题:

$$\max J_{\text{NPV}} = \int_0^{t_f} (1+\chi)^{-t/t_a} \left\{ \iiint_\Omega \left[P_{\text{oil}}(1-f_w)q_{\text{out}}(t) - \sum_\Theta P_\Theta q_{\text{in}} c_{\Theta\text{in}}(t) \right] d\sigma - P_{\text{cost}} \right\} dt,$$

$$\text{s.t.} \begin{cases} S_w(x,y,z,t) = N\left(\sum_{\tau=0}^{t} \int_\Omega h(x,y,z,\xi,\zeta,\varsigma,\tau) c_{\Theta\text{in}}(\xi,\zeta,\varsigma,t-\tau) dz + d(x,y,z,t) \right), \\ f_w(t) = \hat{F}\left(f_w(t-1), \cdots, \hat{f}_w(t-N_0), \hat{S}_w(\bar{x},\bar{y},\bar{z},t-1), \cdots, \hat{S}_w(\bar{x},\bar{y},\bar{z},t-N_1) \right), \\ \text{物化代数方程约束}, \end{cases}$$

(7-87)

其中, $(\bar{x},\bar{y},\bar{z})$ 表示采出井位置,N_0, N_1 分别表示 $\hat{f}_w, \hat{S}_w$ 的时滞,(ξ,ζ,ς) 表示三维空间任意一点的坐标,$c_{\Theta\text{in}}, \Theta = \{\text{OH}, s, p\}$ 表示三种驱替剂 (碱、表面活性剂和聚合物) 的注入浓度,也是本问题的优化变量.

同 3.3 节中给出的最优控制问题相比,公式 (7-87) 给出的基于时空 Wiener 建模的最优控制问题大大降低了系统复杂度. 采用迭代动态规划[37]求解,得到最优注采策略,这里,我们只选取注入浓度作为优化变量,不考虑段塞长度和驱油周期的变化. 具体求解过程如下:

(1) 将整个驱油过程分为 $(P+1)$ 个阶段,前 P 段每段长为 T_i,三元复合驱驱油时间为 t_P,则 $\sum_{i=1}^{P} T_i = t_P$,优化变量为 $c_{\Theta\text{in}}(k)$,$k = 1, \cdots, P$,第 $P+1$ 段为水驱,即 $c_{\Theta\text{in}}(P+1) \equiv 0$;

(2) 初始化: 给定段塞长度,选取初始控制可行域 $r_{\Theta\text{in}}$ 和初始控制 $c_{\Theta\text{in}}^{(0)}$,离散状态网格点数为 M,容许控制个数为 R,设置收缩因子 γ,最大迭代次数 $l_{\max}$ 和收

敛精度 ε, 令当前迭代次数为 $l=1$;

(3) 更新当前控制域 $r_\Theta^{(l)} = r_{\Theta\mathrm{in}}$;

(4) 在当前可行域内, 采用均匀策略在 $[c_{\Theta\mathrm{in}}^{*(l-1)}(k) - r_\Theta^{(l-1)}(k), c_{\Theta\mathrm{in}}^{*(l-1)}(k) + r^{(l-1)}(k)]$ 上生成 $M-1$ 个注入浓度, 其中, $c_{\Theta\mathrm{in}}^{*(l-1)}$ 为上一步迭代中得到的最优控制策略 (当 $l=1$ 时, 选取初始控制). 根据公式 (7-87) 中的分布参数辨识模型计算系统状态, 得到 M 条状态轨迹. 存储每个阶段的 M 个状态值 $S_w(k-1), k = 1, \cdots, P+1$, 构成 M 个状态网格;

(5) 从第 $P+1$ 段开始, 按照公式 (7-87) 计算状态和性能指标, 存储结果;

(6) 从第 P 段开始, 按如下公式为每一个状态网格 $S_w(k-2)$ 产生 R 个注入浓度,

$$c_{\theta\mathrm{in}}^{(l)}(P) = c_{\theta\mathrm{in}}^{*(l-1)}(P) + \zeta r_\theta^{(l-1)}(P), \tag{7-88}$$

其中, ζ 表示对角阵, 对角线上的元素是 $[-1,1]$ 之间的随机数, $c_{\theta\mathrm{in}}^{*(l-1)}(P)$ 表示之前迭代的最优注入浓度, 当生成的注入浓度不满足公式 (3-77) 时, 采用如下策略进行处理:

$$c_{\Theta\mathrm{in}}^{(l)}(P) = \begin{cases} 0, & c_{\Theta\mathrm{in}}^{(l)}(P) < 0, \\ c_{\Theta\max}, & c_{\Theta\mathrm{in}}^{(l)}(P) > c_{\Theta\max}. \end{cases} \tag{7-89}$$

从 t_{P-1} 到 t_P 计算系统状态, 从 $M-1$ 个状态网格中选取距离当前 t_P 值最近的最优注入浓度 $c_{\Theta\mathrm{in}}^{*(l)}(P+1)$, 从 t_P 到 t_{P+1} 计算系统状态. 进而计算从 t_{P-1} 到 t_{P+1} 的性能指标, 比较并存储 P 阶段每个状态网格点对应的最优注入浓度 $c_{\Theta\mathrm{in}}^{*(l)}(P)$;

(7) 将时间段向前推移, 重复执行步骤 (6), 直到第一个段塞, 按照公式 (7-58) 计算整个时域的最优性能指标, 保存净现值最大的指标对应的最优注入浓度 $c_{\Theta\mathrm{in}}^{*(l)}(k)$;

(8) 按如下公式收缩决策变量的可行域,

$$r_\Theta^{(l+1)}(k) = \gamma r_\Theta^{(l)}(k), \quad k = 1, 2, \cdots, P+1. \tag{7-90}$$

将步骤 (7) 获得的最优注入策略作为下次迭代的可行域中心;

(9) 更新迭代次数, $l = l+1$, 如果 $|J_{\mathrm{new}} - J_{\mathrm{old}}| \geq \varepsilon$, 转到步骤 (4), 继续迭代计算; 如果 $|J_{\mathrm{new}} - J_{\mathrm{old}}| < \varepsilon$, 保存最优注入浓度, 结束优化过程.

至于约束条件, 主要包括: 物化代数方程约束、注入浓度约束、驱替剂最大用量约束, 可采用罚函数法进行处理, 其他过程保持不变.

7.4 基于双正交时空建模的三元复合驱最优控制求解

7.4.1 油藏描述

针对 4.5.2.1 节中所述三维三元复合驱油藏区块, 采用三段塞注入策略, 整个三

元复合驱的开发周期为 96 个月, 总共分为四段, 前三段每段 16 个月为三元复合驱, 最后一段为水驱. 基于第 2 章中的三维三元复合驱数学模型, 采用上述参数基于油藏数值模拟软件 CMG2010 对三维三元复合驱模型进行数值模拟, 得到油藏输入-状态-输出数据, 考虑到三元复合驱注入的初始时间点, 总共有 $L = 97$ 个时间点, 空间点总数为 $N = 21 \times 21 \times 7$. 由于采出井含水率与井位置处网格含水饱和度直接相关, 这里只针对网格含水饱和度进行采样. 采用快照法得到注入井驱替剂注入浓度-含水饱和度-采出井含水率样本数据.

7.4.2 三元复合驱建模和模型验证

7.4.2.1 双正交时空 Wiener 建模

采用本章提出的双正交时空 Wiener 建模方法, 基于 Matlab R2016b 软件平台, 建立三元复合驱时空模型. 采用三段塞注入策略, 每个段塞长 16 个月, 为了充分激励系统, 在注入浓度范围内随机给的 50 组注入策略, 运行 CMG 软件 50 次, 得到 50 组样本数据.

为了提高辨识模型的泛化能力, 我们采用以下方法选择基函数:

(a) 应用双正交时空分解方法对采样得到的含水饱和度数据进行分解, 得到 50 组时间基函数、空间基函数和系数;

(b) 依次以每一组时间基函数和空间基函数为基, 用其他 49 组系数结合该组基重构系统状态, 计算 49 组预测值在所有采样点的均方误差, 一共能得到 50 个误差, 对应着 50 组基;

(c) 选取最小均方误差对应的空间基函数和时间基函数作为我们选定的基函数.

将通过上述方法得到的基函数按特征值降序排列, 为了确定基函数的具体数目, 从得到的基函数中选取不同数目的空间基函数和时间基函数, 组成最终的基函数, 在确定基函数维数时, 采用 7.2.3.3 节中给出方法, 分别计算不同基函数数目下反映系统的能量, 列入表 7-6 中, 空间基函数和时间基函数的数目总是保持一致.

表 7-6 不同数目基函数反映的系统能量

基函数数目	1	2	3	4	5	6	7
系统能量/%	87.9128	94.1561	97.5454	98.8922	99.0121	99.1224	99.2399

由表 7-6 可知, 当基函数为 5 个时, 所能反应的系统能量刚好大于 99%, 当基函数大于 5 个时, 反映的系统能量随基函数的增加变化不再明显, 因此, 我们选取前五个主导时间基函数和空间基函数, 作为最终的基函数. 代入到双正交时空 Wiener 系统中, 辨识出未知参数, 即可得到具体的模型.

为了进一步分析建模误差, 定义如下均方误差指标:

7.4 基于双正交时空建模的三元复合驱最优控制求解

$$\text{RMSE} = \sqrt{\frac{\int \sum e(x,y,z,t)^2 \, \mathrm{d}x\mathrm{d}y\mathrm{d}z}{\int \sum \Delta t \, \mathrm{d}x\mathrm{d}y\mathrm{d}z}}, \tag{7-91}$$

其中, $e(x,y,z,t)$ 表示模型预测值和真实值的差.

通过计算误差指标 RMSE 可得, 含水饱和度模型预测结果的均方误差为 0.0285, 由此可以说明, 注入浓度-含水饱和度的分布参数建模环节建立的模型具有较高的精度.

采用 7.2.4.2 节中给出的输出辨识方法, 针对上述建立的分布参数模型输出的含水饱和度和系统真实含水率输出, 建立含水饱和度-含水率的模型. 模型中, 取含水率的时滞为 $N_0 = 5$, 含水饱和度的时滞为 $N_1 = 6$, 依据公式 (7-91) 计算预测结果的均方误差, 得 RMSE $= 1.1378\%$, 因此, 建立的三元复合驱双正交时空 Wiener 模型具有较高的精度.

7.4.2.2 泛化能力验证

为了验证模型的泛化能力, 随机给定一组三元驱替剂注入浓度, 如下:

$$c_{\text{OHin}} = (3.7, 2.8, 1.3) \, (\text{g} \, / \, \text{L}), \quad c_{\text{sin}} = (2.9, 1.3, 0.6) \, (\text{g} \, / \, \text{L}),$$
$$c_{\text{pin}} = (2.7, 1.4, 1.1) \, (\text{g} \, / \, \text{L}).$$

整个采油周期为 96 个月, 驱替剂注入为三段塞, 每个段塞持续 16 个月, 共 48 个月, 剩余时间为水驱. 具体的注入策略如图 7-18(a) 所示, 由于三维三元复合驱中

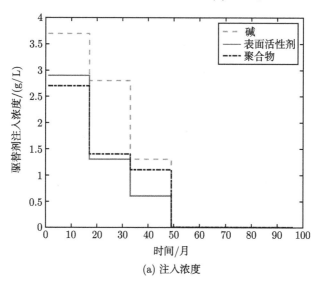

(a) 注入浓度

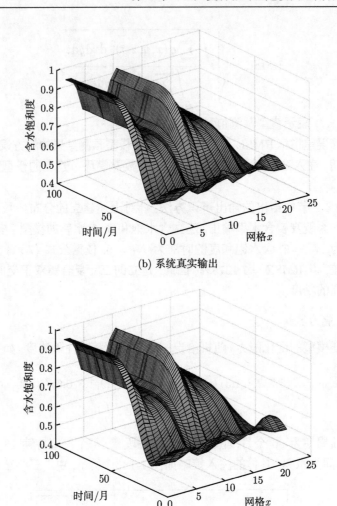

(b) 系统真实输出

(c) 时空建模输出

图 7-18 建模结果

考虑时间、空间和含水饱和度因素, 总共五个维度, 无法再三维图形中显示. 为了说明建模效果, 我们选取第三层中从 $(1,11,3)$ 到 $(21,11,3)$ 的 21 个网格, 将结果显示在图 7-18 中.

图 7-18(b) 为 CMG 数值模拟软件得到的空间含水饱和度, 即为系统真实输出, 图 7-18(c) 为建立的双正交时空 Wiener 模型的输出. 图 7-19 为含水饱和度的建模误差. 图 7-20 为九口采出井的含水率预测结果对比. 通过对比可以发现, 本章方法建立的注入浓度-含水饱和度-采出井含水率模型的预测输出与系统的真实输出基本一致.

7.4 基于双正交时空建模的三元复合驱最优控制求解

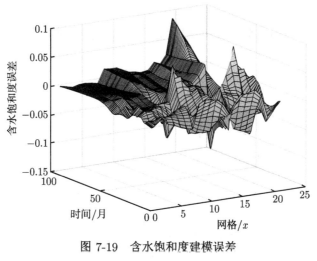

图 7-19 含水饱和度建模误差

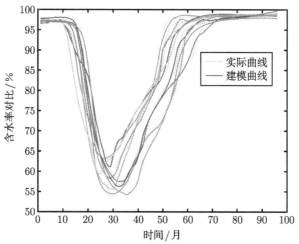

图 7-20 九口采出井含水率比较

为了进一步分析模型泛化能力,采用公式 (7-91) 计算均方误差,通过计算可知,采出井含水率的模型预测的均方误差和含水饱和度预测的均方误差分别为 1.2970% 和 0.0318%. 由此可以说明,本章方法建立的三元复合驱模型具有很好的模型泛化能力.

综上所述,双正交时空 Wiener 建模方法具有很好的建模精度和泛化能力,本章建立的三元复合驱模型可以代替复杂的机理模型,用于后续的最优控制求解.

7.4.3 迭代动态规划求解

得到具体的三元复合驱双正交时空 Wiener 模型后,代入到公式 (7-87) 中,采用迭代动态规划根据 7.3 节中给出的算法进行求解. 采用三段塞注入策略, 段塞设置同 7.4.2 节. 保持四口注入井段塞相同, 仅优化碱、表面活性剂和聚合物的注入浓度.

参数设置: $P=3$, $P_p=6.85$(美元/kg), $P_s=8.31$(美元/kg), $P_{OH}=2.86$(美元/kg), 每天的生产成本为 $P_{cost}=500$(美元/d), 折现率为 $\chi=1.5\times10^{-3}$, 参考 WTI 原油价格 55(美元/barrel), 单位换算后近似于 0.346(美元/L), $r=0.85$, $c_{\Theta\max}=4$, $R=5$, $M=3$, $\varepsilon=1\times10^{-4}$, $\eta=0.7$, $M_{OH}=1400$ t, $M_s=800$ t, $M_p=800$ t. 初始控制策略为 $c_{OHin}=2.9$(g/L), $c_{pin}=2.1$(g/L), $c_{sin}=1.8$(g/L). 注入浓度范围满足 $0\leqslant c_{\Theta in}\leqslant 4$.

为了说明本章提出方法的求解效果, 同样采用迭代动态规划算法, 对 3.3 节中基于机理模型的三元复合驱最优控制问题进行求解. 具体优化结果如图 7-21~图 7-24 所示. 图中, 红线表示基于机理模型求解得到的最优注采策略, 黑线表示基于本章建立的双正交时空 Wiener 模型优化求解得到的最优注采策略.

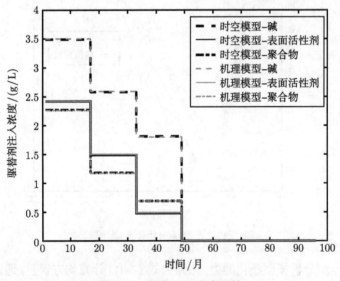

图 7-21 最优注入浓度比较

通过对比图 7-21~图 7-23 可以发现, 无论对于最优注采策略还是采出井含水率、采油量, 两种方法的结果基本一致, 从而说明本章提出方法的准确性. 分别计算九口采出井的平均采油量和平均含水率, 结果如图 7-24 和图 7-25 所示. 由图可知, 基于本章辨识模型求解得到的平均含水率和采油量都与基于机理模型的求解结果基本一致.

7.4 基于双正交时空建模的三元复合驱最优控制求解

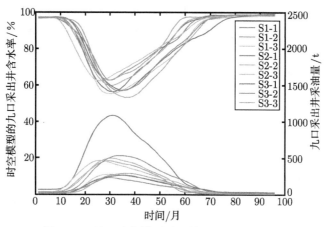

图 7-22 基于时空模型采出井含水率和采油量

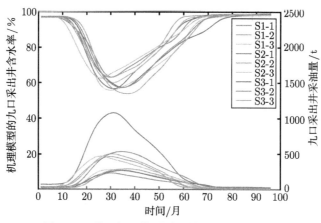

图 7-23 基于机理模型采出井含水率和采油量

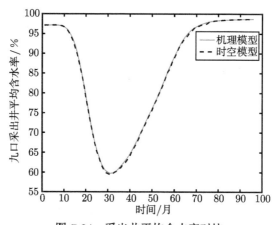

图 7-24 采出井平均含水率对比

分别计算基于机理模型求解结果和基于双正交时空 Wiener 模型求解结果的相关指标，将结果列入表 7-7 中。通过对比可以发现，两种模型的优化结果基本一致。由此，可以说明本章提出的方法是有效的。但是，基于时空模型的最优控制求解，由于避免求解复杂的机理模型，大大减少了运算时间。

表 7-7 优化结果统计

九口采出井	机理模型	时空模型
碱消耗量/t	1257.350	1255.757
表面活性剂消耗量/t	702.777	699.590
聚合物消耗量/t	656.563	659.749
累积采油量/t	1.5095×10^5	1.5224×10^5
净现值/$\times 10^6$ 美元	3.9604×10^7	4.0083×10^7
仿真时间/s	297	137

综上所述，本章提出的基于双正交时空 Wiener 建模的迭代动态规划算法具有较好的精度和泛化能力，能有效地求解三元复合驱最优控制问题，得到最优注采策略。

7.5 本章小结

由于实际工程中的分布参数系统机理模型复杂，非线性程度高，常涉及多个耦合偏微分方程，难以用常规方法求解最优控制问题，且计算效率低、精度差，本章从时空建模的角度出发，针对三元复合驱这一类输入和状态为分布参数，系统输出为集中参数的复杂分布参数系统，提出了一种基于双正交时空 Wiener 建模的迭代动态规划算法。

首先，提出了一种双正交时空 Wiener 建模方法，通过 Wiener 模型辨识系统的输入和状态之间的关系，采用双正交时空分解将 Wiener 模型展开成一系列空间基函数、时间基函数和系数的形式；提出了一种双正交时空分解方法辨识系统的空间基函数和时间基函数，并推导了基函数求解的必要条件，且基于系统能量确定基函数的维度，采用最小二乘法辨识 Wiener 模型的未知参数；通过 ARMA 模型辨识系统的状态和输出之间的关系，采用递推最小二乘辨识未知参数。其次，采用催化反应过程这一经典的分布参数系统测试提出的建模方法，结果表明，双正交时空 Wiener 建模方法具有较高的精度和泛化能力。最后，结合性能指标构建一个基于双正交时空 Wiener 模型的近似最优控制问题，并给出了迭代动态规划求解算法。

将本章的基于双正交时空 Wiener 建模的迭代动态规划算法用于三元复合驱的最优控制问题求解，建立三元复合驱分布参数辨识模型，并基于辨识模型求解最优控制问题，得到最优注采策略。优化结果表明，本章提出的算法与基于机理模型的求解结果基本一致，在保证求解精度的情况下，大大减少了计算的复杂度。

第8章 基于色谱分离的三元复合驱机会约束规划求解

相关研究表明三元复合驱油体系在油藏中由于复杂的物化反应会发生不同程度的色谱分离现象,该现象不利于复合体系协同效应的发挥,甚至破坏复合驱油体系的驱油性能,从而对复合驱油的实际效果产生较大影响. 在本书前面内容的基础上,本章以数值模拟计算的方法来研究色谱分离现象,进一步对三元复合驱进行探究.

目前,对三元复合驱色谱分离现象的研究主要通过室内岩心实验的方法,利用化学剂流出时间和等浓度时间来刻画色谱分离的程度,研究分析其中的影响因素. 然而这种描述方法难以做到定量的分析对比,因而本章引入了新的色谱分离判别模式,定义了色谱分离参数的计算方法,并编写了相应的计算软件.

由于三元复合体系的注入方式、岩石渗透率等参数对色谱分离程度有比较大的影响,为使三元复合驱油体系能够达到最好的协同作用,发挥最大的驱油性能,本章以最大化色谱分离参数为性能指标,研究在岩石渗透率不确定条件下的复合驱油体系的优化配比问题.

8.1 色谱分离参数计算及软件设计

8.1.1 色谱分离参数计算模式

8.1.1.1 色谱分离概念

三元复合驱油体系在流经多孔介质时,各类化学剂之间往往会发生不能同步运移的现象,被称为色谱分离. 这种现象是复合体系在岩石孔隙中渗流时表现出的一种特性,复合体系的配比方式、岩石的物理特性等都会对其发生的程度有一定的影响[85]. 在室内岩心实验中,复合体系在缓慢地渗流运移中,色谱分离的现象通常会表现为:在岩石模型的采出端位置处,不同驱油剂会在不同的时间出现,并且具有不同的浓度变化.

设三元复合驱油剂在注入溶液中的浓度为 C_0,在采出端的溶液中测量到的浓度为 C,分别以复合体系溶液所注入的岩石孔隙体积倍数 (PV) 和化学驱油剂的相对浓度 C/C_0 为横、纵坐标进行曲线绘制,则色谱分离现象的图形描述如图 8-1 所示. 化学驱油剂在曲线中的重合程度反映了复合体系的协同作用发挥的强弱, 重合的面积越大则表明复合驱油体系的协同作用越大, 色谱分离现象也越不明显; 反之, 若三条曲线差别越大, 则表明驱油体系的协同作用被破坏地越严重, 色谱分离现象也就越明显.

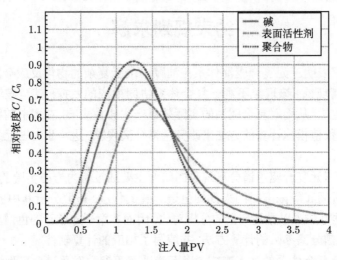

图 8-1 色谱分离曲线图

8.1.1.2 色谱分离参数计算方法

由于常规的色谱分离描述方法难以做到定量的分析对比, 因而本节考虑从数学定量描述的角度建立新的色谱分离判别模式, 并给出色谱分离参数的计算方法.

采用重合面积比法来描述, 在标准化浓度条件下, 不同化学剂复配最低浓度的交集面积与复合驱油体系的最大面积之比 (α), 即定义为色谱分离参数. 用该参数描述化学复合驱油复配体系的色谱分离程度, α 越大, 三条曲线的重合面积也越大, 则表明色谱分离程度越小, 越有利于协同作用的发挥.

设三元复合体系中各类化学驱油剂的注入浓度为 $C_{\text{in},l}, l \in \{a,s,p\}$, 而在各时间节点 t 时的浓度表示为 $C_l(t), l \in \{a,s,p\}$, 则相对浓度可表示为

$$c_l(t) = \frac{C_l(t)}{C_{\text{in},l}}, \quad t \in [0, t_f], \quad l \in \{a,s,p\}. \tag{8-1}$$

设各化学剂的等浓度基准为 $\bar{c}_l, l \in \{a,s,p\}$, 并将各化学剂相对浓度与各自等浓度基准所围成的区域面积分别记为 S_a, S_s, S_p, 用交集符号 $\cap$ 表示两两区域相交或重合的面积, 则各区域相交的最小面积为

$$a_1 = S_a \cap S_s \cap S_p. \tag{8-2}$$

由最外围曲线与基准线所构成的最大面积为

$$a_2 = (S_a + S_s + S_p) - S' + a_1,$$
$$S' = S_a \cap S_s + S_a \cap S_p + S_s \cap S_p. \tag{8-3}$$

那么色谱分离参数即为

$$\alpha = \frac{a_1}{a_2}. \tag{8-4}$$

令 $\Delta c(t) = \min\{c_l(t)\} - \max\{\bar{c}_l\}$, 则

$$a_1 = \int_0^{t_f} \max\{\Delta c(t), 0\} \, \mathrm{d}t. \tag{8-5}$$

令

$$\Delta c'_{ij}(t) = \min\{c_i(t), c_j(t)\} - \min\{\bar{c}_i, \bar{c}_j\},$$
$$(i,j) = \{(a,s), (a,p), (s,p)\}, \Delta c_l(t) = c_l(t) - \bar{c}_l,$$

则

$$a_2 = \int_0^{t_f} \left\{ \sum_l \max\{\Delta c_l(t), 0\} - \sum_{(i,j)} \max\{\Delta c'_{ij}(t), 0\} + \max\{\Delta c(t), 0\} \right\} \mathrm{d}t. \tag{8-6}$$

将式 (8-5) 和式 (8-6) 代入式 (8-4), 则得

$$\alpha = \frac{\int_0^{t_f} \max\{\Delta c(t), 0\} \, \mathrm{d}t}{\int_0^{t_f} \left\{ \sum_l \max\{\Delta c_l(t), 0\} - \sum_{(i,j)} \max\{\Delta c'_{ij}(t), 0\} + \max\{\Delta c(t), 0\} \right\} \mathrm{d}t}. \tag{8-7}$$

将式 (8-7) 按时间网格离散化, 则色谱分离参数计算公式为

$$\alpha = \frac{\sum_{k=0}^{N_t} \max\{\Delta c(k), 0\}}{\sum_{k=0}^{N_t} \left\{ \sum_l \max\{\Delta c_l(k), 0\} - \sum_{(i,j)} \max\{\Delta c'_{ij}(k), 0\} + \max\{\Delta c(k), 0\} \right\}}. \tag{8-8}$$

8.1.2 色谱分离参数计算软件设计

要利用式 (8-8) 得到色谱分离参数, 则需要先对化学复合驱的数学模型进行求解, 计算出每个时刻各类化学驱油剂在采出端的浓度. 以一注一采的开发方式为例, 即注入井和生产井数量各为一口, 且驱油体系注入为单段塞形式.

利用面向对象的高级编程语言 Visual C#，设计开发具有窗体界面的色谱分离参数计算软件．所设计的主要计算模块包括：化学驱数值计算模块、色谱分离计算模块、矩阵运算库、线性和非线性代数方程求解库、数据预处理、数据读取与存储、曲线绘图等模块．其中，在对偏微分方程进行数值求解时，考虑到雅可比矩阵具有稀疏的特性，采用了行压缩的方法对稀疏矩阵进行存储．此外，编程中还使用了泛型、委托事件、矩阵运算并行化等相关技术．主要程序模块的结构关系如图 8-2 所示．

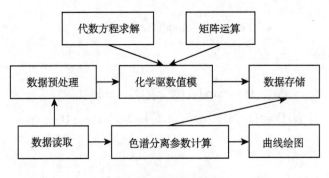

图 8-2　程序模块结构

数值模拟模块中主要包含了油藏的模型数据和数值计算求解两部分．其中油藏模型是油藏静态属性和动态生产数据的参数输入接口，主要包括化学注入剂的流体属性、油水两相属性、岩石属性、注采参数等．所设计的软件界面如图 8-3 所示．

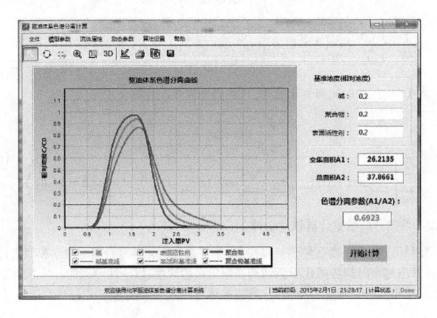

图 8-3 计算软件界面

8.2　三元复合驱机会约束规划

8.2.1　三元复合驱优化模型

8.2.1.1　性能指标

三元复合驱油体系在渗流过程中不可避免地会发生色谱分离现象,这将会减弱复合驱油体系的协同作用,从而降低甚至破坏复合驱油的效果.由于三元复合驱的注入方式对色谱分离有较大影响, 且注入方式是可控的. 可以考虑通过优化复合体系中各化学剂的注入浓度和注入段塞长度, 使色谱分离程度达到最小, 即色谱分离参数 α 达到最大, 从而能够最大化复合体系的协同作用. 因而可设定最大化色谱分离参数作为优化的性能指标:

$$\max J = \alpha = \frac{\sum_{k=0}^{N_t} \max\{\Delta c(k), 0\}}{\sum_{k=0}^{N_t} \left\{ \sum_l \max\{\Delta c_l(k), 0\} - \sum_{(i,j)} \max\{\Delta c'_{ij}(k), 0\} + \max\{\Delta c(k), 0\} \right\}}. \tag{8-9}$$

8.2.1.2 不等式约束

考虑注入段塞的时间节点可变的情形, 设 t_P 为注入复合体系的最大段塞长度, 由于采用单段塞 ($P=1$) 且化学剂同时注入的方式, 故段塞长度的约束则为

$$0 \leqslant T \leqslant t_P, \ P = 1. \tag{8-10}$$

设 $c_{\max}^{(l)}, l \in \{a, s, p\}$ 为复合体系中各类驱油剂的最大浓度, 则注入浓度约束为

$$0 \leqslant v^{(l)} \leqslant c_{\max}^{(l)}. \tag{8-11}$$

8.2.1.3 确定性优化模型

若仅考虑注入方案对色谱分离的影响, 并将地质参数也取为确定性常数, 则复合体系色谱分离参数的确定性优化模型可表述为

$$\begin{aligned} \max \quad & J\left(v^{(l)}, T\right) = \alpha \\ \text{s.t.} \quad & \begin{cases} G\left(u^n, v^{(l)}, T\right) = 0, \\ 0 \leqslant v^{(l)} \leqslant c_{\max}^{(l)}, \\ 0 \leqslant T \leqslant t_P. \end{cases} \end{aligned} \tag{8-12}$$

8.2.1.4 机会约束规划模型

关于色谱分离现象的相关研究表明, 岩石绝对渗透率的不同会对化学复合体系的色谱分离程度有不同程度的影响, 尤其是对表面活性剂在采出端浓度的影响较大[85]. 因而复合驱模型中要考虑岩石渗透率参数不确定的情形, 与前面的建模方法类似, 将机会约束规划方法引入, 性能指标以机会概率的形式表示, 得到在岩石绝对渗透率参数不确定下的复合驱色谱分离机会约束规划模型:

8.2 三元复合驱机会约束规划

$$\max \bar{J},$$
$$\text{s.t.} \begin{cases} J\left(v^{(l)},T,\xi\right)=\alpha, \\ G\left(u^n,v^{(l)},T,\xi\right)=0, \\ \Pr\left\{J(v,T,\xi)\geqslant \bar{J}\right\}\geqslant \beta, \\ 0\leqslant v^{(l)}\leqslant c_{\max}^{(l)}, \\ 0\leqslant T\leqslant t_P. \end{cases} \quad (8\text{-}13)$$

8.2.2 优化模型实例求解

针对机会约束规划 (8-13), 由于渗透率参数包含在复合驱的数学模型中, 机会约束难以进行确定性转化, 因而仍然可利用随机模拟和混合螺旋优化相结合的优化方法对其进行求解.

采用如图 8-4 的网格模型, 注采方式为一注一采, 并采用单段塞注入. 网格中的各类化学驱油剂的最初浓度均为零, 且模型中的初始含水饱和度为 $S_{w0}=0.35$, 岩石的孔隙度为 $\phi=0.25$. 复合体系中聚合物的最大浓度为 $c_{\max}^{(p)}=1.5(\mathrm{g/L})$, 表面活性剂的最大浓度为 $c_{\max}^{(s)}=0.3\%$, 碱剂的最大浓度为 $c_{\max}^{(a)}=1.5\%$, 设定等浓度基准为 $\bar{c}=0.2$, 段塞长度最大为 $t_P=1.0\,\mathrm{PV}$. 优化求解所需的算法参数设定: 种群大小为 $\mathrm{Popsize}=20$, 变异概率为 $P_0=0$, $P_t=0.1$, 随机模拟次数为 $N_s=500$, 循环迭代的最大步数为 $k_{\max}=100$.

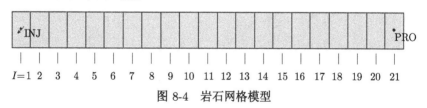

图 8-4 岩石网格模型

先以确定性模型为例进行求解, 设岩石渗透率处处相等, 并取渗透率参数为确定性的常数 $K=1560\,\mathrm{md}$. 优化前注入方案为: $v_0^{(p)}=1.4(\mathrm{g/L})$, $v_0^{(a)}=1.2\%$, $v_0^{(s)}=0.25\%$, $T_0=1.0$, 经过数值计算得到色谱分离参数为 $\alpha_0=0.57121$. 再利用混合螺旋优化算法对优化模型 (8-12) 进行求解, 得到三元复合体系的最优色谱分离参数 $\alpha^*=0.6578$, 相应的最优注入方案则为: $v_*^{(p)}=1.14(\mathrm{g/L})$, $v_*^{(a)}=0.98\%$, $v_*^{(s)}=0.19\%$, $T^*=0.965$.

再针对岩石渗透率为不确定值时的情况, 设渗透率变化范围为 $K=(1560\pm 600)\,\mathrm{md}$, 其为随机变量, 且服从均匀分布 $K\sim U(960,2160)$. 分别取置信水平为 $\beta=0.9,0.7,0.5$, 应用前文中详细介绍的随机模拟与混合螺旋算法结合的方法, 优化计算后得到在不同置信水平下的各类化学驱油剂的最优注入浓度曲线如图 8-5~图 8-7 所示, 与其所对应的复合体系色谱分离曲线如图 8-8~图 8-10 所示.

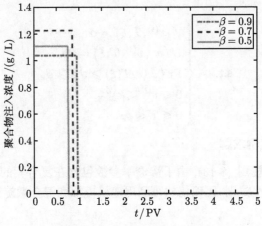

图 8-5 注入聚合物组分浓度

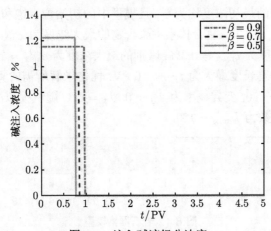

图 8-6 注入碱液组分浓度

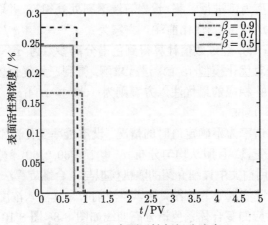

图 8-7 注入表面活性剂组分浓度

8.2 三元复合驱机会约束规划

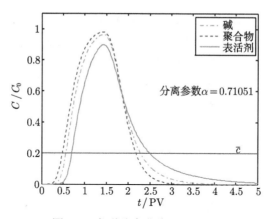

图 8-8 色谱分离曲线 ($\beta = 0.5$)

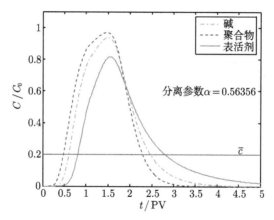

图 8-9 色谱分离曲线 ($\beta = 0.7$)

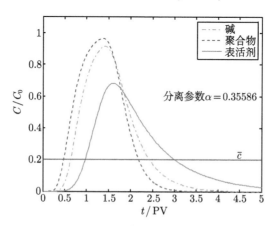

图 8-10 色谱分离曲线 ($\beta = 0.9$)

从计算结果可以看出,不同置信水平下得到的三元复合体系的配比方案也不相同,其对应的色谱分离程度也表现出一定的差异性. 对比三组优化的结果,随着所设定的置信水平的降低,相应的最优色谱分离参数则会越来越大. 这说明,决策者越是敢于冒险,则将来可能获得的期望效果也就越好. 因而在制订复合驱的注入方案时,要依据对地质参数描述的准确程度以及对风险的偏好选择,来选用合乎实际的优化模型和置信水平.

8.3 本章小结

本章基于对化学复合驱数学模型的数值求解,引入了新的色谱分离判别模式和计算方法,并开发了相应的色谱分离参数计算软件. 为使三元复合体系的协同作用得到最大化的发挥,并考虑到岩石绝对渗透率参数的不确定性,建立了三元复合驱色谱分离参数的机会约束规划模型,并进行了实例求解. 应用结果表明,所建立的色谱分离参数计算模式和优化模型具有一定的可行性,对三元复合驱油体系的注入配方设计具有一定的理论指导作用.

第 9 章 结 论

三元复合驱是一项重要的三次采油技术, 能有效提高采收率, 增加原油开采的利润. 但是, 其模型机理复杂, 涉及一系列复杂的耦合偏微分方程, 且三元驱替剂 (碱、表面活性剂和聚合物) 之间的作用机理以及对油藏物理化学参数的影响很难精确描述, 导致三元复合驱的最优控制问题难以求解. 本书对三元复合驱的机理模型和最优控制问题进行了系统地研究, 得到的主要结论如下:

(1) 系统地研究和分析三元复合驱的驱油机理, 分别针对一维岩心、二维平面、三维空间建立了三元复合驱数学模型, 能够准确地描述驱替剂的加入对油藏的影响. 以净现值为性能指标, 以三元复合驱模型为支配方程, 以驱替剂的注入浓度、段塞长度为控制变量, 结合驱替剂用量、浓度、物化代数方程等约束条件, 建立了三维三元复合驱的最优控制模型, 并推导了最优控制的必要条件. 通过求解该最优控制模型, 可以有效地得到三元复合驱的最优注采策略.

(2) 针对三元复合驱最优控制问题, 提出了三种求解方法: 自适应正交函数近似、动态尺度混合整数迭代动态规划和基于执行-评价框架的近似动态规划. 自适应正交函数近似 (高斯伪谱、有理 Haar 函数) 通过子阶段的划分、自适应策略和具有最优性验证的控制结构检测, 能有效地识别控制的不连续特性, 获得控制不连续最优控制的最优策略. 动态尺度混合整数迭代动态规划通过引入整数截断策略、动态调整策略, 能有效地处理混合整数问题, 在算法迭代过程中合理地选取调整因子和收缩因子, 获得混合整数最优控制的最优策略. 基于执行-评价框架的近似动态规划通过线性基函数构造、值函数和控制策略近似、时间差分的权重学习和计算、谱共轭梯度寻优、执行-评价框架的算法整合, 能有效地实现控制和值函数的学习和搜索, 获得最优控制问题的最优策略. 分别针对优化段塞、注入浓度; 优化段塞、注入浓度、终端驱油时间; 段塞固定, 仅优化注入浓度三种情况的三元复合驱最优控制问题, 采用三种方法进行求解, 得到最优注采策略. 通过和常规最优控制方法的仿真结果对比, 本书提出的三种方法均能有效地获得最优策略, 但是近似动态规划的计算速度最快, 正交函数近似的速度最慢.

(3) 针对三元复合驱油藏开采实际中存在多个指标, 各个指标无法同时满足, 且指标存在不确定性的情况, 提出了基于混合螺旋优化的模糊多目标最优控制求解方法. 引入自适应柯西变异和拉丁超立方采样对标准螺旋优化算法进行改进, 通过三个测试函数验证了改进算法的精度和收敛性. 提出了一种基于对称模型和水平截集的模糊多目标处理方法, 将模糊多目标转化为确定性问题, 进而采用混合螺旋优化算法进行求解. 最后, 固定段塞, 仅优化注入浓度, 采用提出方法对三元复合驱最优控制问题进行求解. 仿真结果表明, 本章提出的算法能合理地权衡多个指标, 获得各个指标最佳结合度下的最优策略.

(4) 针对机理模型涉及多个耦合偏微分方程、具有复杂的时空特性和非线性特性、难以求解、计算效率低的问题, 针对系统输入和状态为分布参数, 输出为集中参数的一类分布参数系统, 从辨识建模的角度, 提出了一种基于双正交时空 Wiener 建模的迭代动态规划算法. 算法主要包括三部分: 采用双正交分解将 Wiener 系统在时间和空间上展开, 进而辨识输入-状态之间的关系; 采用 ARMA 辨识状态-输出之间的关系; 采用迭代动态规划进行求解. 通过对化学催化反应过程仿真, 验证了双正交时空 Wiener 建模方法的精度和泛化能力. 最后, 固定段塞, 仅优化注入浓度, 采用提出方法求解三元复合驱最优控制问题, 得到最优注采策略. 仿真结果表明, 提出的算法避免了计算复杂的机理模型, 在不损失精度的前提下, 大大提高了计算效率.

(5) 建立了不确定条件下基于色谱分离参数的三元复合驱优化模型. 通过引入新的色谱分离判别模式, 结合三元复合驱数学模型的求解, 设计了色谱分离参数的计算方法, 并开发了色谱分离参数的计算软件. 对于三元复合驱优化问题, 以色谱分离参数最大化为性能指标, 考虑地质参数的不确定性, 建立了三元复合驱注入方案的机会约束规划模型, 对于三元复合驱油体系注入策略的优化设计具有一定的理论指导意义.

参 考 文 献

[1] Lee A S, Aronofsky J S. A linear programming model for scheduling crude oil production. Journal of Petroleum Technology, 1958, 10(7): 51-54.

[2] Mcfarland J W, Lasdon L S, Loose V W. Development planning and management of petroleum reservoirs using tank models and nonlinear programming. Operations Research, 1984, 32(2): 270-289.

[3] Wackowski R K, Stevens C E, Masoner L O, et al. Applying rigorous decision analysis methodology to optimization of a tertiary recovery project: Rangely Weber Sand Unit. SPE 24234, 1992.

[4] 葛家理, 赵立彦. 成组气田开发最优规划及决策. 油气田开发系统工程方法专辑 (二). 北京: 石油工业出版社, 1991.

[5] 戴家权, 王勇, 冯恩民. 油气资源勘探与开发的不确定性分析及最优策略. 系统工程理论与实践, 2004, 24(1): 35-40.

[6] Ramirez W F, Fathi Z, Cagnol J L. Optimal injection policies for enhanced oil recovery: Part l-theory and computational strategies. Society of Petroleum Engineers Journal, 1984, 24(3): 328-332.

[7] Fathi Z, Ramirez W F. Optimal injection policies for enhanced oil recovery: Part 2 - surfactant flooding. Society of Petroleum Engineers Journal, 1984, 24(3): 333-341.

[8] Ramirez W F. Application of Optimal Control Theory to Enhanced Oil Recovery. Amsterdam: Elsevier, 1987.

[9] Brouwer D R. Dynamic water flood optimization with smart wells using optimal control theory. Civil Engineering & Geosciences, 2004, 9(4): 391-402.

[10] Sarma P, Aziz K, Durlofsky L J. Implementation of adjoint solution for optimal control of smart wells. SPE 92864, 2005.

[11] Sarma P, Chen W H, Durlofsky L J, et al. Production optimization with adjoint models under nonlinear control-state path inequality constraints. SPE 99959, 2008.

[12] Alhuthali A, Oyerinde A, Datta-Gupta A. Optimal waterflood management using rate control. SPE Reservoir Evaluation & Engineering, 2007, 10(5): 539-551.

[13] Chaudhri M M, Phale H A, Liu N, et al. An improved approach for ensemble-based production optimization. SPE 121305, 2009.

[14] Liu X, Reynolds A C. Gradient-based multi-objective optimization with applications to waterflooding optimization. Computational Geosciences, 2016, 20(3): 677-693.

[15] Effati S, Janfada M, Esmaeili M, et al. Solving of optimal control problem of parabolic

PDEs in exploitation of oil by iterative dynamic programming. Applied Mathematics and Computation, 2006, 181(2): 1505-1512.

[16] Wen Z, Durlofsky L J, Van Roy B V, et al. Use of approximate dynamic programming for production optimization. Society of Petroleum Engineers, 2011: 1-30.

[17] 赵辉, 李阳, 康志江. 油藏开发生产鲁棒优化方法. 石油学报, 2013, 34(5): 947-953.

[18] Bernardo H, Silvana M B, Carlos V P M. Using control cycle switching times as design variables in optimum waterflooding management. Proceedings of 2nd International Conference on Engineering Optimization. Lisbon, Portugal: Instituto Superior Tecnico, 2010: 1-10.

[19] 李宜强, 张素梅, 刘书国, 等. 泡沫复合驱物理模拟相似原理. 大庆石油学院学报, 2003, 27(2): 93-95, 135-136.

[20] Thomas C P, Fleming P D, Winter W K. A ternary, two-phase, mathematical model of oil recovery With surfactant systems. Society of Petroleum Engineers Journal, 1984, 24(6): 606-616.

[21] 袁士义, 杨普华. 碱复合驱数学模型. 石油学报, 1994, 15(2): 76-88.

[22] 侯健. 用流线方法模拟碱/表面活性剂/聚合物三元复合驱. 石油大学学报 (自然科学版), 2004, 28(1): 58-62.

[23] 杨承志, 等. 化学驱提高石油采收率. 北京: 石油工业出版社, 2007.

[24] 朱莹. 杏北油田三元污水处理及稀释聚合物驱油实验研究. 大庆: 东北石油大学, 2015.

[25] 毛宏志. 有机酸铝交联聚合物的形成及其影响因素. 济南: 山东大学, 2007.

[26] 袁敏. 三元复合驱对地层的伤害实验研究. 大庆: 东北石油大学, 2010.

[27] 孙玉晓. 对流扩散方程的有限差分法. 成都: 西南石油大学, 2011.

[28] Zerpa L E, Queipo N V, Pintos S, et al. An optimization methodology of alkaline-surfactant-polymer flooding processes using field scale numerical simulation and multiple surrogates. Journal of Petroleum Science & Engineering, 2005, 47(3-4): 197-208.

[29] Mohammadi H. Mechanistic modeling, design, and optimization of alkaline/surfactant/polymer flooding. Dissertations & Theses-Gradworks, 2012.

[30] Douarche F, da Veiga S, Feraille M, et al. Sensitivity analysis and optimization of surfactant-polymer flooding under uncertainties. Oil & Gas Science and Techndogg-Revue d'IFP Energies noavelles, 2014, 69(4): 603-617.

[31] Bahrami P, Kazemi P, Mahdavi S, et al. A novel approach for modeling and optimization of surfactant/polymer flooding based on Genetic Programming evolutionary algorithm. Fuel, 2016, 179: 289-298.

[32] Xu L, Zhao H, Li Y, et al. Production optimization of polymer flooding using improved Monte Carlo gradient approximation algorithm with constraints. Journal of Circuits Systems & Computers, 2018, 27(11): 1850167.

[33] Ahmed H, Awotunde A A, Sultan A S, et al. Stochastic optimization approach to

surfactant-polymer flooding. Spe/PAPG Pakistan Section Annual Technical Conference and Exhibition, 2017.

[34] Patle D S, Sharma S, Ahmad Z, et al. Multi-objective optimization of two alkali catalyzed processes for biodiesel from waste cooking oil. Energy Conversion & Management, 2014, 85(9): 361-372.

[35] 李树荣, 张晓东. 聚合物驱提高原油采收率的最优控制方法. 东营: 中国石油大学出版社, 2013.

[36] 郭兰磊. 聚合物驱方案动态优化设计. 东营: 中国石油大学出版社, 2012.

[37] Lei Y, Li S R, Zhang X D, et al. Optimal control of polymer flooding based on mixed-integer iterative dynamic programming. International Journal of Control, 2011, 84(11): 1903-1914.

[38] Lei Y, Li S R, Zhang X D, et al. Optimal control of polymer flooding based on maximum principle. Journal of Applied Mathematics, 2012, 1: 203-222.

[39] Lei Y, Li S, Zhang Q, et al. A hybrid genetic algorithm for optimal control solving of polymer flooding. Proceedings of the 2010 International Conference on Intelligent Computation Technology and Automation, Changsha, China, 2010.

[40] 雷阳. 高温高盐油藏聚合物驱最优控制方法研究. 东营: 中国石油大学 (华东), 2013.

[41] Qi C K, Li H X. A LS-SVM modeling approach for nonlinear distributed parameter processes. Intelligent Control and Automation, 2008. Wcica 2008. World Congress on. IEEE, 2008: 569-574.

[42] Li S R, Ge Y L, Zang R L. A novel interacting multiple-model method and its application to moisture content prediction of ASP flooding. CMES: Computer Modeling in Engineering & Sciences, 2018, 114(1): 95-116.

[43] Li S R, Ge Y L. A numerical computation approach for the optimal control of ASP flooding based on adaptive strategies. Mathematical Problems in Engineering, 2018, 2018: 1-13.

[44] Li S R, Liu Z, Ge Y L. A switch control based dynamic optimization of polymer flooding. 第 37 届中国控制会议, 2018.

[45] Ge Y L, Li S R, Shi Y H, et al. An adaptive wavelet method for solving mixed-integer dynamic optimization problems with discontinuous controls and application to alkali-surfactant-polymer flooding. Engineering Optimization, 2019, 51(6): 1028-1048.

[46] Ge Y L, Li S R, Zhang X D. Optimization for ASP flooding based on adaptive rationalized Haar function approximation. Chinese Journal of Chemical Engineering, 2018, 26(08): 1758-1765.

[47] Han L, Li S R, Ge Y L. A New Wavelet Neural Network with Boundary Value Constraints. 第 37 届中国控制会议, 2018.

[48] Ge Y L, Li S R, Chang P, et al. Optimization of ASP flooding based on dynamic scale IDP with mixed-integer. Applied Mathematical Modelling, 2017, 44: 727-742.

[49] Ge Y L, Li S R, Chang P. An approximate dynamic programming method for the optimal control of Alkai-Surfactant-Polymer flooding. Journal of Process Control, 2018, 64: 15-26.

[50] 卢松林, 李树荣, 葛玉磊, 等. 一种新的混合螺旋优化算法及应用. 第 34 届中国控制会议, 2015.

[51] Liu Z, Li S R, Han L. A Fuzzy multi-objective strategy of polymer flooding based on possibilistic programming. Proceedings of 2018 Chinese Intelligent Systems Conference, 2018: 247-256.

[52] Li S R, Ge Y L, Shi Y H. Enhanced oil recovery for ASP flooding based on biorthogonal spatial-temporal wiener modeling and iterative dynamic programming. Complexity, 2018, 2018: 1-19.

[53] Li S R, Ge Y L, Shi Y H. An iterative dynamic programming optimization based on biorthogonal spatial-temporal Hammerstein modeling for the enhanced oil recovery of ASP flooding. Journal of Process Control, 2019, 73:75-88.

[54] Ge Y L, Li S R, Lu S L, et al. Spatial-temporal ARX modeling and optimization for polymer flooding. Mathematical Problems in Engineering, 2014: 1-10.

[55] Li S R, Han L, Ge Y L, et al. A new approximate dynamic programming algorithm based on an actor–critic framework for optimal control of alkali-surfactant-polymer flooding. Engineering Optimization, 2019, 51(12): 2147-2168.

[56] 卢松林, 李树荣, 葛玉磊, 等. 基于机会约束规划的聚合物驱注入策略优化. 第 25 届中国过程控制会议, 2014.

[57] Bellman R. On the theory of dynamic programming: A Warehousing Problem. Management Science, 1956, 2(3): 272-275.

[58] Lewis F L, Vrabie D L, Syrmos V L. Optimal Control. 3rd ed. Hoboken, New Jersey: John Wiley & Sons, Inc, 2012.

[59] Almeida R, Pooseh S, Torres D F M. The Calculus of Variations and Optimal Control. New York: Plenum Press, 1981.

[60] 解学书. 最优控制理论与应用. 北京: 清华大学出版社, 1986.

[61] 李春明. 优化方法. 南京: 东南大学出版社, 2009.

[62] Wang L. Intelligent Optimization Algorithms with Applications. Beijing: Tsinghua University Press, 2001.

[63] 滕宇, 梁方楚. 动态规划原理及应用. 成都: 西南交通大学出版社, 2011.

[64] Abou-Kandil H, Freiling G, Ionescu J, et al. Matrix riccati equations: in control and systems theory. IEEE Transactions on Automatic Control, 2004, 49(11): 2094-2095.

[65] Ha S N. A nonlinear shooting method for two-point boundary value problems. Computers & Mathematics with Applications, 2001, 42(10): 1411-1420.

[66] Huang C, Zhang Z. The spectral collocation method for stochastic differential equations. Discrete and Continuous Dynamical Systems: Series B, 2012, 18(3): 667-679.

[67] Weddorburn R W M. Quasi-likelihood functions, generalized linear models, and the Gauss-Newton method. Biometrika, 1974, 61(3): 439-447.

[68] Wan Z, Hu C, Yang Z. A spectral PRP conjugate gradient methods for nonconvex optimization problem based on modified line search. Discrete and Continuous Dynamical Systems - Series B (DCDS-B), 2017, 16(4): 1157-1169.

[69] Guo J S, Snimojo M. Blowing up at zero points of potential for an initial boundary value problem. Communications on Pure & Applied Analysis, 2017, 10(1): 161-177.

[70] Yang Y. An efficient algorithm for periodic Riccati equation with periodically time-varying input matrix. Automatica, 2017, 78: 103-109.

[71] Chen J, Gerdts M. Numerical solution of control-state constrained optimal control problems with an inexact smoothing Newton method. Ima Journal of Numerical Analysis, 2011, 31(4): 1598-1624.

[72] Diomande B, Zalinescu A. Maximum principle for an optimal control problem associated to a stochastic variational inequality with delay. Electronic Journal of Probability, 2015, 20: 1-17.

[73] Hirota R. The Direct Method in Soliton Theory by Ryogo Hirota. Siam Review, 2004, 47(4): 823-824.

[74] Yakimenko O A. Direct method for rapid prototyping of near-optimal aircraft trajectories. Journal of Guidance Control & Dynamics, 2000, 23(5): 865-875.

[75] Hanczewski S, Sobieraj M, Stasiak M D. The direct method of effective availability for switching networks with multi-service traffic. IEICE Transactions on Communications, 2016, 99(6): 1291-1301.

[76] Rodman A D, Gerogiorgis D I. Dynamic optimization of beer fermentation: Sensitivity analysis of attainable performance vs. product flavour constraints. Computers & Chemical Engineering, 2017, 106: 582-595.

[77] Büskens C, Maurer H. SQP-methods for solving optimal control problems with control and state constraints: adjoint variables, sensitivity analysis and real-time control. Journal of Computational and Applied Mathematics, 2000, 120(1): 85-108.

[78] Liu P, Li G, Liu X, et al. Novel non-uniform adaptive grid refinement control parameterization approach for biochemical processes optimization. Biochemical Engineering Journal, 2016, 111: 63-74.

[79] Bloss K F, Biegler L T, Schiesser W E. Dynamic process optimization through adjoint formulations and constraint aggregation. Industrial Engineering in Chemistry Research, 1999, 38: 421-432.

[80] Benchimol P, Desaulniers G, Desrosiers J. Stabilized dynamic constraint aggregation for solving set partitioning problems. European Journal of Operational Research, 2012, 223(2): 360-371.

[81] Teo K L. A unified computational approach to optimal control problems. Proleedings

of the First World Congress on World Congress of Nonlinear Analysts, Volume III, 1996: 2763-2774.

[82] Li R, Teo K L, Wong K H, et al. Control parameterization enhancing transform for optimal control of switched systems. Mathematical & Computer Modelling, 2006, 43(11): 1393-1403.

[83] Loxton R C, Teo K L, Rehbock V. Optimal control problems with multiple characteristic time points in the objective and constraints. Automatica, 2008, 44(11): 2923-2929.

[84] Lee H W J, Teo K L. Control parametrization enhancing technique for solving a special ODE class with state dependent switch. Journal of Optimization Theory & Applications, 2003, 118(1): 55-66.

[85] 雷阳, 李树荣, 张强, 等. 一种求解最优控制问题的非均匀控制向量参数化方法. 中国石油大学学报: 自然科学版, 2011, 35(5): 180-184.

[86] Schlegel M, Stockmann K, Binder T, et al. Dynamic optimization using adaptive control vector parameterization. Computers & Chemical Engineering, 2005, 29(8): 1731-1751.

[87] Blu T, Thevenaz P, Unser M. Complete parameterization of piecewise-polynomial interpolation kernels. IEEE Transactions on Image Processing.

[88] Mehrpouya M A, Shamsi M. Gauss pseudospectral and continuation methods for solving two-point boundary value problems in optimal control theory. Applied Mathematical Modelling, 2015, 39(17): 5047-5057.

[89] Ordokhani Y. Solution of nonlinear Volterra-Fredholm-Hammerstein integral equations via rationalized Haar functions. Applied Mathematics & Computation, 2006, 180(2): 436-443.

[90] Fedorenko A S. On the best m-term trigonometric and orthogonal trigonometric approximations of functions from the classes L, Ψ, β, ρ. Ukrainian Mathematical Journal, 1999, 51(12): 1945-1949.

[91] Jaddu H, Vlach M. Closed form solution of nonlinear-quadratic optimal control problem by state-control parameterization using Chebyshev polynomials. International Journal of Computer Applications, 2014, 91(10): 1-7.

[92] Tjoa I B, Biegler L T. Simultaneous solution and optimization strategies for parameter estimation of differential-algebraic equation systems. Industrial & Engineering Chemistry Research, 1991, 30(2): 376-385.

[93] Biegler L T, Cervantes A M, Wächter A. Advances in simultaneous strategies for dynamic process optimization. Chemical Engineering Science, 2002, 57(4): 575-593.

[94] Jaddu H. Direct solution of nonlinear optimal control problems using quasilinearization and Chebyshev polynomials. Journal of the Franklin Institute, 2002, 339(4): 479-498.

[95] Benson D A, Huntington G T, Thorvaldsen T P, et al. Direct trajectory optimization and costate estimation via an orthogonal collocation method. Journal of Guidance Control & Dynamics, 2006, 29(6): 1435-1440.

[96] Elnagar G, Kazemi M A, Razzaghi M. The pseudospectral Legendre method for discretizing optimal control problems. IEEE Transactions on Automatic Control, 1995, 40(10): 1793-1796.

[97] Kameswaran S, Biegler L T. Convergence rates for direct transcription of optimal control problems using collocation at Radau points. Computational Optimization & Applications, 2008, 41(1): 81-126.

[98] Reihani M H, Abadi Z. Rationalized Haar functions method for solving Fredholm and Volterra integral equations. Journal of Computational & Applied Mathematics, 2007, 200(1): 12-20.

[99] Yi H, Zhuo F, Wang F, et al. A single-phase harmonics extraction algorithm based on the principle of trigonometric orthogonal functions. Journal of Power Electronics, 2017, 17: 253-261.

[100] Spangelo I. Trajectory optimization for vehicles using control vector parameterization and nonlinear programming. The Norwegian Institute of Technology, Norway, 1994.

[101] 张晓东. 聚合物驱提高原油采收率的最优控制方法. 东营: 中国石油大学, 2008.

[102] Mao Y, Zhang D, Wang L. Reentry trajectory optimization for hypersonic vehicle based on improved Gauss pseudospectral method. Soft Computing, 2016, 21(16): 4583-4592.

[103] Mansoori M, Nazemi A. Solving infinite-horizon optimal control problems of the time-delayed systems by Haar wavelet collocation method. Computational & Applied Mathematics, 2016, 35(1): 97-117.

[104] 陈宝林. 最优化理论与算法. 北京: 清华大学出版社, 2005.

[105] Luus R. Piecewise linear continuous optimal control by iterative dynamic programming. Industrial & Engineering Chemistry Research, 1993, 32(5): 859-865.

[106] Mekarapiruk W, Luus R. Optimal control of inequality state constrained systems. Industrial & Engineering Chemistry Research, 1997, 36(5): 1686-1694.

[107] Luus R. Application of dynamic programming to differential-algebraic process systems. Computers & chemical engineering, 1993, 17(4): 373-377.

[108] Lei Y, Li S R, Zhang X D, et al. Dynamic optimization of polymer flooding based on iterative dynamic programming with variable stage lengths. Systems Engineering-Theory & Practice, 2012, 32(9): 2003-2009.

[109] Lie W N, Lee C M, Yeh C H, et al. Motion vector recovery for video error concealment by using iterative dynamic-programming optimization. IEEE Transactions on Multimedia, 2014, 16(1): 216-227.

[110] Chen C, Sun D, Chang C. Numerical solution of time-delayed optimal control problems by iterative dynamic programming. Optimal Control Applications & Methods, 2015, 21(3): 91-105.

[111] Doan V D, Fujimoto H, Koseki T, et al. Iterative dynamic programming for optimal control problem with isoperimetric constraint and its application to optimal eco-driving control of electric vehicle, IEEJ Journal of Industry Applications, 2018, 7(1): 80-92.

[112] Werbos P J. Advanced forecasting methods for global crisis warning and models of intelligence. general systems yearbook, 1977, 22(6): 25-38.

[113] Si J, Barto A, Powell W, et al. Handbook of Learning and Approximate Dynamic Programming. New Jersey: Wiley, 2004.

[114] Al-Tamimi A, Lewis F L, Abu-Khalaf M. Discrete-time nonlinear HJB solution using approximate dynamic programming: Convergence proof. IEEE Transactions on Systems Man & Cybernetics Part B, 2008, 38(4): 943-949.

[115] Wei Q, Liu D, Lewis F L, et al. Mixed iterative adaptive dynamic programming for optimal battery energy control in smart residential microgrids. IEEE Transactions on Industrial Electronics, 2017, 64(5): 4110-4120.

[116] Ge Y L, Li S R, Qu K X. A novel empirical equation for relative permeability in low permeability reservoirs. Chinese Journal of Chemical Engineering, 2014, 22(11-12): 1274-1278.

[117] Ge Y L, Li S R, Chang P, et al. Optimal control for an alkali/surfactant/polymer flooding system// Chinese Control Conference. IEEE, 2016: 2631-2636.

[118] Islam M N, Azaiez J. Fully implicit finite difference pseudo-spectral method for simulating high mobility-ratio miscible displacements. International Journal for Numerical Methods in Fluids, 2005, 47(2): 161-183.

[119] Uoya M, Koizumi H. A calculation method of photovoltaic array's operating point for MPPT evaluation based on one-dimensional Newton–Raphson method. IEEE Transactions on Industry Applications, 2015, 51(1): 567-575.

[120] 王岩, 蔡小军. 净现值指标的进一步分析及其修正算法研究. 数量经济技术经济研究, 2004, 21(12): 70-75.

[121] Canuto C, Hussaini M Y, Quarteroni A, et al. Spectral Methods in Fluid Fornberg B, A Practical Guide to Pseudospectral Methods. Cambridge: Cambridge University Press, 1998.

[122] Kreisselmeier G, Steinhauser R. Application of vector performance optimization to a robust control loop design for a fighter aircraft. International Journal of Control, 1983, 37(2): 251-284.

[123] Oruç Ö, Bulut F, Esen A. Numerical solutions of regularized long wave equation by haar wavelet method. Mediterranean Journal of Mathematics, 2016, 13(5): 3235-3253.

[124] Wang P, Yang C H, Yuan Z H. The combination of adaptive pseudospectral method and structure detection procedure for solving dynamic optimization problems with discontinuous control profiles. Industrial & Engineering Chemistry Research, 2014, 53(17): 7066-7078.

[125] Darby C L, Hager W W, Rao A V, et al. Direct trajectory optimization using a variable low-order adaptive pseudospectral method. Journal of Spacecraft & Rockets, 2011, 48(3): 433-445.

[126] Tröltzsch A. A sequential quadratic programming algorithm for equality-constrained optimization without derivatives. Optimization Letters, 2016, 10(2): 383-399.

[127] Ge Y L, Li S R, Zhang X D. Optimization for ASP flooding based on adaptive rationalized Haar functions approximation. Journal of Chemical Engineering, 2018: 26(8): 1758-1765.

[128] 张光澄. 最优控制计算方法. 成都: 成都科技大学出版社, 1991.

[129] Izmailov A F, Solodov M V, Uskov E I. Globalizing stabilized sequential quadratic programming method by smooth primal-dual exact penalty function. Journal of Optimization Theory & Applications, 2016, 169(1): 148-178.

[130] Lopez Cruz I L, van Willigenburg L G, van Straten G. Efficient differential evolution algorithms for multimodal optimal control problems. Applied Soft Computing, 2003, 3(2): 97-122.

[131] Qian F, Sun F, Zhong W M, et al. Dynamic optimization of chemical engineering problems using a control vector parameterization method with an iterative genetic algorithm. Engineering Optimization, 2013, 45(9): 1129-1146.

[132] Werbos P J. Approximate dynamic programming for real-time control and neural modelling. Handbook of Intelligent Control Neural Fuzzy & Adaptive Approaches, 1992: 493-525.

[133] Barto A G, Sutton R, Anderson C. Neuron like elements that can solve difficult learning control problems. Transactions on Systems Man and Cyberneeics, 1988, 13(5): 834-846.

[134] Sutton R S. Learning to predict by the methods of temporal differences. Machine Learning, 1988, 3(1): 9-44.

[135] 林小峰, 宋绍剑, 宋春宁. 基于自适应动态规划的智能优化控制. 北京: 科学出版社, 2013.

[136] 李智群, 林浦任, 韦增欣. 一种新的求解无约束优化问题的谱共轭梯度法. 西南大学学报 (自然科学版), 2016, (7): 115-120.

[137] Tamura K, Yasuda K. Spiral multipoint search for global optimization. 2011 10th International Conference on Machine Learning and Applications and Workshops, 2011, 1: 470-475.

[138] Srinivas M, Patnaik L M. Adaptive probabilities of crossover and mutation in genetic algorithms. IEEE Transactions on Systems Man & Cybernetics, 2002, 24(4): 656-667.

[139] Yao X, Liu Y, Lin G. Evolutionary programming made faster. IEEE Transactions on Evolutionary Computation, 1999, 3(2): 82-102.

[140] 彭显刚, 林利祥, 刘艺, 等. 基于纵横交叉-拉丁超立方采样蒙特卡洛模拟法的分布式电源优化配置. 中国电机工程学报, 2015, 35(16): 4077-4085.

[141] Wu D D, Zhang Y, Wu D, et al. Fuzzy multi-objective programming for supplier selection and risk modeling: A possibility approach. European Journal of Operational Research, 2010, 200(3): 774-787.

[142] Werners B. An interactive fuzzy programming system. Fuzzy Sets and Systems. Fuzzy Sets & Systems, 1987, 23(1): 131-147.

[143] 杨进帅, 王毅, 李进, 等. 求解直觉模糊多目标规划的改进遗传算法. 探测与控制学报, 2017, 39(5): 96-101.

[144] Li H X, Qi C K, Yu Y. A spatio-temporal Volterra modeling approach for a class of distributed industrial processes. Journal of Process Control, 2009, 19(7): 1126-1142.

[145] 赵凤遥, 马震岳. 基于递归小波神经网络的非线性动态系统仿真. 系统仿真学报, 2007, 19(7): 1453-1455.

[146] Wang Z Q, Hu C H, Wang W, et al. An additive Wiener process-based prognostic model for hybrid deteriorating systems. IEEE Transactions on Reliability, 2014, 63(1): 208-222.

[147] 郑迪. 分布参数系统的非线性时空分离建模和预测控制策略研究. 武汉: 华中科技大学, 2009.

[148] Li S R, Ge Y L. Spatial-temporal separation based on the dynamic recurrent wavelet neural network modelling for ASP flooding. American Journal of Applied Mathematics, 2018, 5(6): 154-167.

[149] Zentner I, Ferré G, Poirion F, et al. A biorthogonal decomposition for the identification and simulation of non-stationary and non-Gaussian random fields. Journal of Computational Physics, 2016, 314: 1-13.

[150] Sato Y, Igarashi H. Model reduction of three-dimensional eddy current problems based on the method of snapshots. IEEE Transactions on Magnetics, 2013, 49(5): 1697-1700.

[151] Holmes P, Lumley J L, Berkooz G. Turbulence, Coherent Structures, Dynamical Systems, and Symmetry. New York: Cambridge University Press, 1996.

[152] 陈志惠. 关于复合函数的反函数及其求法. 丹东专学报纺, 1998, 4: 42-43.

[153] Demkowicz L, Gopalakrishnan J. A class of discontinuous Petrov-Galerkin methods. II. Optimal test functions. Numerical Methods for Partial Differential Equations, 2015, 27(1): 70-105.

[154] Pappas S S, Harkiolakis N, Karampelas P, et al. A new algorithm for on-line multivariate ARMA identification using multimodel partitioning theory. Panhellenic Con-

参考文献

ference on Informatics, IEEE Computer Society, 2008: 222-226.

[155] Mateos G, Schizas I D, Giannakis G B. Distributed recursive least-squares for consensus-based in-network adaptive estimation. IEEE Transactions on Signal Processing, 2015, 57(11): 4583-4588.

[156] Christofides P D. Nonlinear and Robust Control of PDE Systems. Boston: Birkhäuser, 2001.

[157] 肖芳淳, 张效羽, 张鹏, 等. 模糊分析设计在石油工业中的应用. 北京: 石油工业出版社, 1993.

[158] 汪培庄. 模糊集合论及其应用. 上海: 上海科学技术出版社, 1983.

[159] Tiwari R N, Dharmar S, Rao J R. Fuzzy goal programming-an additive model. Fuzzy Sets and Systems, 1987, 24: 27-34.

[160] Lin C. A weighted max-min model for fuzzy goal programming. Fuzzy Sets and Systems, 2004, 142: 407-420.

[161] Chen L H, Tsai F-C. Fuzzy goal programming with different importance and priorities. European J. Oper. Res., 2001, 133: 548-556.

[162] 唐加福, 汪定伟. 模糊非线性规划对称模型基于遗传算法的模糊最优解. 控制理论与应用, 1998, 15(4): 525-530.

[163] Tang J, Wang D. An interactive approach based on a genetic algorithm for a type of quadratic programming problems with fuzzy objective and resources. Computers Ops. Res., 1997, 24(5): 413-422.

附录 模糊优化基础

一、模糊数学基本概念

1. 模糊集合

模糊集合是模糊数学的重要基础[157]. 设一个论域为有限或无限集合 U, 其中 u 表示 U 中的任意基本元素.

$\tilde{A}$ 是论域 U 上的一个模糊集合, 代表一个 U 到 $[0,1]$ 区间的映射关系:

$$\begin{cases} \mu_{\tilde{A}} \to [0,1], \\ u \to \mu_{\tilde{A}}(u \in [0,1]), \end{cases} \tag{1}$$

其中 "$\sim$" 表示 "模糊性". $\mu_{\tilde{A}}$ 叫做 $\tilde{A}$ 的隶属函数; $\mu_{\tilde{A}}(u)$ 叫做元素 u 对于 $\tilde{A}$ 的隶属度, 其值越大, u 对 $\tilde{A}$ 的隶属度越高, 表示 u 属于 $\tilde{A}$ 的可能性越大. 当 $\mu_{\tilde{A}}(u) = 1$ 时, u 肯定属于 $\tilde{A}$; 当 $\mu_{\tilde{A}}(u) = 0$ 时, u 肯定不属于 $\tilde{A}$; 当 $\mu_{\tilde{A}}(u) = 0.5$ 时, u 属于 $\tilde{A}$ 的模糊程度最高即最不确定.

上述论域 U 为有限集, 如果实数域是 $\tilde{A}$ 的论域, 隶属函数 $\mu(u)$ 是 E 上的连续函数, 则设定论域的元素为横坐标, 隶属度值为纵坐标, 可用图形表示一个模糊集合. 例如, 正态分布型隶属函数 $\mu(u) = e^{-k(u-a)^2}$ 和分段线性型隶属函数

$$\mu(u) = \begin{cases} 1, & 0 \leqslant u \leqslant b, \\ \dfrac{\bar{b} - u}{\bar{b} - b}, & b < u \leqslant \bar{b}, \\ 0, & u > \bar{b} \end{cases}$$

图形表示如图 1 和图 2 所示.

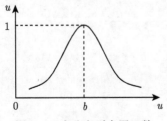 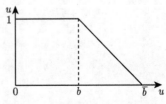

图 1 正态分布型隶属函数   图 2 分段线性型隶属函数

2. 水平截集

设定 $\tilde{A}$ 是 U 上的一个模糊子集,称普通集合

$$A_\lambda = (\tilde{A})_\lambda = \{u|u \in U, \tilde{A}(u) \geqslant \lambda\} \tag{2}$$

为模糊集合 $\tilde{A}$ 的 λ 水平截集,简称为 λ 截集,其中 $\lambda \in [0,1]$. 以上述正态分布型隶属函数为例,其 λ 水平截集如图 3 所示.

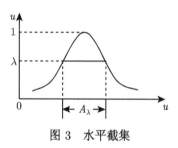

图 3 水平截集

显然,取一个模糊集合 $\tilde{A}$ 的 λ 水平截集 A_λ,就是将隶属函数按下式转化成特征函数:

$$C_{A_\lambda}(u) = \begin{cases} 1, & \tilde{A}(u) \geqslant \lambda, \\ 0, & \tilde{A}(u) < \lambda. \end{cases} \tag{3}$$

3. 模糊集合的运算

设 $\tilde{A}, \tilde{B}$ 为 U 上的模糊集合,隶属函数分别为 $\mu_{\tilde{A}}(u), \mu_{\tilde{B}}(u)$,定义 $\tilde{A}, \tilde{B}$ 的运算如下:

(1) $\tilde{A}$ 与 $\tilde{B}$ 的并集记为 $\tilde{A} \cup \tilde{B}$,即

$$\mu_{\tilde{A} \cup \tilde{B}}(u) = \mu_{\tilde{A}}(u) \vee \mu_{\tilde{B}}(u) = \max\{\mu_{\tilde{A}}(u), \mu_{\tilde{B}}(u)\}, \tag{4}$$

(2) $\tilde{A}$ 与 $\tilde{B}$ 的交集记为 $\tilde{A} \cap \tilde{B}$,即

$$\mu_{\tilde{A} \cap \tilde{B}}(u) = \mu_{\tilde{A}}(u) \wedge \mu_{\tilde{B}}(u) = \min\{\mu_{\tilde{A}}(u), \mu_{\tilde{B}}(u)\}, \tag{5}$$

(3) $\tilde{A}$ 的补集记为 $\tilde{A}^C$,且有

$$\mu_{\tilde{A}^C}(u) = 1 - \mu_{\tilde{A}}(u), \tag{6}$$

其中,"$\vee$" 为 "取大" 运算符,"$\wedge$" 为 "取小" 运算符.

二、模糊优化概述

在含有不确定因素的工程优化问题中,设计一个优化方案所追求的目标通常为产量最大、重量最轻或其他性能指标最优. 方案的 "优" 与 "劣" 本身就是一个模

糊概念，没有明确的界限和标准，尤其是关于多目标问题，往往只能追求一个满意解．设计中并非所有的方案都是可行的，必须满足设计规范和标准中所规定的约束条件 $g(x) \leqslant 0$．这些约束中往往包含了大量的模糊因素．

一般说来，解决上述问题就是求目标函数在模糊约束下的条件极值[158]．

给定论域 X 上的一个实值函数 $y = f(x)$（其中 $x \in X$）和模糊限制子集 $\tilde{G} \in \mathbb{F}(x)$，其中，$\tilde{G}$ 是约束条件 $g(x) \leqslant 0$ 取值的模糊允许范围，$\mathbb{F}(x)$ 称为 x 的模糊幂集，是由 x 上所有模糊子集构成的集合．$\tilde{G}$ 由隶属函数 $\tilde{G}(x)$ 来定义，且 $\tilde{G}(x) \in [0,1]$．先取定一个 λ 值，$\lambda \in [0,1]$，得到一个 λ 水平截集：

$$G_\lambda = \{x | \tilde{G}(x) \geqslant \lambda\}, \tag{7}$$

因 G_λ 是一个普通集合，可用通常方法求出目标函数在 G_λ 上的最优解以组成优越集，记为

$$M_\lambda = \left\{ x^* \middle| x^* \in G_\lambda, F(x^*) = \min_{x \in G_\lambda} f(x) \text{ 或 } F(x^*) = \max_{x \in G_\lambda} f(x) \right\}, \tag{8}$$

不同的 λ 值可得不同的优越集 M_λ，取并集并记为 $\tilde{M}$，若 $\lambda > 0$，则称为优越支集：$M = \bigcup_{\lambda \in [0,1]} M_\lambda$．对于一组决策变量 $x \in M$，它可能属于很多不同的 M_λ，其中必有一个 λ 的最大值，将该 λ 值取作 x 的隶属度，得一新的模糊子集 $\tilde{G}_f$，其隶属函数：

$$\tilde{G}_f(x) = \begin{cases} \max\{\lambda | x \in M_\lambda\}, & x \in M, \\ 0, & x \notin M \end{cases} \tag{9}$$

称为 $f(x)$ 在 $\tilde{G}$ 上的模糊优越集，是目标函数的模糊极值点，它既给出了最优解 x^*，又给出了最优解满足的程度．将各模糊极值点代入 $f(x)$ 可得目标函数的模糊优越值 $f_{\tilde{G}} = f(\tilde{G}_f)$，它是函数值空间上的模糊子集，既给出了 $f(x)$ 的最优值，又给出了该值满足约束的程度．

三、模糊多目标非线性优化求解方法

1. 模糊规划方法

问题的一般形式如下：

$$\begin{aligned} & f_k(X) \lesssim b_k, \ k = 1, 2, \cdots, q_0, \\ & f_k(X) \gtrsim b_k, \ k = q_0 + 1, \cdots, q_1, \\ & f_k(X) \eqsim b_k, \ k = q_1 + 1, \cdots, q_2, \\ & \text{s.t. } g_i(X) \leqslant G_i, \ i = 1, 2, \cdots, m, \end{aligned} \tag{10}$$

其中, X 是 n 维决策变量, 符号 $\lesssim$ (模糊小于等于) 表示近似小于等于期望水平 b_k, 也就是在一定程度上可以大于 b_k; 符号 $\gtrsim$ (模糊大于等于) 表示近似大于等于期望水平 b_k, 也就是在一定程度上可以小于 b_k; 符号 $\tilde{=}$ (模糊等于) 表示近似等于期望水平 b_k, 也就是在一定程度上可以大于或小于 b_k; $f_k(X)$ 表示目标函数, b_k 表示第 k 个目标的期望值; q_0 表示模糊最小化目标的个数, $q_1 - q_0$ 表示模糊最大化目标的个数, $q_2 - q_1$ 表示模糊等于目标的个数, m 是约束条件的个数.

隶属函数定义如下:

对于模糊最小化目标 $f_k(X) \lesssim b_k$, $k = 1, 2, \cdots, q_0$, 隶属函数为

$$\mu_k(f_k(X)) = \begin{cases} 1, & f_k(X) < b_k, \\ 1 - \dfrac{f_k(X) - b_k}{t_k^R}, & b_k \leqslant f_k(X) \leqslant b_k + t_k^R, \\ 0, & f_k(X) > b_k + t_k^R. \end{cases} \tag{11}$$

对于模糊最大化目标 $f_k(X) \gtrsim b_k$, $k = q_0 + 1, \cdots, q_1$, 隶属函数为

$$\mu_k(f_k(X)) = \begin{cases} 0, & f_k(X) < b_k - t_k^L, \\ \dfrac{f_k(X) - (b_k - t_k^L)}{t_k^L}, & b_k - t_k^L \leqslant f_k(X) \leqslant b_k, \\ 1, & f_k(X) > b_k. \end{cases} \tag{12}$$

对于模糊等于目标 $f_k(X) \tilde{=} b_k$, $k = q_1 + 1, \cdots, q_2$, 隶属函数为

$$\mu_k(f_k(X)) = \begin{cases} 0, & f_k(X) < b_k - t_k^L, \\ \dfrac{f_k(X) - (b_k - t_k^L)}{t_k^L}, & b_k - t_k^L \leqslant f_k(X) \leqslant b_k, \\ 1, & f_k(X) = b_k, \\ 1 - \dfrac{f_k(X) - b_k}{t_k^R}, & b_k \leqslant f_k(X) \leqslant b_k + t_k^R, \\ 0, & f_k(X) > b_k + t_k^R, \end{cases} \tag{13}$$

其中, t_k^L, t_k^R 为第 k 个目标的最大容差.

则问题 (10) 可以转化为如下单目标非线性规划模型.

A. 最小-最大模型

通过 Zimmermann 的方法, 采用最小-最大运算符, 最小-最大模型如下:

$$\begin{aligned} \max \quad & \lambda, \\ \text{s.t.} \quad & \lambda \leqslant \mu_k(f_k(X)), \quad k = 1, 2, \cdots, q_2, \\ & g_i(X) \leqslant G_i, \quad i = 1, 2, \cdots, m, \\ & 0 \leqslant \lambda \leqslant 1. \end{aligned} \tag{14}$$

B. 简单求和模型

$$\begin{cases} \max \quad \sum_{k=1}^{q_2} \lambda_k, \\ \text{s.t.} \quad \lambda_k \leqslant \mu_k(f_k(X)), \\ \quad\quad g_i(X) \leqslant G_i, \quad\quad i=1,2,\cdots,m, \\ \quad\quad 0 \leqslant \lambda_k \leqslant 1, \quad\quad k=1,2,\cdots,q_2. \end{cases} \quad (15)$$

C. 加权求和模型

为了体现各目标的相对重要性, Tiwari 等[159] 提出了如下的模型:

$$\begin{cases} \max \quad \sum_{k=1}^{q_2} w_k \lambda_k, \\ \text{s.t.} \quad \lambda_k \leqslant \mu_k(f_k(X)), \\ \quad\quad g_i(X) \leqslant G_i, \quad\quad i=1,2,\cdots,m, \\ \quad\quad 0 \leqslant \lambda_k \leqslant 1, \quad\quad k=1,2,\cdots,q_2. \end{cases} \quad (16)$$

其中, w_k 为权值且满足 $\sum_{k=1}^{q_2} w_k = 1$, 表示目标的相对重要性.

D. 加权的最小–最大模型

当决策者提供各模糊目标的相对权值时, 当然希望最后的计算结果同相对权值的比率尽可能接近, 从而准确地反映各目标的相对重要性. 但是采用加权求和的方法并不能确保这一点, Lin[160] 提出了如下的模型:

$$\begin{cases} \max \quad \lambda, \\ \text{s.t.} \quad w_k \lambda \leqslant \mu_k(f_k(X)), \quad k=1,2,\cdots,q_2, \\ \quad\quad g_i(X) \leqslant G_i, \quad\quad i=1,2,\cdots,m. \end{cases} \quad (17)$$

其中, w_k 为各目标的权值, 且 $\sum_{k=1}^{q_2} w_k = 1$.

E. 分优先级的求和模型

为了体现各目标的优先级, Chen[161] 提出了如下的模型:

$$\begin{cases} \max \quad \sum_{k=1}^{q_2} \lambda_k, \\ \text{s.t.} \quad \lambda_k \leqslant \mu_k(f_k(X)), \\ \quad\quad g_i(X) \leqslant G_i, \quad\quad i=1,2,\cdots,m, \\ \quad\quad \lambda_p \leqslant \lambda_q, \quad\quad p \neq q,\ p,q \in \{1,2,\cdots,q_2\}, \\ \quad\quad 0 \leqslant \lambda_k \leqslant 1, \quad\quad k=1,2,\cdots,q_2, \end{cases} \quad (18)$$

其中, $\lambda_p \leqslant \lambda_q$ 表示第 q 个目标比第 p 个目标重要.

2. 基于遗传算法的模糊最优解

一般的模糊目标和模糊资源约束非线性规划具有如下形式:

$$\begin{cases} \widetilde{\max} & f(x) = f(x_1, x_2, \cdots, x_n), \\ \text{s.t.} & g(x) \lesssim b, \\ & x \geqslant 0, \end{cases} \quad (19)$$

其中, $x = (x_1, x_2, \cdots, x_n)^{\mathrm{T}}$ 为 n 维决策向量. $g(x)$ 是约束条件函数向量, $g(x) = (g_1(x), g_2(x), \cdots, g_m(x))^{\mathrm{T}}$, b 为模糊资源向量, $b = (b_1, b_2, \cdots, b_m)^{\mathrm{T}}$. 模型 (19) 等价于如下确定型非线性规划模型:

$$\begin{cases} \max & \alpha, \\ \text{s.t.} & \mu_0(x) \geqslant \alpha, \\ & \mu_i(x) \geqslant \alpha, \quad i = 1, 2, \cdots, m. \\ & x \geqslant 0, \quad 0 \leqslant \alpha \leqslant 1. \end{cases} \quad (20)$$

其中 α 是决策者对模糊目标和模糊约束条件的最小满意度, 即

$$\alpha = \min\{\mu_0(x), \mu_i(x), i = 1, 2, \cdots, m\}.$$

A. 模糊最优解的定义

一般来说, 确定型非线性规划 (20) 有最优解 (x^*, α^*), 即模糊约束条件和模糊目标在 x^* 处于最佳结合点. 一般来说, α^* 是唯一的, 但 x^* 不唯一, 况且这时的 x^* 常常不是模糊目标的最大值或决策者对某些准则所需要的解; 另一方面, 精确最优解在模糊环境下常常是毫无意义的, 决策者需要的是多个模糊目标和模糊约束条件都满意的解, 供决策者对于不同的准则做出不同的决策. 为此引进模糊最优解的概念[162,163].

定义 1 模糊目标/资源约束非线性规划的模糊最优解是如下定义的模糊集:

$$\widetilde{S} = \{(x, \mu_{\widetilde{S}}(x)) | x \in (\mathbb{R}^n)^+, \mu_{\widetilde{S}}(x) = \min\{\mu_0(x), \mu_i(x), i = 1, 2, \cdots, m\}\}.$$

令 $S_\alpha = \{x \in (\mathbb{R}^n)^+ | \mu_{\widetilde{S}}(x) \geqslant \alpha\}$, $\alpha \in [0, 1]$, 那么 S_α 是一个普通集合, 称为 $\widetilde{S}$ 的水平截集.

定义 2 称 α^* 为最佳结合度, 如果 α^* 满足: 对于 $\forall 0 \leqslant \alpha \leqslant \alpha^*$, S_α 非空, $\forall \alpha > \alpha^*$, S_α 为空集.

性质 1 如果 $g_i(x)(i = 1, 2, \cdots, m)$ 和 $f(x)$ 分别是 $(\mathbb{R}^n)^+$ 上的凸函数和凹函数, 则 $S_\alpha(\forall \alpha \in [0, 1])$ 是凸集, $\widetilde{S}$ 是凸模糊集.

性质 2 如果 $\alpha_k \leqslant \alpha_{k+1}$, 则 $S_{\alpha k} \supseteq S_{\alpha k+1}$.

性质 3 $S_1(S_\alpha, \alpha=1)$ 非空的充要条件是 $\exists x_0$ 满足

$$\begin{cases} f(x_0) \geqslant z_0, \\ g_i(x_0) \leqslant b_i, \quad i=1,2,\cdots,m_1, \\ x_0 \geqslant 0. \end{cases} \tag{21}$$

很显然, 当 S_1 非空时, 变成了一个确定的非线性规划. 在考虑 α^* 的性质之前, 先定义一个 α-NLP 问题:

$$\begin{cases} \max \quad f(x), \\ \text{s.t.} \quad x \in Q_\alpha = \{x|\mu_i(x) \geqslant \alpha, i=1,2,\cdots,m\}, \\ \qquad x \geqslant 0. \end{cases} \tag{22}$$

对于给定的 α 来说, α-NLP 是一个确定性的 NLP, 可用一般非线性规划方法求解. 用 f_0, f_1 分别表示 $\alpha=0,1$ 时 α-NLP 问题的最优目标函数值[162].

定义 3 称 S_{α^*} 为空集, 如果满足: 对于 $\forall 0 \leqslant \alpha \leqslant 1$, S_α 为空集.

性质 4 如果 $\alpha_k \leqslant \alpha_{k+1}$, 则 $Q_{\alpha_k} \supseteq Q_{\alpha_{k+1}}, f_{\alpha_k} \geqslant f_{\alpha_{k+1}}$.

性质 5 如果 $z_0 - p_0 = f_0$, 则 $\alpha^* = 0$.

性质 6 S_{α^*} 为空集的充分条件是: $z_0 - p_0 > f_0$.

性质 7 如果 $z_0 \leqslant f_1$, 则 $\alpha^* = 1.0$.

B. 基于遗传算法的模糊最优解

由以上性质说明, 随着 α 的增加, S_α 的区域越来越小, 直到存在一个 α^*, 使得 $\forall \delta > 0, \alpha = \alpha^* + \delta, S_\alpha$ 为空集. 这时 α^* 为最佳结合度, α^* 所对应的 $x^* \in S_\alpha$ 并非是模糊目标的最大值或者是决策者对某些准则所需要的解. 根据模糊最优解的思想, 基于遗传算法得出的模糊最优解, 不是找一个精确的最优解 α^*, 而是寻找一个最优解的邻域, 使得邻域中的每一个解 x 都是决策者所需要的解, 即都是决策者在模糊环境下的最优解[162]. 基本思想是首先由决策者确定一个可接受的模糊最优解隶属度 α_0. 随机产生一个有 NP(种群大小) 个个体的种群, 每个个体按其适应性函数的大小向 α 增大的方向移动 (产生子个体), 对于隶属度小于 α_0 的子个体, 重新赋给一个更小的隶属度, 使得在以后的迭代中比具有较高隶属度的子个体更小的机会被选取产生子个体. 这样, 随着迭代步数的增加, 隶属度小于 α_0 的子个体逐渐地被淘汰而留下的则是隶属度较大的子个体; 于是经过一定数目的迭代后产生的种群, 其子个体的隶属度 α_k 都大于 α_0, 即 $S_{\alpha_k} \subseteq S_{\alpha_0}$, 况且 S_{α_k} 的每个元素都是决策者所希望的解.

对于个体 x 来说, 令 $\mu_{\min}(x) = \min\{\mu_0(x), \mu_1(x), \cdots, \mu_m(x)\}$. 则适应度函数:

$$F(x) = \mu_{\tilde{S}}(x) = \begin{cases} \mu_{\min}(x), & \mu_{\min}(x) \geqslant \alpha_0, \\ \varepsilon\mu_{\min}(x), & \mu_{\min}(x) < \alpha_0, \end{cases} \quad (23)$$

其中 α_0 是决策者事先确定的可以接受的满意度, $\varepsilon \in [0,1]$.

从 (23) 式可以看出, 对于 $x_j \notin S_{\alpha_0}$, 赋给它一个更小的隶属度, 但非零, 表明它将以更小的概率被选择作为母体产生子个体.

C. 确定满意解

决策者可以设定一些准则, 这些准则包括目标函数、资源约束等, 然后借助于 GA 方法, 迭代求解各准则的最大和最小值及对应的隶属度, 这样就得到了一组模糊环境下的满意解.

遗传算法步骤如下:

Step 1 初始化.

Substep 1.1 输入可接受的模糊目标和模糊约束条件满意度 (隶属度)α_0 和最大迭代步数 NG, 种群大小 NP.

Substep 1.2 输入决策者最为关心的准则指标集 $CS = \{0,1,2,\cdots\}$ 分别代表目标、约束. 给定各准则 $r \in CS$ 的最大和最小初值.

Step 2 随机产生种群, 计算其对应的隶属函数.

Step 3 设置迭代步数 $k = 1$.

Step 4 对于个体 $j(j=1,2,\cdots,NP)$, 计算其适应性函数 $F(j)$ 和选择概率 $P(j)$: $F(j) = \mu_{\tilde{S}}(x_j)$, $P(j) = \dfrac{F(j)}{\sum\limits_{i=1}^{NP} F(j)}$.

Step 5 通过交叉、变异产生新个体 $x_j(j=1,2,\cdots,NP)$.

Step 6 对于新个体计算隶属函数值 $\mu_{\tilde{S}}(x_j)$, 更新最优隶属函数值 $\mu_{\max}$ 及各准则 r 的最大值和最小值.

Step 7 $k+1 \to k$, 如果 $k \leqslant NG$, 则转 Step 4, 否则转 Step 8.

Step 8 输出最优隶属函数值 $\mu_{\max}$ 及各准则 r 的最大、最小值.

彩 图

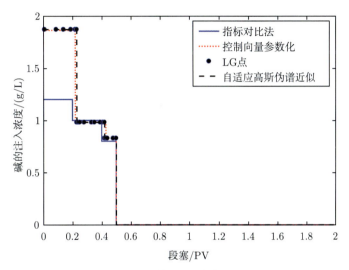

图 4-6 碱的注入浓度对比

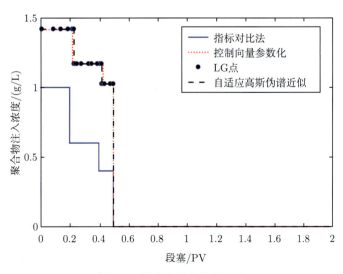

图 4-7 聚合物注入浓度对比

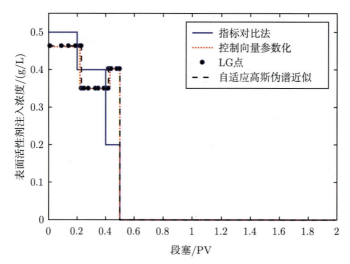

图 4-8 表面活性剂注入浓度对比

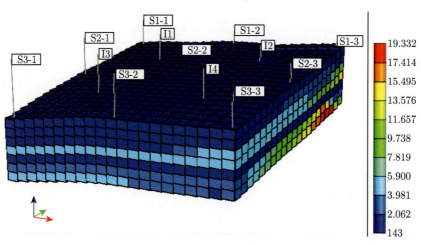

图 4-11 初始渗透率分布

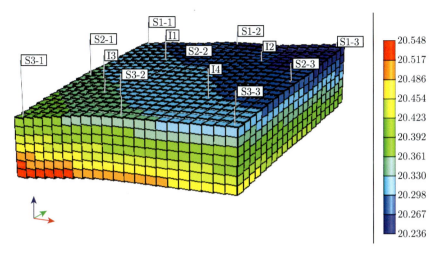

图 4-12 初始压力分布

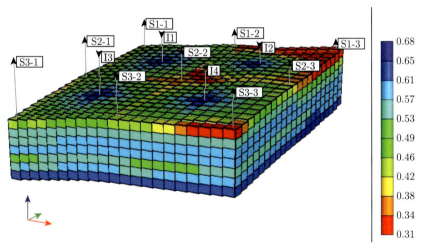

图 4-13 初始含水饱和度分布

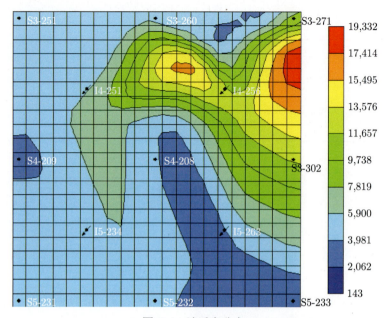

图 5-4 渗透率分布

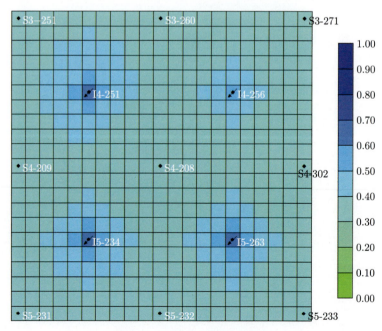

图 5-5 初始含水饱和度分布

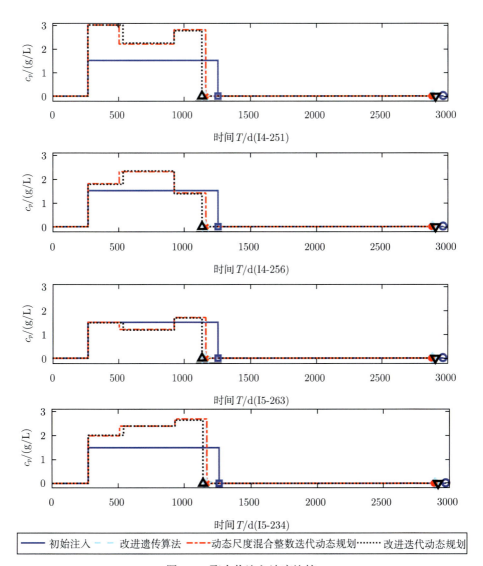

图 5-7 聚合物注入浓度比较

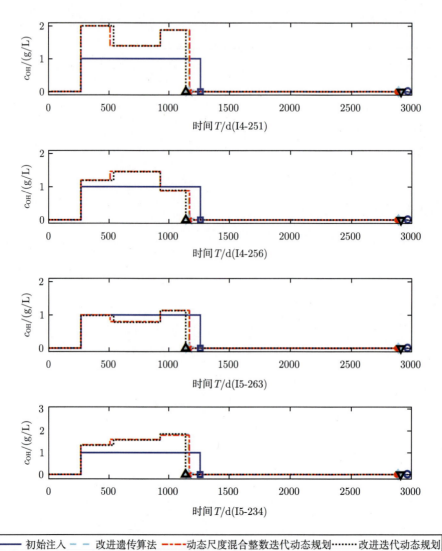

图 5-8 碱注入浓度比较

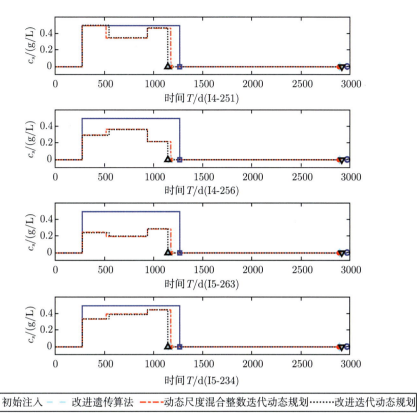

图 5-9 表面活性剂注入浓度比较

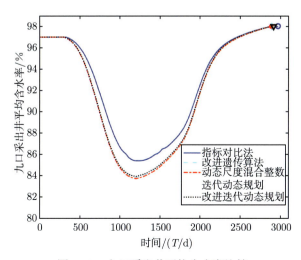

图 5-10 九口采出井平均含水率比较

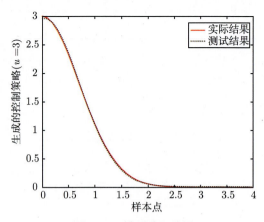

图 5-16 模型验证结果

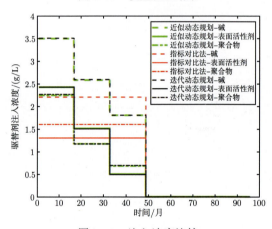

图 5-17 注入浓度比较

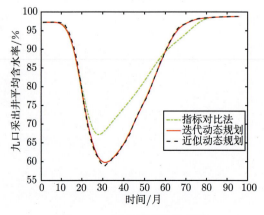

图 5-21 采出井平均含水率